高等职业教育"十三五"规划教材（网络工程课程群）

AutoCAD 网络工程设计教程

主　编　刘　通　董　灿
副主编　杨智勇　张　坤　龚啓军　唐丽均
主　审　乐明于

U0194638

中国水利水电出版社
www.waterpub.com.cn
·北京·

内 容 提 要

作为作者所在的课程教学组十余年教学工作经验的成果，本书基于工作项目的方式系统介绍AutoCAD的基本操作及其在网络工程设计中的应用。全书共分为两个部分，第一部分以任务式的方法讲述AutoCAD的基本操作；第二部分以实际工程项目为背景，讲述AutoCAD在信息技术工程设计如GPON网络、PTN网络、FTTH设计中的应用。每个部分又包含若干学习子情境，每个子情境分别以学习要点、项目描述、项目相关知识、项目实施和能力拓展为内容展开，充分突出基于工作过程的学习方式。

本书内容详实、案例丰富、项目真实、图文并茂、主次分明、任务具体、可操作性强。可作为高等职业院校AutoCAD相关专业的教材或教学参考书，也可供从事网络工程设计的设计、施工人员参考阅读。

本书配有免费电子教案，读者可以从中国水利水电出版社网站以及万水书苑下载，网址为：http://www.waterpub.com.cn/softdown/或http://www.wsbookshow.com。

图书在版编目（CIP）数据

AutoCAD网络工程设计教程 / 刘通，董灿主编. --
北京：中国水利水电出版社，2017.3（2022.1 重印）
高等职业教育"十三五"规划教材. 网络工程课程群
ISBN 978-7-5170-4997-5

Ⅰ. ①A… Ⅱ. ①刘… ②董… Ⅲ. ①计算机网络—网络设计—AutoCAD软件—高等职业教育—教材 Ⅳ.
①TP393.02

中国版本图书馆CIP数据核字(2016)第324369号

策划编辑：祝智敏　责任编辑：李　炎　加工编辑：高双春　封面设计：李　佳

书　　名	高等职业教育"十三五"规划教材（网络工程课程群） AutoCAD网络工程设计教程 AutoCAD WANGLUO GONGCHENG SHEJI JIAOCHENG	
作　　者	主　编　刘　通　董　灿 副主编　杨智勇　张　坤　龚啓军　唐丽均 主　审　乐明于	
出版发行	中国水利水电出版社 （北京市海淀区玉渊潭南路1号D座　100038） 网　址：www.waterpub.com.cn E-mail：mchannel@263.net（万水） 　　　　sales@waterpub.com.cn 电　话：（010）68367658（营销中心）、82562819（万水）	
经　　售	全国各地新华书店和相关出版物销售网点	
排　　版	北京万水电子信息有限公司	
印　　刷	三河市德贤弘印务有限公司	
规　　格	184mm×260mm　16开本　20.75印张　447千字	
版　　次	2017年3月第1版　2022年1月第3次印刷	
印　　数	5001—7000册	
定　　价	49.00元	

丛书编委会

主　任：杨智勇　李建华

副主任：王璐烽　武春岭　乐明于　任德齐　邓　荣
　　　　黎红星　胡方霞

委　员：万　青　王　敏　邓长春　冉　婧　刘　宇
　　　　刘　均　刘海舒　刘　通　杨　埙　杨　娟
　　　　杨　毅　吴伯柱　吴　迪　张　坤　罗元成
　　　　罗荣志　罗　勇　罗脂刚　周　桐　单光庆
　　　　施泽全　宣翠仙　唐礼飞　唐　宏　唐　林
　　　　唐继勇　陶洪建　麻　灵　童　杰　曾　鹏
　　　　谢先伟　谢雪晴

序　言

　　《国务院关于积极推进"互联网+"行动的指导意见》的发布标志着我国全面开启通往"互联网+"时代的大门，我国在全功能接入国际互联网 20 年后达到全球领先水平。目前，我国约 93.5% 的行政村已开通宽带，网民人数超过 6.5 亿，一批互联网和通信设备制造企业进入国际第一阵营。互联网在我国的发展，分别"+"出了网购、电商，"+"出了 O2O（线上线下联动），也"+"出了 OTT（微信等顶端业务），2015 年全面进入"互联网+"时代，拉开了融合创新的序幕。纵观全球，德国通过"工业 4.0 战略"让制造业再升级；美国通过"产业互联网"让互联网技术的优势带动产业提升；如今在我国，信息化和工业化的深度融合越发使"互联网+"被寄予厚望。

　　"互联网+"时代的到来，使网络技术成为信息社会发展的推动力。社会发展日新月异，新知识、新标准层出不穷，不断挑战着学校相关专业教学的科学性，这给当前网络专业技术人才的培养提出了极大的挑战。因此，新教材的编写和新技术的更新也显得日益迫切。教育只有顺应时代的需求持续不断地进行革命性的创新，才能走向新的境界。

　　在这样的背景下，中国水利水电出版社和重庆工程职业技术学院、重庆电子工程职业学院、重庆城市管理职业学院、重庆工业职业技术学院、重庆信息技术职业学院、重庆工商职业学院、浙江金华职业技术学院等示范高职院校，以及中兴通讯股份有限公司、星网锐捷网络有限公司、杭州华三通信技术有限公司等网络产品和方案提供商联合，组织来自企业的专业工程师和部分院校的一线教师协同规划和开发了本系列教材。教材以网络工程实用技术为脉络，依托自企业多年积累的工程项目案例，将目前行业发展中最实用、最新的网络专业技术汇集到专业方案和课程方案中，然后编写入专业教材，再传递到教学一线，以期为各高职院校的网络专业教学提供更多的参考与借鉴。

　　一、整体规划全面系统　紧贴技术发展和应用要求

　　本系列教材的规划和内容的选择都与传统的网络专业教材有很大的区别，选编知识具有体系化、全面化的特征，能体现和代表当前最新的网络技术的发展方向。为帮助读者建立直观的网络印象，本书引入来自企业的真实网络工程项目，让读者身临其境地了解发生在真实网络工程项目中的场景，了解对应的工程施工中所需要的技术，学习关键网络技术应用对应的技术细节，对传统课程体系实施改革。真正做到以强化实际应用，全面系统培养人才，尽快适应企业工作需求为教学指导思想。

　　二、鼓励工程项目形式教学　知识领域和工程思想同步培养

　　倡导教学以工程项目的形式开展，按项目划分小组，以团队的方式组织实施；倡导各团队成员之间进行技术交流和沟通，共同解决本组工程方案的技术问题，查询相关技术资料，并撰写项目方案等工程资料。把企业的工程项目引入到课堂教学中，针对工程中所需要的实际工作技能组织教学，重组理论与实践教学内容，让学生在掌握

理论体系的同时，能熟悉网络工程实施中的实际工作技能，缩短学生未来在企业工作岗位上的适应时间。

三、同步开发教学资源　及时有效更新项目资源

为保证本系列课程在学校的有效实施，丛书编委会还专门投入了巨大的人力和物力，为本系列课程开发了相应的、专门的教学资源，以有效支撑专业教学实施过程中备课、授课、项目资源的更新和疑难问题的解决，详细内容可以访问中国水利水电出版社万水分社的网站，以获得更多的资源支持。

四、培养"互联网＋"时代软技能　服务现代职教体系建设

互联网像点石成金的魔杖一般，不管"＋"上什么，都会发生神奇的变化。互联网与教育的深度拥抱带来了教育技术的革新，引起了教育观念、教学方式、人才培养等方面的深刻变化。正是在这样的机遇与挑战面前，教育在尽量保持知识先进性的同时，更要注重培养人的"软技能"，如沟通能力、学习能力、执行力、团队精神和领导力等。为此，在本系列教材规划的过程中，一方面注重诠释技术，一方面融入了"工程""项目""实施"和"协作"等环节，把需要掌握的技术元素和工程软技能一并考虑进来，以期达到综合素质培养的目标。

本系列教材是出版社、院校和企业联合策划开发的成果，希望能吸收各方面的经验，积众所长，保证规划课程的科学性。配合专业改革、专业建设的开展，丛书主创人员先后组织数次研讨会进行交流、修订以保证专业建设和课程建设具有科学的指向性。来自中兴通讯股份有限公司、星网锐捷网络有限公司、杭州华三通信技术有限公司的众多专业工程师，以及产品经理罗荣志、罗脂刚、杨毅等为全书提供了技术和工程项目方案的支持，并承担全书技术资料的整理和企业工程项目的审阅工作。重庆工程职业技术学院的杨智勇、李建华，重庆工业职业技术学院的王璐烽，重庆电子工程职业学院的武春岭、唐继勇，重庆城市管理职业学院的乐明于、罗勇，重庆工商职业学院的胡方霞，重庆信息技术职业学院的曾鹏，浙江金华职业技术学院的宣翠仙等在全书成稿过程中给予了悉心指导及大力支持，在此一并表示衷心的感谢！

本系列丛书的规划、编写与出版历经三年的时间，在技术、文字和应用方面历经多次的修订，但考虑到前沿技术、新增内容较多，加之作者文字水平有限，错漏之处在所难免，敬请广大读者批评指正。

丛书编委会

前　言

随着网络信息技术的快速发展和产业的不断升级，尤其是 4G 移动通信技术、FTTH 宽带接入技术、WLAN 无线覆盖技术的蓬勃发展，通信网络、宽带网络的建设进程不断推进，大量网络建设的背后，是市场对网络工程施工、设计人才需求的不断增加。为了满足高等职业教育课程改革发展的要求及社会对信息人才的需求，我们组织长期从事网络工程设计教学的老师和网络设计行业的一线工作人员共同编写了这本基于工作过程的《AutoCAD 网络工程设计教程》。

本教材紧扣"以应用为目的"的原则，结合高职高专学生的培养目标，以"内容实用、项目典型"为主要指导思想，力图达到在理论内容上够用，在实践内容上贴近企业实际工作岗位。

本教材共分为两大部分。第一部分中主要讲解 AutoCAD，其中包含 13 个子项目。13 个子项目重点讲述了 CAD 软件的安装、基本绘图命令、基本编辑命令以及图层、文字、尺寸标注等功能的使用方法。第二部分以企业项目为背景，讲述了信息工程设计工作中较为典型的五种项目类型，分别是：共址通信基站设计、新建通信基站设计、WLAN 无线覆盖工程设计、FTTH 接入工程设计和管道线路工程设计。每个项目中均介绍了相关设计规范和标准，以企业实际工程为例，详细讲解了五种项目类型的设计方法。在每一个项目的最后，我们还设计了同步练习和拓展练习，力求进一步加深读者对网络工程设计工作的理解。在编写过程中，笔者结合自己在企业的实际工作经验，以工作任务和工作过程为写作主线，增加应用性和操作性内容，从而培养学生的实战能力，力求缩小学校人才培养与企业人才需求在知识结构和实践动手能力上的距离。

本教材由重庆工程职业技术学院刘通老师及重庆城市管理职业学院董灿老师任主编；乐明于老师任主审。其中，刘通老师主要负责第一部分项目 7，第二部分项目 14 至项目 17 的编写，董灿老师主要负责第一部分项目 1 至项目 6，第二部分项目 18 的编写，重庆工程职业技术学院信息工程学院杨智勇院长负责第一部分项目 9、项目 10 的编写及全文的审稿，张坤老师负责第一部分项目 12 的编写，龚啓军老师负责第一部分项目 8 和项目 13 的编写，唐丽均老师负责第一部分项目 11 的编写及全文的排版。本教材的编写还得到了中国移动通信集团设计院有限公司重庆分公司臧李立工程师以及重庆市信息通信咨询设计院有限公司贺泽华工程师的大力支持，以及中国水利水电出版社万水分社的关心和支持，在此表示诚挚的感谢。

本教材建议教学总学时为 128 学时，其中理论讲授 64 学时，校内实训操作 64 学时。

由于编者水平有限，加之信息技术发展迅速，尚有不少课题还需深入探讨和研究，所以书中难免存在遗漏和不足之处，还望各院校老师多提宝贵意见，广大读者积极批评指正。

作者
2016 年 10 月

C 目录
ONTENTS

第一部分

CAD 基础知识

项目 1
CAD 概述及安装

【知识目标】 认识 AutoCAD 2014；认识 AutoCAD 2014 的工作界面；知道鼠标在 AutoCAD 2014 中的功能。

【能力目标】 安装 AutoCAD 2014；启动与退出 AutoCAD 2014；新建图形文件；保存文件；调整视图窗口大小；使用帮助和教程。

AutoCAD 是由美国 Autodesk 公司开发的通用微机辅助绘图与设计软件包，它具有强大的设计和绘图能力，具有易于掌握、使用方便、体系结构开放等特点，其应用领域十分广阔。本项目主要介绍 AutoCAD 的基本概况，安装、启动方法及在通信工程制图中的应用，可帮助用户快速了解 AutoCAD 2014 中文版的特点与功能。

1.1　AutoCAD 在通信工程制图中的应用

AutoCAD 凭借其强大的平面绘图功能、直观的界面、容易操作和有效解决手工绘制缺点，提高绘图效率等优点，赢得了众多行业工程师的青睐。AutoCAD 在通信工程方面的应用有很多，无论是接入网、交换网、传输网、开关电源以及机房布置等都可以使用该软件，由于 AutoCAD 不同的绘图技巧和绘图特点，使得整个通信工程施工起来更加快捷更加方便。

1.2　安装 AutoCAD 2014 中文版

1.2.1　系统要求

AutoCAD 2014 针对不同的用户操作系统，有 32 位和 64 位两种版本。两种版本对系统的具体要求如表 1-1 所示。本书选择的是较为主流的 64 位版本。

表 1-1　CAD 安装环境要求

说明	32 位	64 位
操作系统	以下操作系统的 Service Pack 3（SP3）或更高版本： Microsoft® Windows® XP Professional Microsoft® Windows® XP Home 以下操作系统： Microsoft Windows 7 Enterprise Microsoft Windows 7 Ultimate Microsoft Windows 7 Professional Microsoft Windows 7 Home Premium Microsoft Windows 8 Microsoft Windows 8 Pro Microsoft Windows 8 Enterprise	以下操作系统的 Service Pack 2（SP2）或更高版本： Microsoft® Windows® XP Professional* 以下操作系统： Microsoft Windows 7 Enterprise Microsoft Windows 7 Ultimate Microsoft Windows 7 Professional Microsoft Windows 7 Home Premium Microsoft Windows 8 Microsoft Windows 8 Pro Microsoft Windows 8 Enterprise * 注意：VBA 在 Windows XP Professional 上不受支持
浏览器	Internet Explorer® 7.0 或更高版本	Internet Explorer® 7.0 或更高版本

说明	32 位	64 位
处理器	Windows XP：Intel® Pentium® 4 或 AMD Athlon™双核，1.6GHz 或更高，采用 SSE2 技术 Windows 7 和 Windows 8：Intel Pentium 4 或 AMD Athlon 双核，3.0GHz 或更高，采用 SSE2 技术	AMD Athlon 64，采用 SSE2 技术 AMD Opteron™，采用 SSE2 技术 Intel Xeon®，具有 Intel EM64T 支持和 SSE2 Intel Pentium 4，具有 Intel EM 64T 支持并采用 SSE2 技术
内存	2 GB RAM（建议使用 4GB）	2 GB RAM（建议使用 4GB）
显示器分辨率	1024×768（建议使用 1600×1050 或更高）真彩色	1024×768（建议使用 1600×1050 或更高）真彩色
磁盘空间	安装 6.0GB	安装 6.0GB
定点设备	MS-Mouse 兼容	MS-Mouse 兼容
介质	从 DVD 下载并安装	从 DVD 下载并安装
三维建模的其他需求	Intel Pentium 4 处理器或 AMD Athlon，3.0 GHz 或更高，或者 Intel 或 AMD 双核处理器，2.0 GHz 或更高 4 GB RAM 6 GB 可用硬盘空间（不包括安装需要的空间） 1280×1024 真彩色视频显示适配器 128 MB 或更高，Pixel Shader 3.0 或更高版本，支持 Direct3D® 功能的工作站级图形卡。 注意：如果您使用的是大型数据集、点云和三维建模，则建议您使用 64 位操作系统 - 请参见 AutoCAD 64 位系统要求，以获取详细信息	4 GB RAM 或更大 6 GB 可用硬盘空间（不包括安装需要的空间） 1280×1024 真彩色视频显示适配器 128 MB 或更高，Pixel Shader 3.0 或更高版本，支持 Direct3D® 功能的工作站级图形卡
.NET Framework	.NET Framework 版本 4.0，更新 1	.NET Framework 版本 4.0 更新 1

1.2.2　AutoCAD 2014 的安装

在 CD-ROM 驱动器中放入 AutoCAD 2014 的安装盘，安装程序自动运行后会显示安装界面，单击"安装软件"按钮，如果软件没有自动运行，请在安装盘所在的驱动器双击安装程序"Autorun.exe"。或者打开软件包文件，双击图 1-1 所示的"Setup.exe"图标，进入设置初始化，弹出如图 1-2 所示的信息框。

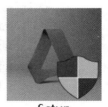

Setup

图 1-1　安装图标

图 1-2 "设置初始化"信息框

完成初始化后会弹出如图 1-3 所示的安装向导界面，单击"安装 在此计算机上安装"选项，AutoCAD 安装向导进入安装设置操作，并依次显示各安装设置界面，用户可根据提示进行设置（一般按照默认设置即可）。完成安装设置后，单击"安装"按钮，显示如图 1-4 所示的安装界面，开始安装软件，请等待直至软件安装结束。

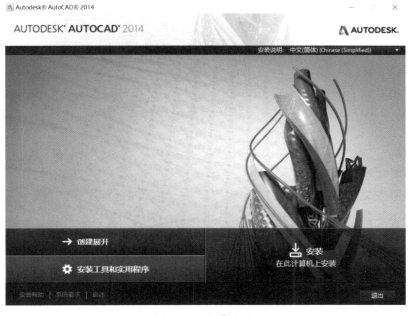

图 1-3 安装向导

图 1-4   安装界面

成功地安装 AutoCAD 2014 后，第一次运行产品时需要输入序列号，对产品进行注册并激活。注册激活的方法是将产品申请号复制到注册机上（注册机就是用来生成该软件注册码的一个小程序）。然后单击"Calculate"按钮得到激活码，将注册机上的激活码复制到激活对话框中，完成激活。

1.3   启动 AutoCAD 2014 中文版

AutoCAD 2014 中文版有如下 3 种启动方式。

（1）双击桌面上的快捷图标。

安装 AutoCAD 2014 中文版后，默认设置将在计算机操作系统的桌面上产生一个快捷图标，如图 1-5 所示。双击该快捷图标，启动 AutoCAD 2014 中文版。

图 1-5   桌面快捷方式

（2）选择菜单命令。

如果是刚安装了 AutoCAD 2014，则可以单击计算机操作系统"开始"按钮，即可在最近添加中找到"AutoCAD 2014—简体中文版"选项。如果安装软件已有一段时间，则可在 Window 自带的列表中，在"A"字母的列表中找到"AutoCAD 2014—简体中文"选项，如图 1-6 所示，单击选项启动 AutoCAD 2014 中文版。

（3）双击图形文件。

若在电脑磁盘中已存在 AutoCAD 的图形文件（*.dwg），双击该图形文件，即可自动启动 AutoCAD 2014 中文版，并在窗口中打开该图形文件。

图 1-6　开始菜单激活方式

1.4　AutoCAD 2014 中文版的工作界面

　　AutoCAD 2014 中文版工作界面主要由"标题栏""绘图窗口""菜单栏""工具栏""命令提示窗口""状态栏"等部分组成，如图 1-7 所示。在这个工作界面中提供了比较友好的操作环境，下面分别介绍各个部分的功能。

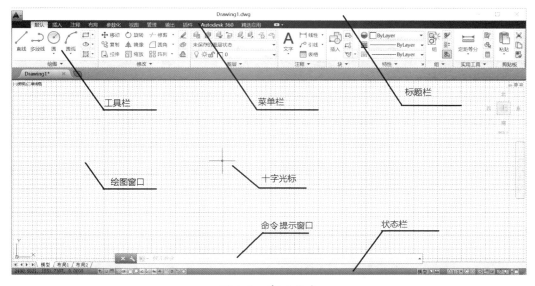

图 1-7　窗口构成

1.4.1　标题栏

标题栏显示软件的名称、版本以及当前绘制图形文件的文件名。运行 AutoCAD 2014 时，在没有打开任何图形文件的情况下，标题栏显示的是"AutoCAD 2014-[Drawing1.dwg]"，其中"Drawing1"是软件默认的文件名，".dwg"是 AutoCAD 图形文件的后缀名。

1.4.2　绘图窗口

绘图窗口是用户绘图的工作区域，相当于工程制图中绘制板上的绘图纸，用户绘制的图形显示于该窗口。绘图窗口的左下方显示坐标系的图标。该图标指示绘图时的正负方位，其中的"X"和"Y"分别表示 X 轴和 Y 轴，箭头指示着 X 轴和 Y 轴的正方向。

AutoCAD 2014 包含两种绘图环境，分别为模型空间和图纸空间。系统在绘图窗口的左下角提供了 3 个切换选项卡，如图 1-8 所示。默认的绘图环境为模型空间，单击"布局 1"或"布局 2"选项卡，绘图窗口会从模型空间切换至图纸空间。

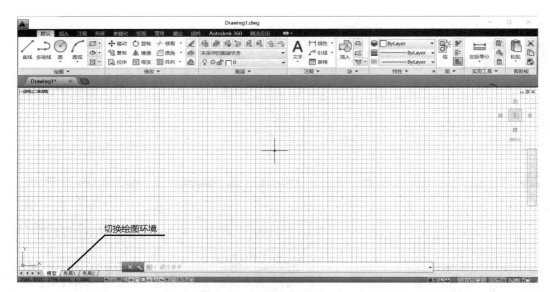

图 1-8　十字光标及切换绘图环境

1.4.3　菜单栏

菜单栏位于标题栏下方，集合了 AutoCAD 2014 中所有的命令。这些命令被分类放置在不同的菜单中，供用户选择使用。

AutoCAD 2014 的菜单栏包括"默认""插入""注释""布局""参数化""视图""管理""输出""插件""Autodesk360"和"精选应用"11 个菜单，在菜单栏最右边还有下拉箭头，如图 1-9 所示。用户只要单击其中的一个命令，即可得到该命令的子菜单。

图 1-9　菜单栏

选取菜单命令的方式有如下 2 种。

（1）使用鼠标。

使用鼠标依次单击菜单中相应的命令。

（2）使用热键。

AutoCAD 为菜单栏中的命令设置了相应的热键，这些热键用下划线标出。采用热键方式选取菜单的操作方法为：按下 Alt 键，系统便会在每一个选项的下方出现对应的热键，此时只需要按下对应的字母，系统便会执行对应的操作。

例如：当用户希望在 AutoCAD 2014 中绘制圆形时，只需按下 Alt 键，再按下 H 键，系统进入"默认"菜单，再按下 C 键，便会出现许多不同的画圆方式，此时只需要移动箭头键，选择到对应的操作，按下回车键即可执行操作。

1.4.4　快捷菜单

为了方便用户操作，AutoCAD 提供了快捷菜单。在绘图窗口中单击鼠标右键，系统会根据当前系统的状态及鼠标光标的位置弹出相应的快捷菜单，如图 1-10 所示。

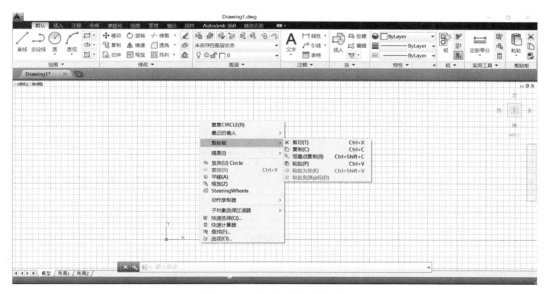

图 1-10　绘图区快捷菜单

当用户没有选择任何命令时，快捷菜单显示的是 AutoCAD 2014 最基本的编辑命令，如"重复""剪贴板""平移"等。当用户选择某个命令后，快捷菜单则显示的是该命令的所有相关命令。例如用户选择"椭圆"命令后，单击鼠标右键，系统显示的快捷菜单如图 1-11 所示。

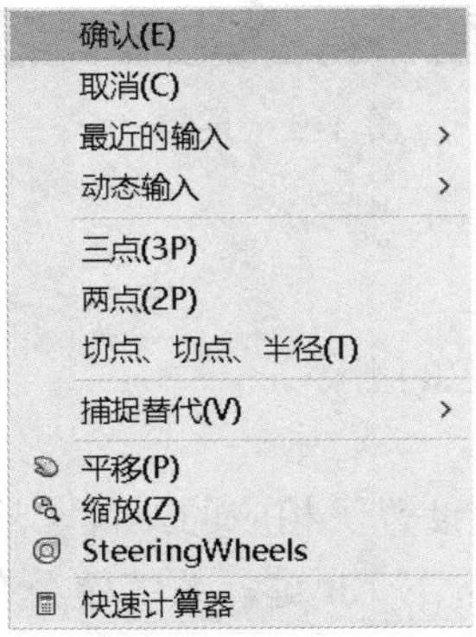

确认(E)

取消(C)

最近的输入 >

动态输入 >

三点(3P)

两点(2P)

切点、切点、半径(T)

捕捉替代(V) >

平移(P)

缩放(Z)

SteeringWheels

快速计算器

图 1-11   对象快捷菜单

1.4.5   工具栏

工具栏是由形象化的图标按钮组成的。它提供选择 AutoCAD 命令的快捷方式，如图 1-12 所示。单击工具栏中的图标按钮，AutoCAD 即可选择相应的命令。

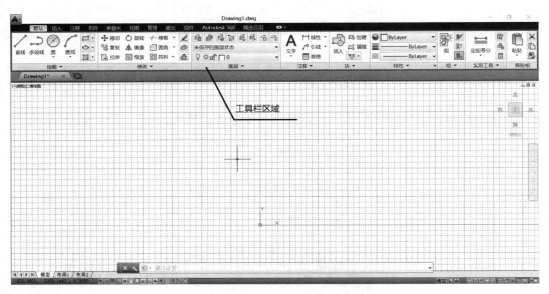

图 1-12   工具栏区域

AutoCAD 2014 提供了 30 个工具栏。在系统默认的工作空间下显示"绘图""修改""图层""注释""块""特性""组""实用工具""剪贴板"9 个工具栏。

将鼠标光标移到某个图标按钮之上，并稍作停留，系统将显示该图标按钮的名称，同时会显示该图标的操作示例。

1.4.6   命令提示窗口

命令提示窗口是用户与 AutoCAD 2014 进行交互式对话的位置，用于显示系统的提示信息与用户的输入信息。命令提示窗口位于绘图窗口的下方，是一个水平方向的较长的小窗口，如图 1-13 所示。

图 1-13　命令提示窗口

用户如需调整命令提示窗口的大小，可将鼠标光标放置于命令提示窗口的上边框线上，光标将变为双向箭头，此时按住鼠标左键并上下移动，即可调整命令提示窗口的大小。

用户若需要详细了解命令提示信息，可以利用鼠标拖动窗口右侧的滚动条来查看，或者按 F2 键，打开"AutoCAD 文本窗口"对话框，如图 1-14 所示，从中可以查看更多命令信息。再次按 F2 键，将关闭对话框。

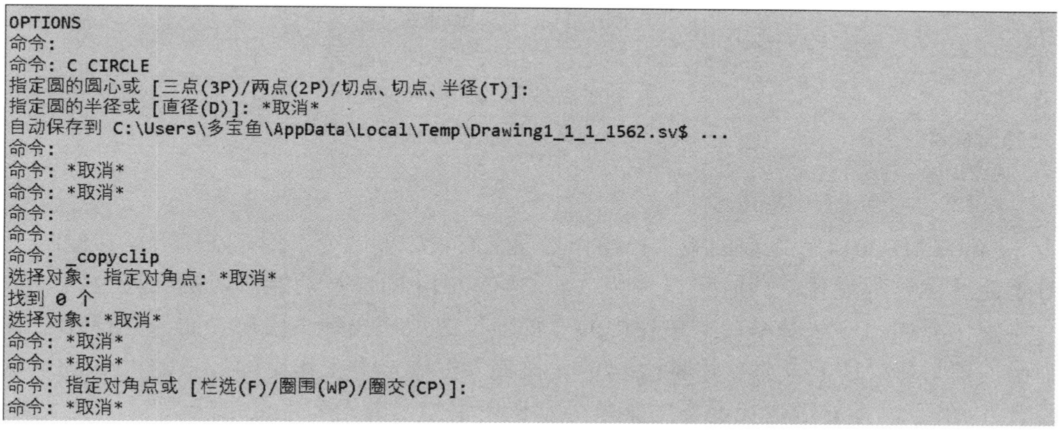

图 1-14　AutoCAD 文本窗口

1.4.7　状态栏

状态栏位于命令提示窗口的下方，用于显示当前的工作状态与相关信息。当鼠标出现在绘图窗口时，状态栏左边的坐标显示区将显示当前鼠标光标所在位置的坐标，如图 1-15 所示。

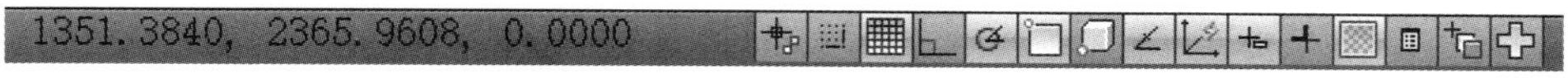

图 1-15　状态栏

状态栏中间的 15 个按钮用于控制相应的工作状态，其功能如表 1-2 所示。这些按钮有两种状态，分别为点亮状态和变暗状态。当按钮处于点亮状态时，表示打开了相应功能的开关，该功能处于打开状态；当按钮处于变暗状态时，表示相应功能处于关闭状态。

表 1-2　状态栏各按钮及对应功能

按钮	功能
推断约束	控制是否使用推断约束功能
捕捉	控制是否使用捕捉功能
栅格	控制是否显示栅格
正交	控制是否以正交模式绘图
极轴追踪	控制是否使用极轴追踪功能
对象捕捉	控制是否使用对象自动捕捉功能
三维对象捕捉	控制是否使用三维对象捕捉功能
对象捕捉追踪	控制是否使用对象捕捉追踪功能
允许 / 禁止 UCS	控制是否允许开启 UCS
动态输入	控制是否使用动态输入功能
线宽	控制是否显示线条的宽度
透明度	控制绘图对象的透明度
快捷特性	控制是否使用快捷特性功能
选择循环	控制是否使用选择循环功能
注释监视器	控制是否使用注释监视器功能

1.4.8　经典操作界面

　　AutoCAD 2014 较之前的版本在操作界面上有很大的改变，用户在刚开始接触时一时不能适应这种变化。此时可以使用 AutoCAD 2014 的自带功能，切换至较为熟悉的经典操作界面。方法是单击菜单栏中的"管理"选项，找到"用户界面"并打开，在弹出的窗口中"所有文件"中的"自定义设置"栏中选"工作空间"里的"AutoCAD 经典"，单点鼠标右键，在弹出的菜单分别选"置为当前"和"设定默认"。设定完之后的界面如图 1-16 所示。为方便更多读者尽快掌握 AutoCAD 2014 的操作，本书后续部分均以经典操作界面为例。

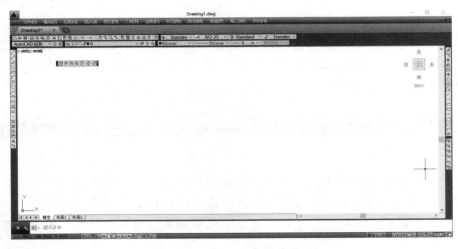

图 1-16　CAD 经典操作界面

1.5　绘图窗口的视图显示

AutoCAD 2014 的绘图区域是无限大的。绘图的过程中，用户可通过实时平移命令来实现绘图窗口显示区域的移动，通过缩放命令来实现绘图窗口的放大和缩小显示，并且还可以设置不同的视图显示方式。

1.5.1　缩放视图

在"标准工具栏"中，AutoCAD 2014 提供了多种调整视图显示的命令。下面对各种调整视图显示的命令进行详细讲解。

1."实时缩放"按钮

单击"标准"工具栏中的"实时缩放"命令按钮🔍，启动缩放功能，光标变成放大镜的形状。光标中的"+"表示放大，向右、上方拖动鼠标，可以放大视图；光标中的"-"表示缩小，向左、下方拖动鼠标，可以缩小视图。

2."缩放"工具栏

将鼠标移到任意一个打开的工具栏上并单击鼠标右键，弹出快捷菜单，选择"缩放"命令，打开"缩放"工具栏。"缩放"工具栏中包含多种调整视图显示的命令按钮，如图 1-17 所示。

图 1-17　"缩放"工具栏

单击并按住"标准"工具栏中的"窗口缩放"命令按钮🔲，会弹出 9 种调整视图显示的命令按钮，它们和"缩放"工具栏中的命令按钮相同，如图 1-18 所示。下面详细介绍这些按钮的功能。

图 1-18　调整视图命令按钮

（1）"窗口缩放"按钮。

选择"窗口缩放"命令按钮🔍，光标会变成十字形。在需要放大图形的一侧单击，并向其对角方向移动鼠标，系统会显示出一个矩形框。将矩形框包围住需要放大的图形，单击鼠标，矩形框内的图形会被放大并充满整个绘图窗口。矩形框的中心就是新的显示中心。

在命令提示窗口中输入命令来调用此命令，操作步骤如下：

命令：'_zoom // 输入缩放命令

指定窗口的角点，输入比例因子（nX 或 nXP），或者

[全部 (A)/ 中心 (C)/ 动态 (D)/ 范围 (E)/ 上一个 (P)/ 比例 (S)/ 窗口 (W)/ 对象 (O)]< 实时 >:W
// 选择"窗口"选项

指定第一个角点：指定对角点： // 绘制矩形窗口放大图形显示

（2）"动态缩放"按钮。

选择"动态缩放"命令按钮，光标变成中心有"×"标记的矩形框。移动鼠标光标，将矩形框放在图形的适当位置上单击，使其变为右侧有"→"标记的矩形框，调整矩形框的大小，矩形框的左侧位置不会发生变化。按 Enter 键，矩形框中的图形被放大并充满整个绘图窗口，如图 1-19 所示。

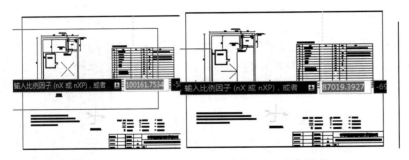 

图 1-19　动态缩放

在命令提示窗口中输入命令来调用此命令，操作步骤如下：

命令：'_zoom // 输入缩放命令

指定窗口的角点，输入比例因子（nX 或 nXP），或者

[全部 (A)/ 中心 (C)/ 动态 (D)/ 范围 (E)/ 上一个 (P)/ 比例 (S)/ 窗口 (W)/ 对象 (O)]< 实时 >:D
// 选择"动态"选项

（3）"比例缩放"按钮。

选择"比例缩放"命令按钮，光标变成十字形。在图形的适当位置上单击并移动鼠标光标到适当比例长度的位置上，再次单击，图形被按比例放大显示。

在命令提示窗口中输入命令来调用此命令，操作步骤如下：

命令：'_zoom // 输入缩放命令

指定窗口的角点，输入比例因子（nX 或 nXP），或者

[全部 (A)/ 中心 (C)/ 动态 (D)/ 范围 (E)/ 上一个 (P)/ 比例 (S)/ 窗口 (W)/ 对象 (O)]< 实时 >:S
// 选择"比例"选项

输入比例因子（nX 或 nXP):2X // 输入比例数值

如果要相对于图纸空间缩放图形，就需要在比例因子后面加上字母"XP"。

（4）"中心缩放"按钮。

选择"中心缩放"命令按钮 ，光标变成十字形。在需要放大的图形中间位置上单击，确定放大显示的中心点，再绘制一条垂直线段来确定需要放大显示的高度，图形将按照所绘制的高度被放大并充满整个绘图窗口，如图1-20所示。

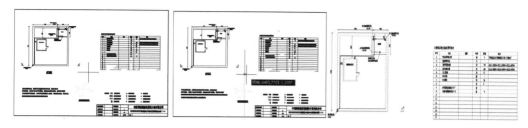

图 1-20 中心缩放

在命令提示窗口中输入命令来调用此命令，操作步骤如下：

命令：'_zoom   // 输入缩放命令

指定窗口的角点，输入比例因子（nX或nXP），或者

[全部 (A)/ 中心 (C)/ 动态 (D)/ 范围 (E)/ 上一个 (P)/ 比例 (S)/ 窗口 (W)/ 对象 (O)]< 实时 >:C
                                 // 选择"中心"选项

指定中心点：   // 单击确定放大区域的中心点的位置

输入比例或高度 <1129.0898>:   指定第二点 :// 绘制直线指定放大区域的高度

输入高度时，如果输入的数值比当前显示的数值小，视图将进行放大显示；反之，视图将进行缩小显示。缩放比例因子的方式是输入 nX，n 表示放大的倍数。

（5）"缩放对象"按钮。

选择"缩放对象"命令按钮 ，光标会变为拾取框。选择需要显示的图形，按 Enter 键，在绘图窗口中将按所选择的图形进行适当的显示，如图 1-21 所示。

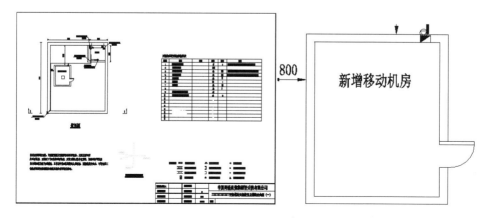

图 1-21 缩放对象

在命令提示窗口中输入命令来调用此命令，操作步骤如下：

命令 : '_zoom   // 输入缩放命令

指定窗口的角点，输入比例因子（nX 或 nXP），或者

[全部 (A)/ 中心 (C)/ 动态 (D)/ 范围 (E)/ 上一个 (P)/ 比例 (S)/ 窗口 (W)/ 对象 (O)]< 实时 >:O
           // 选择 "对象" 选项

选择对象 : 指定对角点 : 找到 329 个   // 显示选择对象的数量

选择对象 :   // 按 Enter 键

（6）"放大" 按钮。

选择 "放大" 命令按钮 ，将把当前视图放大 2 倍。命令提示窗口中会显示视图放大的比例数值，操作步骤如下 :

命令 : '_zoom   // 选择放大命令

指定窗口的角点，输入比例因子（nX 或 nXP），或者

[全部 (A)/ 中心 (C)/ 动态 (D)/ 范围 (E)/ 上一个 (P)/ 比例 (S)/ 窗口 (W)/ 对象 (O)]< 实时 >:2X
           // 图像被放大 2 倍进行显示

（7）"缩小" 按钮。

选择 "缩小" 命令按钮 ，将把当前视图缩小 0.5 倍。命令提示窗口中会显示视图缩小的比例数值，操作步骤如下 :

命令 : '_zoom   // 选择缩小命令

指定窗口的角点，输入比例因子（nX 或 nXP），或者

[全部 (A)/ 中心 (C)/ 动态 (D)/ 范围 (E)/ 上一个 (P)/ 比例 (S)/ 窗口 (W)/ 对象 (O)]< 实时 >:5X
           // 图像被缩小 0.5 倍进行显示

（8）"全部缩放" 按钮。

选择 "全部缩放" 命令按钮 ，如果图形超出当前所设置的图形界限，绘图窗口将适应全部图形对象进行显示 ; 如果图形没有超出图形界限，绘图窗口将适应整个图形界限进行显示。

在命令提示窗口中输入命令来调用此命令，操作步骤如下 :

命令 : '_zoom   // 输入缩放命令

指定窗口的角点，输入比例因子（nX 或 nXP），或者

[全部 (A)/ 中心 (C)/ 动态 (D)/ 范围 (E)/ 上一个 (P)/ 比例 (S)/ 窗口 (W)/ 对象 (O)]< 实时 >:A
           // 选择 "全部" 选项

（9）"范围缩放" 按钮。

选择 "范围缩放" 命令按钮 ，绘图窗口中将显示全部图形对象，且与图形界限无关。

3. "缩放上一个" 按钮

单击 "标准工具栏" 中的 "缩放上一个" 命令按钮 ，将缩放显示返回到前一个视图效果。

在命令提示窗口中输入命令来调用此命令，操作步骤如下 :

命令 : '_zoom   // 输入缩放命令

指定窗口的角点，输入比例因子（nX 或 nXP），或者

[全部 (A)/ 中心 (C)/ 动态 (D)/ 范围 (E)/ 上一个 (P)/ 比例 (S)/ 窗口 (W)/ 对象 (O)]< 实时 >:P
　　　　　　　　　　　　　　// 选择"上一个"选项

命令 :'_zoom　　　　　　　　　　// 按 Enter 键

指定窗口的角点，输入比例因子（nX 或 nXP），或者

[全部 (A)/ 中心 (C)/ 动态 (D)/ 范围 (E)/ 上一个 (P)/ 比例 (S)/ 窗口 (W)/ 对象 (O)]< 实时 >:P
　　　　　　　　　　　　　　// 选择"上一个"选项

连续进行视图缩放操作后，如需要返回上一个缩放的视图效果，可以单击放弃按钮 ↶ 来进行返回操作。

1.5.2　平移视图

在绘制图形的过程中使用平移视图功能，可以更便捷地观察和编辑图形。

启用命令方法 :"标准"工具栏中的"实时平移"按钮 🖐。

启用"实时平移"命令，光标变成实时平移的图标即一只手，按住鼠标左键并拖动鼠标光标，可平移视图来调整绘图窗口的显示区域。

命令 :'_pan　　　　　　　　　　　　　// 选择实时平移命令

按 Esc 或 Enter 键退出，或单击右键显示快捷菜单　// 退出平移状态

1.5.3　命名视图

在绘图的过程中，常会用到"缩放上一个"工具，返回到前一个视图显示状态。如果要返回到特定的视图显示，并且常常会切换到这个视图时，就无法使用该工具来完成了。如果绘制的是复杂的大型建筑设计图，使用缩放和平移工具来寻找想要显示的图形，会花费大量的时间。使用"命名视图"命令来命名所需要显示的图形，并在需要的时候根据图形的名称来恢复图形的显示，就可以轻松地解决这些问题。

启用命令方法 :"视图"→"命名视图"。

选择"视图"→"命名视图"命令，启用"命名视图"命令，弹出"视图管理器"对话框，如图 1-22 所示。在对话框中可以保存、恢复以及删除命名的视图，也可以改变已有视图的名称和查看视图的信息。

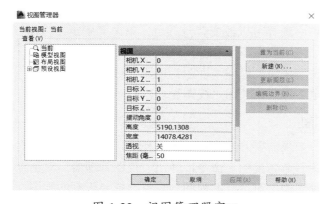

图 1-22　视图管理器窗口

1. 保存命名视图

（1）在"视图"对话框中单击"新建"按钮，弹出"新建视图"对话框，如图 1-23 所示。

图 1-23　"新建视图"对话框

（2）在"视图名称"选项的文本框中输入新建视图的名称。

（3）设置视图的类别，例如立视图或剖视图。用户可以从列表中选择一个视图类别，输入新的类别或保留此选项为空。

（4）如果只想保存当前视图的某一部分，可以选择"定义窗口"单选项。单击"定义视图窗口"按钮 🔲，可以在绘图窗口中选择要保存的视图区域。若选择"当前显示"单选项，AutoCAD 将自动保存当前绘图窗口中显示的视图。

（5）选择"将图层快照与视图一起保存"复选框，可以在视图中保存当前图层设置。同时也可以设置"UCS""活动截面"和"视觉样式"。

（6）在"背景"栏中，选择"替代默认背景"复选框，在弹出的"背景"对话框中，在"类型"下拉列表中选择可以改变背景颜色，单击"确定"按钮，返回"新建视图"对话框。

（7）单击"确定"按钮，返回"视图管理器"对话框。

（8）单击"确定"按钮，关闭"视图管理器"对话框。

2. 恢复命名视图

在绘图过程中，如果需要回到指定的某个视图，则可以将该命名视图恢复。

（1）选择"视图→命名视图"命令，弹出"视图管理器"对话框。

（2）在"视图管理器"对话框的视图列表中选择要恢复的视图。

（3）单击"置为当前"按钮。

（4）单击"确定"按钮，关闭"视图"对话框。

3. 改变命名视图的名称

（1）选择"视图"→"命名视图"命令，弹出"视图管理器"对话框。

（2）在"视图管理器"对话框的视图列表中选择要重命名的视图。

（3）在中间的"基本"栏中，选中要命名的视图名称，然后输入视图的新名称菜单命令，如图1-24所示。

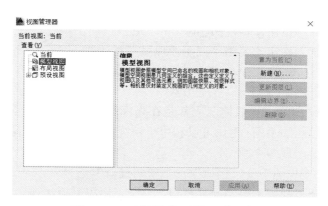

图 1-24 "视图管理器"对话框

（4）单击"确定"按钮，关闭"视图管理器"对话框。

4. 更新视图图层

（1）选择"视图"→"命名视图"命令，弹出"视图管理器"对话框。

（2）在"视图管理器"对话框的视图列表中选择要更新图层的视图。

（3）单击"更新图层 (L)"按钮，更新与选定的命名视图一起保存的图层信息，使其与当前模型空间和布局视口中的图层可见性匹配。

（4）单击"确定"按钮，关闭"视图管理器"对话框。

5. 编辑视图边界

（1）选择"视图"→"命名视图"命令，弹出"视图管理器"对话框。

（2）在"视图管理器"对话框的视图列表中选择要编辑边界的视图。

（3）单击"编辑边界 (B)"按钮，居中并缩小显示选定的命名视图，绘图区域的其他部分以较浅的颜色显示，以显示出命名视图的边界。可以重复指定新边界的对角点，并按 Enter 键接受结果。

（4）单击"确定"按钮，关闭"视图管理器"对话框。

6. 查看视图信息

（1）选择"视图"→"命名视图"命令，弹出"视图管理器"对话框。

（2）在"视图管理器"对话框的视图列表中选择要查看信息的视图。

（3）单击"详细信息 (T)"按钮，弹出"视图详细信息"对话框。

（4）在"视图详细信息"对话框中，可以查看到命名视图所保存的信息，单击"确定"按钮，关闭"视图详细信息"对话框。

（5）单击"确定"按钮，关闭"视图管理器"对话框。

7．删除命名视图

不再需要某个视图时，可以将其删除。

（1）选择"视图"→"命名视图"命令，弹出"视图管理器"对话框。

（2）在"视图管理器"对话框的视图列表中选择要删除的视图。

（3）单击"删除"按钮，将视图删除。

（4）单击"确定"按钮，关闭"视图管理器"对话框。

1.5.4　平铺视图

使用模型空间绘图时，一般情况下都是在充满整个屏幕的单个视口中进行的。如果需要同时显示一幅图的不同视图，可以利用平铺视图功能，将绘图窗口分成几个部分。这时，使用屏幕上会出现多个视口。

启用命令方法："视图"→"视口"→"新建视口"。

选择"视图"→"视口"→"新建视口"命令，启用"新建视口"命令，弹出"视口"对话框，如图 1-25 所示。在"视口"对话框中，可以根据需要设置多个视口，进行平铺视图的操作。

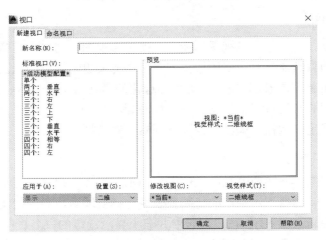

图 1-25　"视口"对话框

对话框选项解释。

（1）"新名称"文本框：可以在此输入新建视口的名称。

（2）"标准视口"列表：可以在此列表中选择需要的标准视口样式。

（3）"应用于"下拉列表框：如果要将所选择的设置应用到当前视口中，可在此下拉列表框中选择"当前视口"选项；如果要将所选择的设置应用到整个模型空间，可在此下拉列表框中选择"显示"选项。

（4）"设置"下拉列表框：在进行二维图形操作时，可以在该下拉列表框中选择"二维"选项；如果是进行三维图形操作，可以在该下拉列表框中选择"三维"选项。

（5）"预览"窗口：在"标准视口"列表中选择所需设置后，可以通过该窗口预览平铺视口的样式。

（6）"修改视图"下拉列表框：当在"设置"下拉列表框选择"三维"选项时，可以在该下拉列表内选择定义各平铺视口的视角；而在"设置"下拉列表框选择"二维"选项时，该下拉列表内只有"当前"一个选项，即选择的平铺样式内都将显示同一个视图。

1.5.5 重生成视图

使用 AutoCAD 2014 所绘制的图形是非常精确的，但是为了提高显示速度，系统常常将曲线图形以简化的形式进行显示，如使用连续的折线来表示平滑的曲线。如果要将图形的显示恢复到平滑的曲线，可以使用如下几种方法。

1. 重生成

使用"重生成"命令，可以在当前视口中重生成整个图形并重新计算所有图形对象的屏幕坐标，优化显示和对象选择性能。

启用命令方法："视图"→"重生成"。

使用"重生成"命令更新曲线显示的操作步骤如下。

（1）打开某个已经绘制好的圆或圆弧文件，如图 1-26 所示。

（2）选中文件，启用"重生成"命令，图形重生成的效果如图 1-27 所示。在重生成后，曲线图形变得平滑。

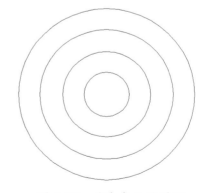

图 1-26　不规则圆形　　　　　图 1-27　重生成后的圆形

2. 全部重生成

"全部重生成"命令与"重生成"命令功能基本相同，不同的是，"全部重生成"命令可以在所有视口中重生成图形并重新计算所有图形对象的屏幕坐标，优化显示和对象选择性能。

启用命令方法如下。

（1）菜单命令："视图"→"全部重生成"。

（2）命令行：REGENALL（缩写名：REA）。

使用"全部重生成"命令来更新如图 1-27 所示的曲线显示，视口 A、B 内的图形会全部重新生成显示，两个视口内的曲线图形都变得很平滑，效果如图 1-28 所示。

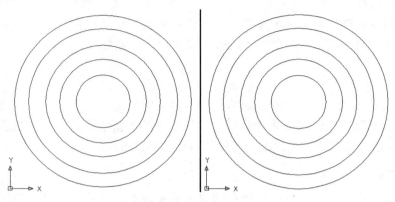

图 1-28　全部重生成前后对比

3. 设置系统的显示精度

通过对系统显示精度的设置，可以控制圆、圆弧、椭圆和样条曲线的外观。该功能可用于重生成更新的图形，并使圆的外观平滑。

启用命令方法如下。

（1）菜单命令："工具"→"选项"。

（2）命令行：VIEWRES。

选择"工具"→"选项"命令，弹出"选项"对话框，单击"显示"选项卡，如图 1-29 所示。

图 1-29　"选项"对话框

在对话框的右侧"显示精度"选项组中，在"圆弧和圆的平滑度"选项前面的数值框中输入数值可以控制系统的显示精度，默认数值为 1000，有效的输入范围为 1 ～ 20000。数值越大，系统显示的精度就越高，但是相对的显示速度就越慢。单击"确定"按钮，完成系统显示精度设置。

输入命令进行设置与在"选项"对话框中的设置结果相同。增大缩放百分比数值，会重生成更新的图形，并使圆的外观平滑；减小缩放百分比数值则会有相反的效果。增大缩放百分比数值可能会增加重生成图形的时间。

在命令提示窗口中输入命令来调用此命令，操作步骤如下：

命令 :viewres   // 输入快速缩放命令

是否需要快速缩放？ [是 (Y)/ 否 (N)]< >:Y   // 选择"是"选项

输入圆的缩放百分比（1-20000）<1000>:10000   // 输入缩放百分比数值

1.6   文件的基础操作

文件的基础操作一般包括新建图形文件、打开图形文件、保存图形文件和关闭图形文件等。在进行绘图之前，用户必须掌握文件的基础操作。因此，本节将详细介绍 AutoCAD 文件的基础操作。

1.6.1   新建图形文件

在应用 AutoCAD 绘图时，首先需要新建一个图形文件。AutoCAD 为用户提供了"新建"命令，用于新建图形文件。

启用命令方法："标准"工具栏中的"新建"按钮。

选择"文件"→"新建"命令，启用"新建"命令，弹出"选择样板"对话框，如图 1-30 所示。在"选择样板"对话框中，用户可以选择系统提供的样板文件或选择不同的单位制从空白文件开始创建图形。

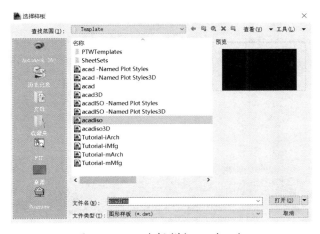

图 1-30   "选择样板"对话框

1. 利用样板文件创建图形

在"选择样板"对话框中，系统在列表框中列出了许多标准的样板文件，供用户选择。单击"打开"按钮，将选中的样板文件打开，此时用户可在该样板文件上创建图形。用户也可直接双击列表框中的样板文件将其打开。

AutoCAD 根据绘图标准设置了相应的样板文件，其目的是为了使图纸统一，如字体、标注样式、图层等一致。根据制图标准，AutoCAD 提供的样板文件可分为 6 大类，分别为 ANSI 标准样板文件、DIN 标准样板文件、GB 标准样板文件、ISO 标准样板文件、JIS 标准样板文件和空白样板文件。

2. 从空白文件创建图形

在"选择样板"对话框中，AutoCAD 还提供了两个空白文件，分别为 acad 与 acadiso。当需要从空白文件开始创建图形时，可以选择这两个文件。其中，acad 为英制，其绘图界限为 12 英寸 ×9 英寸；acadiso 为公制，其绘图界限为 420mm×297mm。

单击"选择样板"对话框中"打开"按钮右侧的 ▼ 按钮，弹出下拉菜单，如图 1-31 所示。当选择"无样板打开 – 英制"命令时，打开的是以英制为单位的空白文件；当选择"无样板打开 – 公制"命令时，打开的是以公制为单位的空白文件。

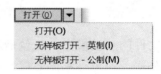

图 1-31　打开菜单

1.6.2　打开图形文件

可以利用"打开"命令来浏览或编辑绘制好的图形文件。

启用命令方法："标准"工具栏中的"打开"按钮。

选择"文件"→"打开"命令，启用"打开"命令，弹出"选择文件"对话框，如图 1-32 所示。在"选择文件"对话框中，用户可通过不同的方式打开图形文件。

图 1-32　"选择文件"对话框

在"选择文件"对话框的列表框中选择要打开的文件或者在"文件名"选项的文本框中输入要打开文件的路径与名称，单击"打开"按钮，打开选中的图形文件。

单击"打开"按钮右侧的▼按钮，弹出下拉菜单，如图 1-33 所示。选择"以只读方式打开"命令，图形文件以只读方式打开；选择"局部打开"命令，可以打开图形的一部分；选择"以只读方式局部打开"命令，可以只读方式打开图形的一部分。

当图形文件包含多个命名视图时，选择"选择文件"对话框中的"选择初始视图"复选框，在打开图形文件时可以指定显示的视图，如图 1-34 所示。

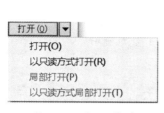

图 1-33　打开菜单

图 1-34　选择初始视图

在"选择文件"对话框中单击"工具"按钮，弹出下拉菜单，如图 1-35 所示。选择"查找"命令，弹出"查找"对话框，如图 1-36 所示。在"查找"对话框中，可以根据图形文件的名称、位置或修改日期来查找相应的图形文件。

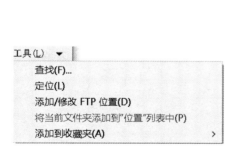

图 1-35　工具菜单

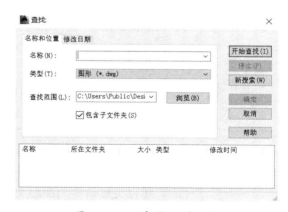

图 1-36　"查找"对话框

1.6.3　保存图形文件

绘制图形后，就可以对其进行保存。保存图形文件的方法有两种：一种是以当前文件名保存图形；另一种是指定新的文件名保存图形。

1. 以当前文件名保存图形

使用"保存"命令可采用当前文件名称保存图形文件。

启用命令方法：" 标准"工具栏中的"保存"按钮。

选择"文件"→"保存"命令，启用"保存"命令，当前图形文件将以原名称直接保存到原来的位置。若用户是第一次保存图形文件，AutoCAD 会弹出"图形另存为"对话框，用户可按需要输入文件名称，并指定保存文件的位置和类型，如图 1-37 所示。单击"保存"按钮，保存图形文件。

图 1-37 "图形另存为"对话框

2. 指定新的文件名保存图形

使用"另存为"命令可指定新的文件名称保存图形文件。

启用命令方法："文件"→"另存为"。

选择"文件"→"另存为"命令，启用"另存为"命令，弹出"图形另存为"对话框，用户可在"文件名"的文本框中输入文件的新名称，指定文件保存位置和类型，如图 1-37 所示。单击"保存"按钮，保存图形文件。

1.6.4 关闭图形文件

保存图形文件后，可以将窗口中的图形文件关闭。

1. 关闭当前图形文件

选择"文件"→"关闭"命令或单击绘图窗口右上角的 × 按钮，可关闭当前图形文件。如果图形文件尚未保存，系统将弹出保存提示框，如图 1-38 所示，提示用户是否保存文件。

图 1-38 保存提示框

2. 退出 AutoCAD 2014

选择"文件"→"退出"命令或单击标题栏右侧的 × 按钮，退出 AutoCAD 2014 系统。

如果图形文件尚未保存，系统将弹出"AutoCAD"对话框，如图 1-38 所示，提示用户是否保存文件。

1.7 命令的使用方法

在 AutoCAD 中，命令是系统的核心，用户执行的每一个操作都需要启用相应的命令。因此，用户有必要掌握启用命令的方法。

1.7.1 启用命令

单击工具栏中的按钮图标或选择菜单中的命令，可以启用相应的命令，然后进行具体操作。在 AutoCAD 中，启用命令通常有如下 4 种方法。

1. 工具按钮方式

直接单击工具栏中的按钮图标，启用相应的命令。

2. 菜单命令方式

选择菜单中的命令，启用相应的命令。

3. 命令提示窗口的命令行方式

在命令提示窗口中输入一个命令的名称，按 Enter 键，启用该命令。有些命令还有相应的缩写名称，输入其简写名称也可以启用该命令。

例如：绘制一个点时，可以输入"点"命令的名称"POINT"，也可输入其简写名称"PO"。输入命令的简写名称是一种快捷的操作方法，有利于提高工作效率。

4. 快捷菜单中的命令方式

在绘图窗口中单击鼠标右键，弹出相应的快捷菜单，从中选择菜单命令，启用相应的命令。

无论以哪种方法启用命令，命令提示窗口中都会显示与该命令相关的信息，其中包含一些选项，这些选项显示在方括号 [ ] 中。如果要选择方括号中的某个选项，可在命令提示窗口中输入该选项后的数字和大写字母（输入字母时大写或小写均可）。

例如：启用"圆弧"命令，命令行的信息如图 1-39 所示，如果需要选择"圆心"选项，输入"C"，按 Enter 键即可。

圆弧创建方向：逆时针(按住 Ctrl 键可切换方向)。
ARC 指定圆弧的起点或 [圆心(C)]：

图 1-39 指定对应选项

1.7.2 取消正在执行的命令

在绘图过程中，可以随时按 Esc 键取消当前正在执行的命令，也可以在绘图窗口内单击鼠标右键，在弹出的快捷菜单中选择"取消"命令，取消正在执行的命令。

1.7.3　重复调用命令

当需要重复执行某个命令时，可以按 Enter 键或 Space 键，也可以在绘图窗口内单击鼠标右键，在弹出的快捷菜单中选择"重复 **"命令（其中 ** 为上一步使用过的命令）。

1.7.4　放弃已经执行的命令

在绘图过程中，当出现一些错误而需要取消前面执行的一个或多个操作时，可以使用"放弃"命令。

启动命令方法："标准"工具栏中的"放弃"按钮。

例如：用户在绘图窗口中绘制了个圆，完成后发现了一些错误，现在希望删除该圆。

（1）单击"圆"按钮或选择"绘图"→"圆"命令，在绘图窗口中绘制一个圆。

（2）单击"放弃"按钮或选择"编辑"→"放弃"命令，删除该圆。

另外用户还可以一次性撤销前面进行的多个操作。

（1）在命令提示窗口中输入"UNDO"，按 Enter 键。

（2）系统将提示用户输入想要放弃的操作数目，如图 1-40 所示，在命令提示窗口中输入相应的数字，按 Enter 键。例如：想要放弃最近的 5 次操作，可先输入"5"，然后按 Enter 键。

当前设置：自动 = 开，控制 = 全部，合并 = 是，图层 = 是
UNDO 输入要放弃的操作数目或 [自动(A) 控制(C) 开始(BE) 结束(E) 标记(M) 后退(B)] <1>:

图 1-40　undo 命令栏

1.7.5　恢复已经放弃的命令

当放弃一个或多个操作后，又想重做这些操作，将图形恢复到原来的效果，这时可以使用"重做"命令，即单击"标准"工具栏中的"重做"按钮或选择"编辑→重做 **"命令（其中 ** 为上一步撤销操作的命令）。反复执行"重做"命令，可重做多个已放弃的操作。

1.8　鼠标在 AutoCAD 2014 中的定义

在 AutoCAD 2014 中，鼠标的各个按键具有不同的功能。下面简要介绍各个按键的功能。

1. 左键

左键为拾取键，用于单击工具栏按钮、选取菜单命令以发出命令，也可以在绘图过程中选择点和图形对象等。

2. 右键

右键默认设置是用于显示快捷菜单，单击右键可以弹出快捷菜单。

用户可以自定义右键的功能,其方法如下。选择"工具"→"选项"命令,弹出"选项"对话框,单击"用户系统配置"选项卡,单击其中的"自定义右键单击(I)"按钮,弹出"自定义右键单击"对话框,如图 1-41 所示,可以在对话框中自定义右键的功能。

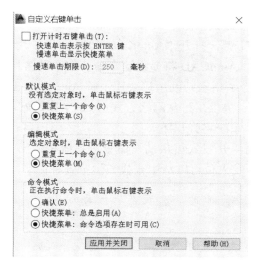

图 1-41　"自定义右键单击"对话框

3. 中键

中键常用于快速浏览图形。在绘图窗口中按住中键,光标将变为 形状,移动光标可快速移动图形;双击中键,绘图窗口中将显示全部图形对象。当鼠标中键为滚轮时,将光标放置于绘图窗口中,直接向下转动滚轮,则缩小图形;直接向上转动滚轮,则放大图形。

1.9　使用帮助和教程

AutoCAD 2014 帮助系统中包含了有关如何使用此程序的完整信息。有效地使用帮助系统,将会给用户解决疑难问题带来很大的帮助。

AutoCAD 2014 的帮助信息几乎全部集中在菜单栏的"帮助"菜单中,如图 1-42 所示。

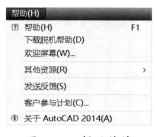

图 1-42　帮助菜单

下面介绍"帮助"菜单中的各个命令的功能。

（1）"帮助"命令：提供了 AutoCAD 的完整信息。选择"帮助"命令，会弹出"AutoCAD 2014 帮助：用户文档"对话框。该对话框汇集了 AutoCAD 2014 中文版的各种问题，其左侧窗口上方的选项卡提供了多种查看所需主题的方法。用户可在左侧的窗口中查找信息，右侧窗口将显示所选主题的信息，供用户查阅。

我们也可以通过按 F1 键，打开"AutoCAD 2014 帮助：用户文档"对话框。当选择某个命令时，按 F1 键，AutoCAD 将显示这个命令的帮助信息。

（2）"欢迎屏幕"命令：用于帮助用户快速了解 AutoCAD 2014 中文版的新功能。

（3）"其他资源"命令：提供了可从网络查找 AutoCAD 网站以获取相关帮助的功能。单击"其他资源"命令，系统将弹出下一级子菜单，如图 1-43 所示，从中可以使用各项联机帮助。例如：单击"开发人员帮助"命令，系统将弹出"AutoCAD 2014 帮助：开发者文档"对话框，开发人员可以从中查找和浏览各种信息。

图 1-43　其他资源菜单

（4）"客户参与计划"命令：可以通过这一选项参与这个计划，让 Autodesk 公司设计出符合用户自己需求和严格标准的软件。

（5）"关于"命令：提供了 AutoCAD 2014 软件的相关信息，如版权和产品信息等。

【同步训练】

1．在电脑中完成 AutoCAD 2014 的安装。
2．熟悉 AutoCAD 2014 的绘图界面。

【拓展训练】

在 AutoCAD 2014 中新建文件，并命令为"绘图 1"，将其保存至桌面。

项目 2
点、直线、多线段、射线、构造线

【知识目标】   了解点、直线、多线段、射线、构造线的生成方式，熟记这些对象的快捷键。

【能力目标】   熟练绘制点、直线、多线段、射线、构造线。

AutoCAD 提供了大量的绘图工具，可以帮助用户完成二维图形及三维图形的绘制，而图形主要由一些基本几何元素组成，如点、直线、构造线、圆弧、圆、椭圆、正多边形、云线等。本项目开始介绍这些基本几何元素的画法，所使用的命令主要是在"绘图"菜单和"绘图"工具栏中，如图 2-1、图 2-2 所示。

图 2-1　"绘图"菜单　　　　　　图 2-2　"绘图"工具栏

2.1　点

2.1.1　绘制点

在 AutoCAD 中，点可以作为实体，用户可以像创建直线、圆和圆弧一样创建点。同其他实体一样，点具有各种实体属性，也可以编辑。启动"点"命令，可以使用下列方法之一：

（1）命令行：POINT。

（2）菜单命令："绘图"→"点"→"单点"/"多点"。

（3）工具栏："绘图"→　。

【操作步骤】

命令:point

指定点：（指定点所在的位置）

【提示、注意、技巧】

（1）通过菜单方法操作如图 2-3 所示。"单点"命令表示只输入一个点，"多点"命令表示可输入多个点。

图 2-3　创建点

（2）可以打开状态栏中的"对象捕捉"开关，设置点捕捉模式，帮助用户拾取点。

（3）点在图形中的表示样式共有 20 种。可通过命令"DDPTYPE"或菜单命令"格式"→"点样式"，在弹出的"点样式"对话框中进行设置，如图 2-4 所示。

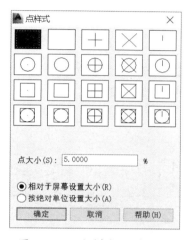

图 2-4　"点样式"对话框

2.1.2　定数等分

启动"定数等分"命令，可以使用下列方法之一：

（1）命令行：DIVIDE（缩写名：DIV）。

（2）菜单命令："绘图"→"点"→"定数等分"。

【操作步骤】

命令 :divide

选择要定数等分的对象：（选择要等分的实体）

输入线段数目或 [块 (B)]:（指定实体的等分数）

如图，通过定数等分，将一段总长度为 300 的直线，等分为 6 份，每一份的长度均为 50，绘制结果如图 2-5 所示。

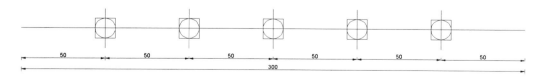

图 2-5　定数等分示意

【提示、注意、技巧】

（1）等分数范围 2 ～ 32767。

（2）在等分点处，按当前点样式设置画出等分点。

（3）在第二个提示行中选择"块 (B)"选项时，表示在等分点处插入指定的块。

2.1.3 定距等分

启动"定距等分"命令，可以使用下列方法之一：

（1）命令行：MEASURE（缩写名：ME）。

（2）菜单命令："绘图" → "点" → "定距等分"。

【操作步骤】

命令 :measure

选择要定距等分的对象：（选择要设置测量点的实体）

指定线段长度或 [块 (B)]:（指定分段长度）

绘制结果如图 2-6 所示。

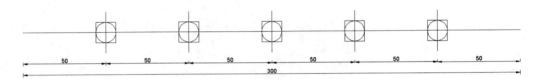

图 2-6　定距等分示意

【提示、注意、技巧】

（1）设置的起点一般是拾取点的最近点。

（2）在第二个指示行中选择"块 (B)"选项时，表示在测量点处插入指定的块，后续操作与上节等分点相似。

（3）在等分点处，按当前点样式设置绘制出等分点。

（4）最后一个测量段的长度不一定等于指定分段长度。

【练习】 绘制如图 2-7 所示的图形。圆及六边形的尺寸自定，要求正六边形内接于圆，其每个顶点均分布在圆上，且将此圆六等分。

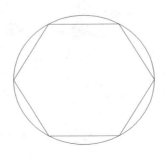

图 2-7　例题

2.2　直线

直线是由起点和终点来确定的,起点和终点通过鼠标或键盘输入。启动"直线"命令,可使用下列方法之一：

（1）命令行：LINE 或 L。

（2）菜单命令："绘图"→"直线"。

（3）工具栏："绘图"→📐。

【操作步骤】

命令 :line

指定第一点：（输入直线段的起，用鼠标指定点或者指定点的坐标）

指定下一点或 [放弃 (U)]:（输入直线段的端点）

指定下一点或 [放弃 (U)]:（输入下一直线段的端点。输入选项 U 表示放弃前面的输入；单击鼠标右键选择"确认"命令，或按 Enter 键，结束命令）

指定下一点或 [闭合 (C)/ 放弃 (U)]:（输入下一直线段的端点，或输入选项 C 使图形闭合，结束命令）

【提示、注意、技巧】

（1）若用回车键响应"指定第一点："提示，系统会把上次绘制线（或弧）的终点作为本次操作的起始点。若上次操作为绘制圆弧，回车响应后将绘出通过圆弧终点且与该圆弧相切的直线段，该线段的长度由鼠标在屏幕上指定的一点与切点之间线段的长度确定。

（2）执行画线命令一次可画一条线段，也可以连续画多条线段。在"指定下一点："提示下，用户可以指定多个端点，从而绘出多条直线段，每条线段都是一个独立的图形实体。

AutoCAD 中所指的图形实体是图形对象中的最小单元，如直线、折线、曲线或一个平面图形等，可独立进行各种编辑操作，在后续内容中将做进一步说明。

（3）绘制两条以上直线段后,若用"C"响应"指定下一点："提示，系统会自动连接起始点和最后一个端点，从而绘出封闭的图形。

（4）若用"U"响应"指定下一点："提示，则擦除最近一次绘制的直线段。

（5）若设置动态数据输入方式，则可以动态输入坐标或长度值。后面介绍的命令同样可以设置动态数据输入方式，效果与非动态数据输入方式类似。除了特别需要，以后不再强调，而只按非动态数据输入方式输入相关数据。

【练习】绘制如图 2-8 所示的五角星。

图 2-8　练习题

2.3 多段线

多段线是由多个线段和圆弧组合而成的单一实体对象，一条多段线中，无论包含多少段直线或弧它都是一个实体。这种线由于其组合形式多样，线宽可变化，弥补了直线或圆弧功能的不足，适合绘制各种复杂的图形轮廓，因而得到了广泛的应用。多段线可以利用 PEDIT 命令进行编辑。

启动"多段线"命令，可以使用下列方法之一：

（1）命令行：PLINE（缩写名：PL）。

（2）菜单命令："绘图" → "多段线"。

（3）工具栏："绘图" → ⤵。

【操作步骤】

命令 :pline

指定起点：（指定多段线的起点）

当前线宽为 0.0000

指定下一个点或 [圆弧 (A)/ 半宽 (H)/ 长度 (L)/ 放弃 (U)/ 宽度 (W)]:（指定多段线的下一点）

如果在上述提示中选择"圆弧 (A)"，则命令行提示：

指定圆弧的端点或 [角度 (A)/ 圆心 (CE)/ 闭合 (CL)/ 方向 (D)/ 半宽 (H)/ 直线 (L)/ 半径 (R)/ 第二个点 (S)/ 放弃 (U)/ 宽度 (W)]:

利用多段线绘制圆弧的方法与"圆弧"命令中的绘制方法相似，参照本书 3.2 节。

【提示、注意、技巧】

（1）当多段线的宽度大于 0 时，如果绘制闭合的多段线，一定要用"闭合"选项才能使其完全封闭，否则起点与终点会出现一段缺口。如图 2-9 所示，图（a）为使用"闭合"选项的情况，图（b）为没有使用"闭合"选项的情况。

（2）在绘制多段线的过程中如果选择"U"，则取消刚刚绘制的那一段多段线，当确定刚画的多段线有错误时，选择此项。

（3）多段线起点宽度值以上一次输入值为默认值，而终点宽度值是以起点宽度值为默认值。

（4）当使用分解命令对多段线进行分解时，多段线的线宽信息将丢失。

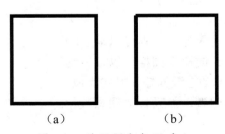

（a） （b）

图 2-9 使用闭合与否对比

【练习】用多段线命令绘制如图 2-10 所示的图形。

图 2-10 练习题

2.4 射线

射线是一条单向无限长直线。启动"射线"命令，可以使用下列方法之一：

（1）命令行：RAY。

（2）菜单命令："绘图"→"射线"。

【操作步骤】

命令 :ray

指定起点：（给出起点）

指定通过点：（给出通过点，画出射线）

指定通过点：（过起点画出另一条射线，用回车结束命令）

2.5 构造线

构造线是一条双向无限长直线。启动"构造线"命令，可以使用下列方法之一：

（1）命令行：XLINE。

（2）菜单命令："绘图"→"构造线"。

（3）工具栏："绘图"→ ✏。

【操作步骤】

命令 : xline

指定点或 [水平 (H)/ 垂直 (V)/ 角度 (A)/ 二等分 (B)/ 偏移 (O)]：（给出根点 1）

指定通过点：（给定通过点 2，绘制一条双向无限长直线）

指定通过点：（给定通过点 3，绘制一条双向无限长直线）

指定通过点：（给定通过点 4，绘制一条双向无限长直线）

指定通过点：（继续给点，继续绘制线，回车结束）

操作结果如图 2-11 所示。

【提示、注意、技巧】

（1）执行选项中有"指定点""水平""垂直""角度""二等分"和"偏移"六种方式绘制构造线。

（2）这种线可以模拟手工作图中的辅助作图线。用特殊的线型显示，在绘图输出时可不作输出，常用于辅助作图。

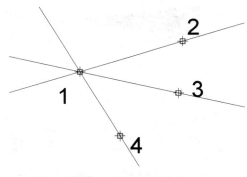

图 2-11　构造线绘制

应用构造线作为辅助线绘制机械图中的三视图是构造线的最主要用途，构造线的应用保证了三视图之间"长对正，高平齐，宽相等"的对应关系。

【同步训练】

1．请在 AutoCAD 2014 中完成图 2-12 的绘制（不用标注尺寸）。

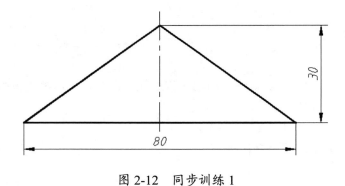

图 2-12　同步训练 1

2．请在 AutoCAD 2014 中完成图 2-13 的绘制（不用标注尺寸）。

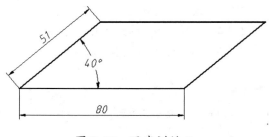

图 2-13　同步训练 2

3．请在 AutoCAD 2014 中完成图 2-14 的绘制（不用标注尺寸）。

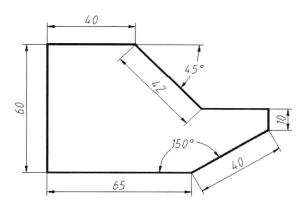

图 2-14 同步训练 3

4．请在 AutoCAD 2014 中完成图 2-15 的绘制（不用标注尺寸）。

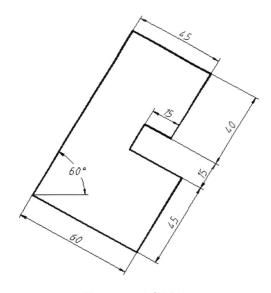

图 2-15 同步训练 4

【拓展训练】

1．请在 AutoCAD 2014 中完成图 2-16 的绘制（不用标注尺寸）。
2．请在 AutoCAD 2014 中完成图 2-17 的绘制（不用标注尺寸）。

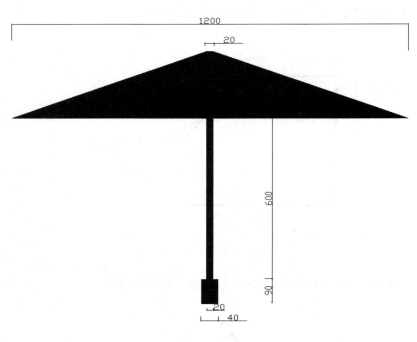

图 2-16　拓展训练 1

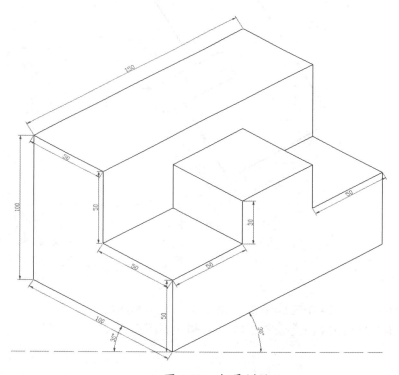

图 2-17　拓展训练 2

3. 请在 AutoCAD 2014 中完成图 2-18 的绘制（不用标注尺寸）。

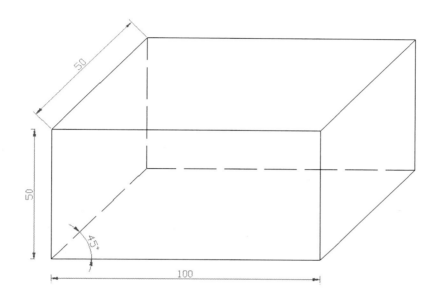

图 2-18 拓展训练 3

项目 3
圆、圆弧、椭圆、椭圆弧

【知识目标】　　　　了解圆、圆弧、椭圆、椭圆弧的绘制方法，熟记这些对象的快捷键。

【能力目标】　　　　熟练绘制圆、圆弧、椭圆、椭圆弧。

3.1　圆的绘制

绘制圆命令是 AutoCAD 中最简单的曲线命令。启动"圆"命令，可以使用下列方法之一：

（1）命令行：CIRCLE。

（2）菜单命令："绘图"→"圆"。

（3）工具栏："绘图"→⊘。

【操作步骤】

命令 :circle

指定圆的圆心或 [三点 (3P)/ 两点 (2P)/ 相切、相切、半径 (T)]:（指定圆心）

指定圆的半径或 [直径 (D)]< 默认值 >:（直接输入半径数值或用鼠标指定半径长度）

指定圆的直径 < 默认值 >:（输入直径数值或用鼠标指定直径长度）

【提示、注意、技巧】

（1）三点 (3P)：用指定圆周上三点的方法画圆。

（2）两点 (2P)：指定直径的两端点画圆。

（3）相切、相切、半径 (T)：按先指定两个相切对象，后给出半径的方法画圆。

【例】绘制如图 3-1 所示的图形。

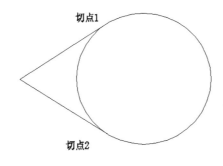

图 3-1　例题

【操作步骤】

命令 :line

指定第一点 :（指定第一点）

指定下一点或 [放弃 (U)]:（指定第二点）

指定下一点或 [放弃 (U)]:（指定第三点）

指定下一点或 [闭合 (C)/ 放弃 (U)]:（回车退出）

命令 :circle

指定圆的圆心或 [三点 (3P)/ 两点 (2P)/ 相切、相切、半径 (T)]:T

指定对象与圆的第一个切点 :（指定第一个切点）

指定对象与圆的第二个切点：（指定第二个切点）

指定圆的半径 <30.0000>:（默认）

（4）相切、相切、相切 (A)：菜单中的画圆选项比工具栏选项多一种，即"相切、相切、相切"的方法，如图 3-2 所示。

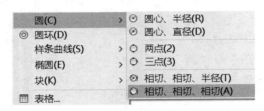

图 3-2　绘制圆

当选择此方式时系统提示：

指定圆上的第一个点：_tan 到（指定相切的第一条线）

指定圆上的第二个点：_tan 到（指定相切的第二条线）

指定圆上的第三个点：_tan 到（指定相切的第三条线）

【练习】绘制如图 3-3 所示的图形。

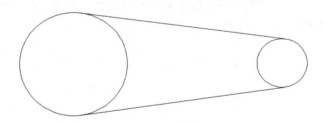

图 3-3　练习题

3.2　圆弧的绘制

启动"圆弧"命令，可以使用下列方法之一：

（1）命令行：ARC（缩写名：A）。

（2）菜单命令："绘图"→"圆弧"。

（3）工具栏："绘图"→ ⌒。

【操作步骤】

命令：_arc

指定圆弧的起点或 [圆心 (C)]:（指定起点）

制定圆弧的第二个点或 [圆心 (C)/ 端点 (E)]:（指定第二点）

指定圆弧的端点：（指定端点）

用命令行方式画圆弧时，可以根据系统提示，选择不同的选项，具体功能与"圆弧"子菜单的 11 种方式相似，如图 3-4 所示。

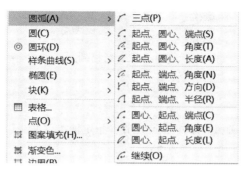

图 3-4 绘制圆弧

【练习】用"圆弧"绘制半圆图形及四分之一圆，如图 3-5 所示。

图 3-5 练习题

【提示、注意、技巧】

（1）用"起点、圆心、长度"方式画圆弧，长度是指连接弧上两点的弦长。沿逆时针方向画圆弧时，若弦长值为正，则得到劣弧；反之，则得到优弧。

（2）用"起点、端点、半径"方式画圆弧时，只能沿逆时针方向画，若半径值为正，则得到劣弧；反之，则得到优弧。

（3）用"继续"方式绘制的圆弧与上一线段或圆弧相切，因此继续画圆弧段，只要提供端点即可。

3.3 椭圆的绘制

启动"椭圆"命令，可以使用下列方法之一：

（1）命令行：ELLIPSE（缩写名：EL）。

（2）菜单命令："绘图"→"椭圆"。

（3）工具栏："绘图"→ ◎ 。

如图 3-6 所示，用"椭圆"命令绘制椭圆有多种方式，但实际上都是以不同的顺序输入椭圆的中心点、长轴、短轴三个要素。在实际应用中，应根据条件灵活选择。

图 3-6　绘制椭圆

【操作步骤】

命令 :ellipse

指定椭圆的轴端点或 [圆弧 (A)/ 中心点 (C)]:（指定轴端点 1）

指定轴的另一个端点：（指定轴端点 2）

指定另一条半轴长度或 [旋转 (R)]:（指定另一条半轴端点 3）

操作结果如图 3-7 所示。

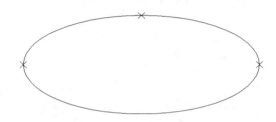

图 3-7　绘制之后的椭圆

【提示、注意、技巧】

（1）指定椭圆的轴端点：根据两个端点定义椭圆的第一条轴。第一条轴的角度确定了整个椭圆的角度。第一条轴既可定义椭圆的长轴也可定义椭圆的短轴。

（2）中心点 (C)：通过指定的中心点创建椭圆。

（3）旋转 (R)：通过绕一条轴旋转圆来创建椭圆。相当于将一个圆绕椭圆长轴翻转一个角度后的投影视图。

3.4　椭圆弧的绘制

启动"椭圆弧"命令，可以使用下列方法之一：

（1）命令行：ELLIPSE（缩写名：EL）→ "圆弧"。

（2）菜单命令："绘图" → "椭圆" → "圆弧"。

（3）工具栏："绘图" → ⌒。

该命令用于创建一段椭圆弧，与"绘图"工具栏中的⌒功能相同。其中第一条轴的角度确定了椭圆弧的角度。第一条轴既可定义椭圆弧长轴也可定义椭圆弧短轴。选择该项，系统提示：

命令 :ellipse

指定椭圆的轴端点或 [圆弧 (A)/ 中心点 (C)]:A（输入 A，选择画椭圆弧）

指定椭圆弧的轴端点或 [中心点 (C)]:（指定端点或输入 C）

指定椭圆弧的中心点 :

指定轴的端点 :（指定端点）

指定另一条半轴长度或 [旋转 (R)]:（指定另一条半轴长度或输入 R）

指定起始角度或 [参数 (P)]:（指定起始角度或输入 P）

指定终止角度或 [参数 (P)/ 包含角度 (I)]:

【提示、注意、技巧】

（1）角度：指定椭圆弧端点的两种方式之一，光标和椭圆中心点连线与水平线的夹角为椭圆端点位置的角度。

（2）参数 (P):指定椭圆弧端点的另一种方式,该方式同样是指定椭圆弧端点的角度，但是是通过修改矢量参数方程式来创建椭圆弧。

（3）包含角度 (I)：定义从起始角度开始的包含角度。

◎【同步训练】

1．请在 AutoCAD 2014 中完成图 3-8 的绘制（不用标注尺寸）。

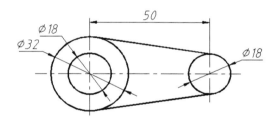

图 3-8　同步训练 1

2．请在 AutoCAD 2014 中完成图 3-9 的绘制（不用标注尺寸）。

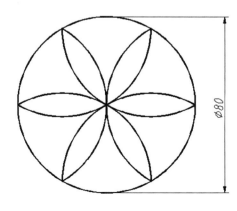

图 3-9　同步训练 2

3．请在 AutoCAD 2014 中完成图 3-10 的绘制（不用标注尺寸）。

4．请在 AutoCAD 2014 中完成图 3-11 的绘制（不用标注尺寸）。

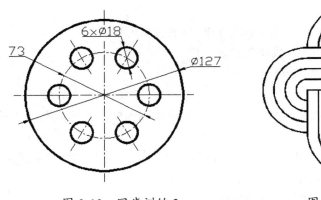 

图 3-10　同步训练 3　　　　　　　　图 3-11　同步训练 4

【拓展训练】

1．请在 AutoCAD 2014 中完成图 3-12 的绘制（不用标注尺寸）。其中外弧共有 8 份，要求外弧大小相同，且 8 段外弧平分整个圆。

2．请在 AutoCAD 2014 中完成图 3-13 的绘制（不用标注尺寸）。

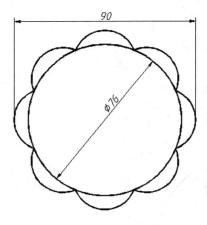 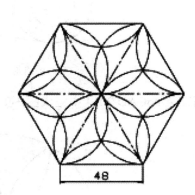

图 3-12　拓展训练 1　　　　　　　　图 3-13　拓展训练 2

项目 4
正多边形、样条曲线、云线

【知识目标】 　　了解正多边形、样条曲线、云线的生成方式，熟记这些对象的快捷键。

【能力目标】 　　熟练绘制正多边形、样条曲线、云线。

4.1 正多边形的绘制

启动"正多边形"形命令，可以使用下列方法之一：

（1）命令行：POLYGON。

（2）菜单命令："绘图"→"正多边形"。

（3）工具栏："绘图"→ ⬠。

【操作步骤】

命令：polygon

输入边的数目 <8>:（指定多边形的边数，默认值为 8）

指定正多边形的中心点或 [边 (E)]:（指定中心点）

输入选项 [内接于圆 (I)/ 外切于圆 (C)]<I>:（指定内接于圆或外切于圆，I 表示内接于圆，C 表示外切于圆）

指定圆的半径：（指定外接圆或内切圆的半径）

所绘正多边形如图 4-1（a）（b）所示。

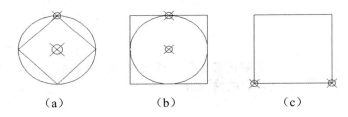

（a）　　　　　　　　　（b）　　　　　　　　　（c）

图 4-1　绘制正四边形

【提示、注意、技巧】

如果选择"边"选项，则只要指定多边形的一条边，系统就会按逆时针方向创建该正多边形，如图 4-1（c）所示。

【例】绘制如图 4-2 所示的图形。

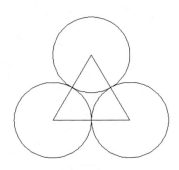

图 4-2　练习题

【操作步骤】

（1）利用"正多边形"命令绘制一个等边三角形。命令行提示与操作如下：

命令 :pol

输入边的数目 <4>:3

指定正多边形的中心点或 [边 (E)]:E

指定边的第一个端点 :100，100

得到的结果如图 4-3 所示。

（2）利用"圆"命令绘制圆，命令行提示与操作如下：

命令 :c

指定圆的圆心或 [三点 (3P)/ 两点 (2P)/ 相切、相切、半径 (T)]:"单击三角形的某个端点"

指定圆的半径或 [直径 (D)]:50

得到的结果如图 4-4 所示。

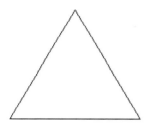

图 4-3　绘制正三角形

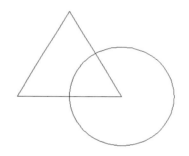

图 4-4　以某个端点为圆心作圆

（3）以同样的方法绘制另外两个圆，结果如图 4-2 所示。

4.2　样条曲线的绘制

样条曲线是经过或接近一系列给定点的光滑曲线，样条曲线可以是规则的或不规则的曲线，如图 4-5 至图 4-7 所示。

有两种方法创建样条曲线：使用"样条曲线—SPLINE"命令创建样条曲线；使用"多段线编辑－ PEDIT"命令拟合多段线使之转换为样条曲线。

启动"样条曲线"命令，可以使用下列方法之一：

（1）命令行：SPLINE。

（2）菜单命令："绘图"→"样条曲线"。

（3）工具栏："绘图"→～。

【操作步骤】

命令 :spline

指定第一个点或 [对象 (O)]:（指定一点选择"对象 (O)"选项）

指定下一个点：（指定一点）

指定下一个点或 [闭合 (C)/ 拟合公差 (F)]< 起点切向 >:

【提示、注意、技巧】

（1）对象 (O)：将二维或三维的二次或三次样条曲线拟合多段线转换为等价的样条曲线，然后（根据 DELOBJ 系统变量的设置）删除该多段线。

（2）闭合 (C)：将最后一点定义为与第一点一致，并使它在连接处相切，这样可以闭合样条曲线。选择该项，系统继续提示：

指定切向：（指定点或按 Enter 键）

用户可以指定一点来定义切向矢量，或者使用"切点"和"垂足"对象捕捉模式使样条曲线与现有对象相切和垂直，如图 4-5 所示。

（3）拟合公差 (F)：修改当前样条曲线的拟合公差，根据新公差以现有点重新定义样条曲线。公差表示样条曲线拟合所指定拟合点集时的拟合精度。公差越小，样条曲线与拟合点越接近。公差为 0，样条曲线将通过该点。输入大于 0 的公差，将使样条曲线在指定的公差范围内通过拟合点。在绘制样条曲线时，可以改变样条曲线拟合公差以查看效果。如图 4-6 所示的两条样条曲线使用的点相同，但公差却不同。

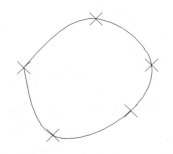

图 4-5　绘制样条曲线

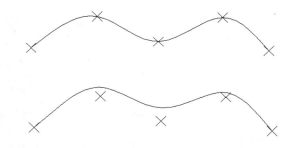

图 4-6　公差值对比

（4）< 起点切向 >：定义样条曲线的第一点和最后一点的切向。可以指定一点来定义切向矢量，或者使用"切点"和"垂足"对象捕捉模式使样条曲线与现有对象相切和垂直，如果按 Enter 键，AutoCAD 将计算默认切向。如图 4-7 所示的两条样条曲线使用的点相同，但起点切线和端点切线不同。

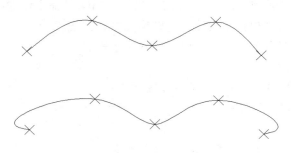

图 4-7　起点切向对比

修订云线是由连续圆弧组成的多段线而构成的云线形对象，其主要是作为对象标记使用。用户可以从头开始创建修订云线，也可以将闭合对象（例如圆、椭圆、闭合多段线或闭合样条曲线）转换为修订云线。将闭合对象转换为修订云线时，如果 DELOBJ 设置为 1（默认值），原始对象将被删除。

用户可以为修订云线的弧长设置默认的最小值和最大值。绘制修订云线时，可以使用拾取点选择较短的弧线段来更改圆弧的大小，也可以通过调整拾取点来编辑修订云线的单个弧长和弦长。

启动"云线"命令，可以使用下列方法之一：

（1）命令行：REVCLOUD。

（2）菜单命令："绘图" → "修订云线"。

（3）工具栏："绘图" → 🔲 。

【操作步骤】

命令 :revcloud

最小弧长 :2.0000　　最大弧长 :2.0000　　样式 : 普通

指定起点或 [弧长 (A)/ 对象 (O)/ 样式 (S)]< 对象 >:

【提示、注意、技巧】

（1）指定起点：在屏幕上指定起点，并拖动鼠标指定云线路径。

（2）弧长 (A)：指定组成云线的圆弧的弧长范围。选择该项，系统继续提示：

指定最小弧长 <0.5000>:（指定一个值或回车）

指定最大弧长 <0.5000>:（指定一个值或回车）

（3）对象 (O)：将封闭的图形对象转换成修订云线，包括圆、圆弧、椭圆、矩形、多边形、多段线和样条曲线等，如图 4-8 所示。选择该项，系统继续提示：

选择对象：（选择对象）

反转方向 [是 (Y)/ 否 (N)]< 否 >:（选择是否反转，修订云线完成）

图 4-8　绘制修订云线

🔘 【同步训练】

1. 请在 AutoCAD 2014 中完成图 4-9 的绘制（不用标注尺寸）。

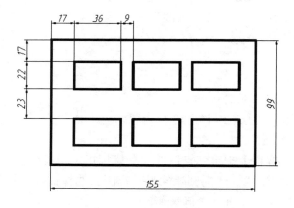

图 4-9　同步训练 1

2. 请在 AutoCAD 2014 中完成图 4-10 的绘制（不用标注尺寸）。

图 4-10　同步训练 2

【拓展训练】

1. 请在 AutoCAD 2014 中完成图 4-11 的绘制（不用标注尺寸）。

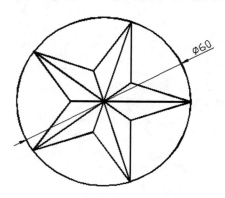

图 4-11　拓展训练 1

2. 请在 AutoCAD 2014 中完成图 4-12 的绘制（不用标注尺寸）。

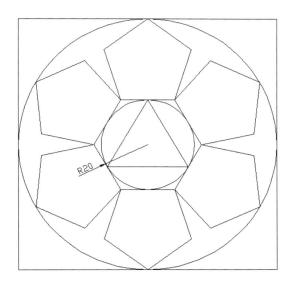

图 4-12 拓展训练 2

项目 5
绘图辅助工具

【知识目标】　　了解栅格、对象捕捉、对象追踪、正交、极轴、线宽的含义，熟记这些对象的快捷键。

【能力目标】　　熟练使用栅格、对象捕捉、对象追踪、正交、极轴进行图形绘制，熟悉线宽的设置方式。

AutoCAD 绘图软件提供了很多绘图和编辑工具，方便用户能够容易地绘制出精确的图形。AutoCAD 2014 中的精确绘图工具主要包括栅格、捕捉模式、对象捕捉、正交模式、对象追踪、极轴追踪和动态输入等。

5.1　栅格

栅格是显示在绘图区域上的可见网络，由一些排列规则的点组成，它就像一张传统坐标纸，绘图时利用栅格可以掌握图形的尺寸大小和视图的位置。栅格与自动捕捉配合使用，对于提高绘图精确度有重要作用。

控制栅格显示及设置栅格参数可以使用下列方法：

（1）菜单命令："工具"→"绘图设置"。

（2）状态栏：右击"栅格"按钮，在弹出的快捷菜单中选择"设置"。

执行上述操作将打开"草图设置"对话框的"捕捉和栅格"选项卡，如图 5-1 所示。

图 5-1　"捕捉和栅格"选项卡

【选项说明】

（1）"启用栅格"复选框控制是否显示栅格。

（2）"栅格 X 轴间距"和"栅格 Y 轴间距"文本框用来设置栅格在水平与垂直方向的间距。

【提示、注意、技巧】

（1）栅格只在"图形界限"范围内显示。

（2）栅格只是一种定位图形，不是图形实体，因此不能打印输出。

（3）单击状态栏"栅格"按钮和快捷键 F7，可以控制栅格显示的开关状态。

（4）命令行：GRID（仅通过命令行提示设置栅格间距）。

5.2　对象捕捉

画图时经常要用到一些特殊的点，例如圆心、切点、线段的端点、中点等等，用鼠标拾取或用坐标输入，十分困难而且非常麻烦。为此，AutoCAD 提供了识别并捕捉这些点的功能，这种功能称为"对象捕捉"。利用"对象捕捉"功能就可以迅速、准确地捕捉到这些点。表 5-1 列出了对象捕捉的模式及其功能，下面对其中一部分捕捉模式进行介绍。

表 5-1　对象捕捉模式

捕捉模式	功能
临时追踪点	建立临时追踪点
捕捉自	建立一个临时参考点，作为指出后继点的基点
两点之间的中点	捕捉两个独立点之间的中点
点过滤器	由坐标选择点
端点	线段或圆弧的端点
中点	线段或圆弧的中点
交点	线段、圆弧或圆的交点
外观交点	图形对象在视图平面上的交点
延长线	指点对象的延长线
圆心	圆或圆弧的圆心
象限点	距光标最近的圆或圆弧上可见部分的象限点
切点	最后生成的一个点到选中的圆或圆弧上引切线的切点位置
垂足	在线、圆、圆弧或它们的延长线上捕捉一个点，使之和最后生成的点的连线与该线段、圆或圆弧正交
平行线	绘制与指定对象平行的对象
节点	捕捉用 POINT 或 DIVIDE 等命令生成的点
插入点	文本对象和图块的插入点
最近点	离拾取点最近的线段、圆或圆弧等对象上的点
无	关闭对象捕捉模式
对象捕捉设置	设置对象捕捉

1.　"捕捉自"模式

"捕捉自"模式要求确定一个临时参考点作为指定后继点的基点，通常与其他对象捕捉模式及相关坐标联合使用。当在"指定下一点或 [放弃 (U)]"的提示下输入"FROM"，或单击相应的按钮时，命令行提示：

基点：（指定一个基点）

<偏移 >：（输入相对于基点的偏移量）

则得到一个点，这个点与基点之间的距离为指定的偏移量。例如，执行如下的画线操作：

命令 :LINE

指定第一点 :45，45

指定下一点或［放弃 (U)］:FROM

基点 :100，100（指定一个临时点作基点）

偏移 @-20，20（指定捕捉点与基点的相对位移）

结果绘制出从点（45，45）到点（80，120）的一条线段。

2. "点过滤器"模式

在"点过滤器"模式下，可以由一个点的 X 坐标和另一个点的 Y 坐标确定一个新点。在"指定下一点或［放弃 (U)］:"提示下选择此项（在快捷菜单中选取），命令提示 :

.X 于 :（指定一个点，含捕捉点的 X 坐标）

（需要 YZ):(指定一个点，含捕捉点的 Y 坐标)

则新建的点具有第一个点的 X 坐标和第二个点的 Y 坐标。

对象捕捉在使用中有两种方式，即"临时对象捕捉"和"自动对象捕捉"。

5.2.1 临时对象捕捉

启动临时对象捕捉有下列方法 :

（1）直接使用捕捉命令。在提示输入点时，直接在提示后面输入相应捕捉模式的前 3 个英文字母，然后根据提示操作即可。

（2）打开如图 5-2 所示的"对象捕捉"工具栏，单击相应捕捉模式。方法 : 在工具栏空白处单击鼠标右键，将鼠标移至弹出菜单中的"AutoCAD"，在展开的菜单中找到"对象捕捉"并单击。

（3）按下 Shift（或 Ctrl）键加鼠标右键，弹出如图 5-3 所示的对象捕捉快捷菜单，选择相应捕捉模式。

图 5-2 "对象捕捉"工具栏　　图 5-3 "对象捕捉"快捷菜单

【提示、注意、技巧】

临时捕捉方式的特点是只对当前选择模式有效，而且选择一次只能用一次。

5.2.2　自动对象捕捉

在用 AutoCAD 绘图之前，可以根据需要事先设置自动对象捕捉模式，绘图时能自动捕捉这些特殊点，从而加快绘图速度，提高绘图质量。设置自动对象捕捉模式，可以使用下列方式：

（1）菜单命令："工具"→"草图设置"。

（2）对象捕捉快捷菜单：选择"对象捕捉设置"。

（3）状态栏：光标在"对象捕捉"处右击，在弹出的菜单中选择"设置"。

（4）命令行：OSNAP 或 DDOSNAP。

执行上述操作系统将打开"草图设置"对话框中的"对象捕捉"选项卡，如图 5-4 所示。利用此对话框可以设置对象捕捉模式。必须在"草图设置"对话框选中"启用对象捕捉"复选框，才能使捕捉功能处于开启状态。设置完毕后，单击"确定"按钮确认。

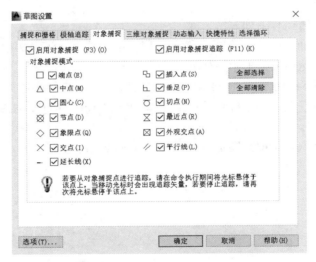

图 5-4　"对象捕捉"选项卡

【提示、注意、技巧】

通过状态栏的"对象捕捉"按钮或快捷键 F3 也可以控制捕捉功能的开启状态。

【练习】用直线绘制如图 5-5 所示的图形。

图 5-5　练习题

5.3 对象追踪

对象追踪是指按指定角度或与其他对象的指定关系绘制对象。可以结合对象捕捉功能进行自动追踪，也可以指定临时点进行临时追踪。利用自动追踪功能，可以对齐路径，以精确的位置和角度创建对象。自动追踪包括两种追踪选项，即"极轴追踪"和"对象捕捉追踪"。

5.3.1 极轴追踪

"极轴追踪"是指按指定的极轴角或极轴角的倍数对齐指定点的路径。"极轴追踪"必须配合"极轴"功能和"对象追踪"功能一起使用，即同时打开状态栏上的"极轴"开关和"对象追踪"开关。

启用极轴追踪设置，可以使用下列方法：

（1）命令行：DDOSNAP。

（2）菜单命令："工具"→"草图设置"。

（3）工具栏："对象捕捉"→"对象捕捉设置"。

（4）对象捕捉快捷菜单：对象捕捉设置（见图 5-3）。

（5）状态栏：光标放在"极轴"按钮单击鼠标右键，在弹出的快捷菜单中选择"设置"。

按照上面执行操作，系统打开如图 5-6 所示的"草图设置"对话框的"极轴追踪"选项卡。

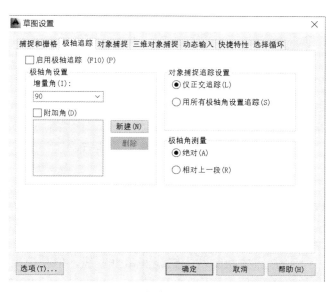

图 5-6 "极轴追踪"选项卡

【选项说明】

（1）"启用极轴追踪"复选框：选中该复选框，即启用极轴追踪功能。

（2）"极轴角设置"选项组：设置极轴角的值。可以在"增量角"下拉列表框中选择一种角度值，也可选中"附加角"复选框，单击"新建"按钮设置任意附加角，系统在进行极轴追踪时，同时追踪增量角和附加角，可以设置多个附加角。

（3）"对象捕捉追踪设置"和"极轴角测量"选项组：按界面提示设置相应单选选项。

【提示、注意、技巧】

单击快捷键 F10 和状态栏的"极轴"按钮可以控制"极轴"功能的开启状态。

5.3.2　对象捕捉追踪

"对象捕捉追踪"是指以捕捉到的特殊位置点为基点，按指定的极轴角或极轴角的倍数对齐指定点的路径，"对象捕捉追踪"必须配合"对象捕捉"功能和"对象追踪"功能一起使用，即同时打开状态栏上的"对象捕捉"开关和"对象追踪"开关。

设置对象捕捉追踪，可以使用下列方法：

（1）命令行：DDOSNAP。

（2）菜单命令："工具"→"草图设置"。

（3）工具栏："对象捕捉"→"对象捕捉设置"。

（4）状态栏：在"对象追踪"按钮单击鼠标右键，在快捷菜单中选择"设置"。

（5）对象捕捉快捷菜单：对象捕捉设置（见图5-3）。

按照上面执行方式操作后系统打开如图5-4所示的"草图设置"对话框的"对象捕捉"选项卡，选中"启用对象捕捉追踪"复选框，即完成对象捕捉追踪设置。

【提示、注意、技巧】

单击快捷键 F11 和状态栏的"对象追踪"按钮可以控制"对象追踪"功能的开启状态。

5.3.3　临时追踪

绘制图形对象时，除了可以进行自动追踪外，还可以指定临时点作为基点进行临时追踪。

在提示输入点时，输入"tt"或打开右键快捷菜单（见图5-3），选择其中的"临时追踪点"命令，然后指定一个临时追踪点。该点上将出现一个小的加号(+)。移动光标时，将相对于这个临时点显示自动追踪对齐路径。要删除此点，请将光标移回到加号（+）上面。

5.4　正交

在绘图的过程中，经常需要绘制水平直线和铅垂直线，但是用鼠标拾取线段的端点时很难保证两个点的连线真正沿水平或垂直方向，为此，AutoCAD 提供了正交功能，当启用正交模式时，画线或移动对象时只能沿水平方向或垂直方向移动光标，只能绘制平行于坐标轴的正交线段。

启用正交方式可以使用下列方法：

（1）命令行：ORTHO。

（2）状态栏："正交"按钮。

（3）快捷键：F8。

5.5　极轴

利用极轴命令，光标可以按指定角度移动。在极轴状态下，系统将沿极轴方向显示绘图的辅助线，也就是用户指定的极轴角度所定义的临时对齐路径。

切换命令方法："状态栏"中的"极轴"按钮 。

利用极轴追踪功能绘制直线，在极轴追踪模式下，系统将沿极轴方向显示绘图的辅助线，此时输入线段的长度便可绘制出沿此方向的线段。极轴方向是由极轴角确定的，AutoCAD将会根据用户设定的极轴角增量值自动计算极轴角的大小。

如设定的极轴角增量角为60°，当光标移动到接近60°、120°、180°等方向时，AutoCAD显示这些方向的绘制辅助线，以表示当前绘图线的方向。

选择"绘图"→"直线"命令，启用"直线"命令，利用"极轴追踪"功能来绘制图形。操作步骤如下：

（1）在"状态栏"中的"极轴"按钮上单击鼠标右键，弹出快捷菜单，如图5-7所示，选择"设置"命令，弹出"草图设置"对话框。

（2）在"草图设置"对话框"极轴追踪"选项卡的"极轴角设置"选项组中，设置极轴追踪对齐路径的极轴角增量角为90°，如图5-8所示。

图 5-7　设置方式

图 5-8　"极轴角设置"选项组

对话框选项解释。

⊙"启用极轴追踪"复选框：用于开启极轴捕捉命令；取消"启用极轴追踪"复选框，则取消极轴捕捉命令。

"极轴角设置"选项组用于设置极轴追踪的对齐角度。

⊙ "增量角"下拉列表：用来显示极轴追踪对齐路径的极轴角增量。可以输入任何角度，也可以从列表中选择 90°、45°、30°、22.5°、18°、15°、10° 或 5° 这些常用角度。

⊙ "附加角"复选框：对极轴追踪使用列表中的任何一种附加角度。选择"附加角"复选框，在"角度"列表中将列出可用的附加角度。

注意

附加角度是绝对的，而非增量的。

⊙ "新建"按钮：用于添加新的附加角度，最多可以添加 10 个附加极轴追踪对齐角度。

⊙ "删除"按钮：用于删除选定的附加角度。

"对象捕捉追踪设置"选项组用于设置对象捕捉追踪选项。

⊙ "仅正交追踪"单选项：当打开对象捕捉追踪时，仅显示已获得的对象捕捉点的正交对象捕捉追踪路径。

⊙ "用所有极轴角设置追踪"单选项：用于在追踪参考点处沿极轴角所设置的方向显示追踪路径。

"极轴角测量"选项组用于设置测量极轴追踪对齐角度的基准。

⊙ "绝对"单选项：用于设置以坐标系的 X 轴为计算极轴角的基准线。

⊙ "相对上一段"单选项：用于设置以最后创建的对象为基准线计算极轴的角度。

（3）单击"确定"按钮，完成极轴追踪的设置。

（4）单击状态栏中的"极轴"按钮，打开"极轴追踪"开关，此时光标将自动沿 0°、60°、120°、180°、240°、300° 等方向进行追踪。

【例】 选择"绘图"→"直线"命令，启用"直线"命令，绘制如图 5-9 所示的图形。

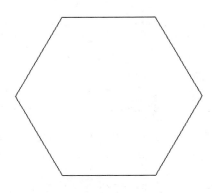

图 5-9   练习

【操作步骤】

命令:_line

指定第一点：　　　　　　　　　　　　　（选择直线命令，单击确定 A 点位置）

指定下一点或［放弃 (U)］:50　　　　　（沿 240°方向追踪，输入线段 AB 的长度）

指定下一点或［放弃 (U)］:50　　　　　（沿 300°方向追踪，输入线段 BC 的长度）

指定下一点或［闭合 (C)/ 放弃 (U)］:50　（沿 0°方向追踪，输入线段 CD 的长度）

指定下一点或［闭合 (C)/ 放弃 (U)］:50　（沿 60°方向追踪，输入线段 DE 的长度）

指定下一点或［闭合 (C)/ 放弃 (U)］:50　（沿 120°方向追踪，输入线段 EF 的长度）

指定下一点或［闭合 (C)/ 放弃 (U)］:c　（选择"闭合"选项）

5.6　线宽

国家标准规定，图线分为粗、细两种，粗线的宽度 d 应根据图样的复杂程度、尺寸大小以及微缩复制的要求，在 0.25、0.35、0.5、0.7、1、1.4、2mm 当中选择，优先采用 d=0.5 或 0.7。细线的宽度约为 d/2。

设置或修改某一图层的线宽，打开"图层特性管理器"对话框（见图 5-10）。在图层列表的"线宽"栏中单击该层的"线宽"项，打开"线宽"对话框，如图 5-11 所示。"线宽"列表框显示出可以选用的线宽值，其中默认线宽的值为 0.25mm，默认线宽的值由系统变量 LWDE-FAULT 设置。当建立一个新图层时，"旧的"显示行显示图层默认的或修改前赋予的线宽。"新的"显示行显示赋予图层的新线宽。选定新线宽后，单击"确定"按钮即可。

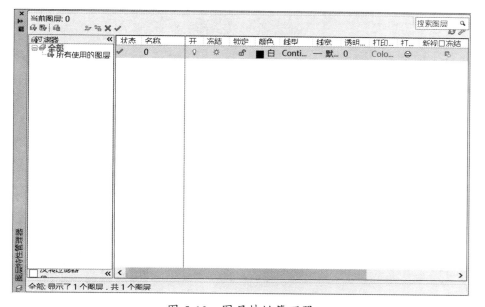

图 5-10　图层特性管理器

项目5

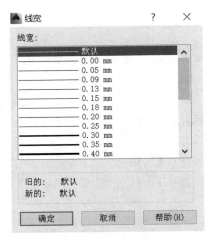

图 5-11   线宽选项

【提示、注意、技巧】

可以为新建的图形对象设置当前线宽，方法如下：

（1）命令行：LWEIGHT。

（2）菜单命令："格式"→"线宽"。

执行上述命令，系统将打开如图 5-12 所示的"线宽设置"对话框。在"线宽"列表框选择所需线宽；"显示线宽"复选框设置打开或关闭，将控制线宽在屏幕上显示效果；"默认"项设置线宽的默认值；调节"调整显示比例"滑块，还可以调整线宽显示的宽窄效果。单击"确定"按钮完成设置。

另外，单击用户界面状态行中的"线宽"按钮，也可以打开或关闭线宽的显示效果。

（3）通过"对象特性"工具栏中"线宽控制"下拉列表框，选择某一线宽，如图5-13 所示。

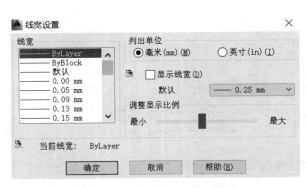

图 5-12   "线宽设置"对话框

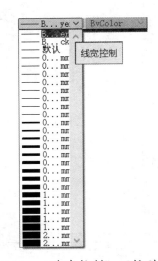

图 5-13   "线宽控制"下拉列表框

5.7 动态输入

动态输入功能可以在绘图平面直接动态地输入绘制对象的各种参数，使绘图变得更加简单和方便。打开 / 关闭动态输入的方法："状态栏"中的"动态输入"按钮。是否开启动态输入的界面对比如图 5-14 和图 5-15 所示。

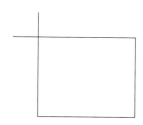

图 5-14 关闭动态输入时的绘图界面

图 5-15 打开动态输入时的绘图界面

【同步训练】

1. 请在 AutoCAD 2014 中完成图 5-16 的绘制（不用标注尺寸）。

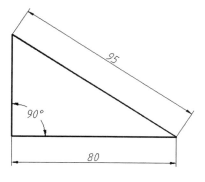

图 5-16 同步训练 1

2. 请在 AutoCAD 2014 中完成图 5-17 的绘制（不用标注尺寸）。

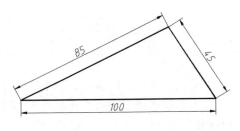

图 5-17　同步训练 2

【拓展训练】

1. 请在 AutoCAD 2014 中完成图 5-18 的绘制（不用标注尺寸）。

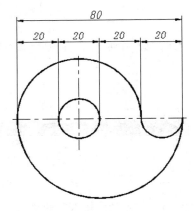

图 5-18　拓展训练 1

2. 请在 AutoCAD 2014 中完成图 5-19 的绘制（不用标注尺寸）。

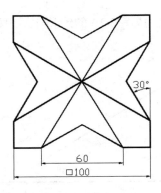

图 5-19　拓展训练 2

项目 6
块的创建与插入

【知识目标】 了解块的定义；熟悉块属性定义的主要内容。

【能力目标】 能正确地创建、插入和分解块；能熟练设置块的属性。

在工程制图中，块的应用是很广泛的。工程制图中，存在着很多相似，甚至是一样的图形，如门、桌椅、床等，利用绘制及编辑命令重复地绘制将是一件很麻烦的事。在 AutoCAD 中，利用块命令可以将这些相似的图形定义成块，定义完成后就可以根据需要在图形文件中插入这些块。

6.1 定义图块

AutoCAD 2014 提供了以下两种方法创建图块。

（1）利用"块"命令创建图块

利用"块"命令创建的图块将保存于当前的图形文件中，此时该图块只能应用到当前的图形文件，而不能应用到其他的图形文件，因此有一定的局限性。

（2）利用"写块"命令创建图块

利用"写块"命令创建的图块将以图形文件格式（*.dwg）保存到用户的计算机硬盘。在应用图块时，用户需要指定该图块的图形文件名称，此时该图块可以应用到任意图形文件中。

6.1.1 利用"块"命令创建图块

启用命令方法如下：

（1）工具栏："绘图"工具栏"创建块"按钮 。

（2）菜单命令："绘图"→"块"→"创建"。

（3）命令行：BLOCK（缩写名：B）。

选择"绘图"→"块"→"创建"命令，启用"块"命令，弹出"块定义"对话框，如图 6-1 所示。

图 6-1　"块定义"对话框

在该对话框中对图形进行块的定义，然后单击"确定"按钮，创建图块。

对话框选项解释：

⊙"名称"列表框：用于输入或选择图块的名称。

"基点"选项组用于确定图块插入基点的位置。

⊙"在屏幕上指定"复选框：在屏幕上指定块的基点。

⊙"X""Y""Z"数值框：可以输入插入基点的 X、Y、Z 坐标。

⊙"拾取点"按钮：在绘图窗口中选取插入基点的位置。

"对象"选项组用于选择构成图块的图形对象。

⊙"选择对象"按钮：单击该按钮，即可在绘图窗口中选择构成图块的图形对象。

⊙"快速选择"按钮：单击该按钮，打开"快速选择"对话框，即可通过该对话框进行快速过滤来选择满足条件的实体目标。

⊙"保留"单选项：选择该选项，则在创建图块后，所选图形对象仍保留并且属性不变。

⊙"转换为块"单选项：选择该选项，则在创建图块后，所选图形对象转换为图块。

⊙"删除"单选项：选择该选项，则在创建图块后，所选图形对象将被删除。

"设置"选项组用于指定块的设置。

⊙"块单位"单选项：指定块参照插入单位。

⊙"超链接"按钮：将某个超链接与块定义相关联，单击"超链接"按钮，会弹出"插入超链接"对话框，如图 6-2 所示。通过列表或指定的路径，可以将超链接与块定义相关联。

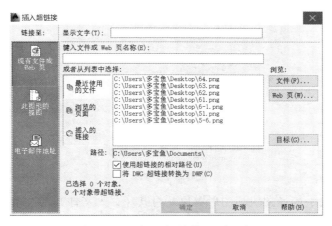

图 6-2 "插入超链接"对话框

"方式"选项组用于确定块的编辑方式。

⊙"注释性"复选框：创建注释性块参照。使用注释性块和注释性属性，可以将多个对象合并为可用于注释图形的单个对象。

⊙"使块方向与布局匹配"选择框：选择该项后，将会自动将块的方向与布局进行匹配。

⊙"按统一比例缩放"复选框：对块进行缩放操作时，块中的每个对象元素均按照相同的比例进行缩放。

⊙"允许分解"复选框：允许将块拆分为多个对象。若不选择，则不能对块进行拆分。

⊙ "说明" 文本框：用于输入图块的说明文字。

⊙ "在块编辑器中打开" 复选框：用于在块编辑器中打开当前的块定义。

6.1.2　利用 "写块" 命令创建图块

利用 "块" 命令创建的图块，只能在该图形文件内使用而不能应用于其他图形文件，因此有一定的局限性。若想在其他图形文件中使用已创建的图块，则需利用 "写块" 命令创建图块，并将其保存到用户计算机的硬盘中。

启用命令方法如下：

命令行：WBLOCK。

启用 "写块" 命令，操作步骤如下。

（1）在命令提示窗口中输入 "WBLOCK"，按 Enter 键，弹出 "写块" 对话框，如图 6-3 所示。

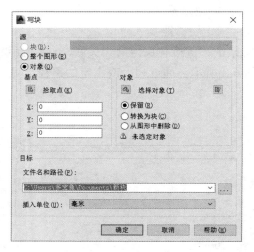

图 6-3　"写块" 对话框

对话框选项解释：

"源" 选项组用于选择图块和图形对象，将其保存为文件并为其指定插入点。

⊙ "块" 单选项：用于从列表中选择要保存为图形文件的现有图块。

⊙ "整个图形" 单选项：将当前图形作为一个图块，并作为一个图形文件保存。

⊙ "对象" 单选项：用于从绘图窗口中选择构成图块的图形对象。

"基点" 选项组用于确定图块插入基点的位置。

⊙ "X" "Y" "Z" 数值框：可以输入插入基点的 X、Y、Z 坐标。

⊙ "拾取点" 按钮：在绘图窗口中选取插入基点的位置。

"对象" 选项组用于选择构成图块的图形对象。

⊙ "选择对象" 按钮：单击该按钮，在绘图窗口中选择构成图块的图形对象。

⊙ "快速选择" 按钮：单击该按钮，打开 "快速选择" 对话框，通过该对话框进行快速过滤来选择满足条件的实体目标。

⊙"保留"单选项：选择该选项，则在创建图块后，所选图形对象仍保留并且属性不变。

⊙"转换为块"单选项：选择该选项，则在创建图块后，所选图形对象转换为图块。

⊙"从图形中删除"单选项：选择该选项，则在创建图块后，所选图形对象将被删除。

"目标"选项组用于指定图块文件的名称、位置和插入图块时使用的测量单位。

⊙"文件名和路径"列表框：用于输入或选择图块文件的名称和保存位置。单击右侧的省略号按钮，弹出"浏览图形文件"对话框，指定图块的保存位置，并指定图块的名称。

⊙"插入单位"下拉列表：用于选择插入图块时使用的测量单位。

（2）在"写块"对话框中对图块进行定义。

（3）单击"确定"按钮，将图形存储到指定位置，在绘图过程中需要时可随时调用它。

> 🐾 注意
>
> 　　利用"写块"命令创建的图块是 AutoCAD 2014 的一个 dwg 格式文件，属于外部文件，它不会保留原图形中未用的图层和线型等属性。

6.2　图块属性

图块属性是附加在图块上的文字信息。在 AutoCAD 中经常会利用图块属性来预定义文字的位置、内容或默认值等。在插入图块时，输入不同的文字信息，可以使相同的图块表达不同的信息，如标高和索引符号就是利用图块属性设置的。

6.2.1　创建和应用图块属性

定义带有属性的图块时，需要将作为图块的图形和标记图块属性的信息两个部分定义为图块。

启用命令方法如下：

（1）菜单命令："绘图"→"块"→"属性定义"。

（2）命令行：ATTDEF。

选择"绘图"→"块"→"定义属性"命令，启用"定义属性"命令，弹出"属性定义"对话框，如图 6-4 所示。从中可定义模式、属性标记、属性提示、默认属性、插入点和属性的文字设置等。

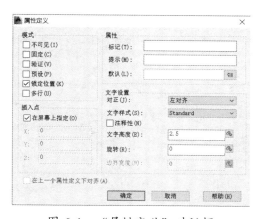

图 6-4　"属性定义"对话框

"模式"选项组用于设置在图形中插入块时，与块关联的属性值选项。

⊙ "不可见"复选框：指定插入块时不显示或打印属性值。

⊙ "固定"复选框：在插入块时，赋予属性固定值。

⊙ "验证"复选框：在插入块时，提示验证属性值是否正确。

⊙ "预设"复选框：插入包含预置属性值的块时，将属性设置为默认值。

⊙ "锁定位置"复选框：锁定块参照中属性的位置。解锁后，属性可以相对于使用夹点编辑的块的其他部分移动，并且可以调整多行属性的大小。

⊙ "多行"复选框：指定属性值可以包含多行文字。选定此选项后，可指定属性的边界宽度。

"属性"选项组用于设置属性数据。

⊙ "标记"文本框：标识图形中每次出现的属性。

⊙ "提示"文本框：指定在插入包含该属性定义的块时显示的提示。

⊙ "默认"数值框：指定默认属性值。

在"插入点"选项组中可以指定属性位置。用户可以输入坐标值，或者选择"在屏幕上指定"复选框，然后使用光标根据与属性关联的对象指定属性的位置。

在"文字设置"选项组中可以设置属性文字的对正、样式、高度和旋转。

⊙ "对正"下拉列表：用于指定属性文字的对正方式。

⊙ "文字样式"下拉列表：用于指定属性文字的预定义样式。

⊙ "注释性"复选框：如果块是注释性的，则属性将与块的方向相匹配。

⊙ "文字高度"文本框：可以指定属性文字的高度。

⊙ "旋转"文本框：可以使用光标来确定属性文字的旋转角度。

⊙ "边界宽度"文本框：指定多行属性中文字行的最大长度。

在图形中创建带有属性的块，操作步骤如下：

（1）利用"直线"命令绘制作为图块的图形，如图 6-5 所示。

（2）选择"绘图"→"块"→"属性定义"命令，弹出"属性定义"对话框，设置块的属性值，如图 6-6 所示。

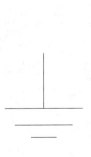

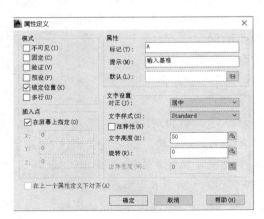

图 6-5　创建块　　　　　　图 6-6　定义属性

（3）单击"确定"按钮，返回绘图窗口，在步骤（1）绘制好的图形上的适当位置单击，确定块属性文字的位置，如图 6-7 所示，完成后的效果如图 6-8 所示。

图 6-7 确定块属性文字位置   图 6-8 完成效果

（4）选择"创建块"命令🔲，弹出"块定义"对话框，单击"选择对象"按钮🔓，在绘图窗口中选择图形和块属性定义的文字，按 Enter 键，返回对话框，定义其他参数，如图 6-9 所示，完成后单击"确定"按钮。

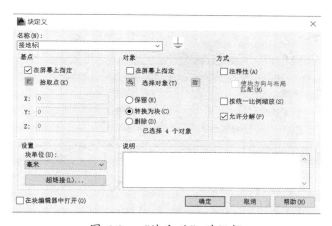

图 6-9 "块定义"对话框

6.2.2 编辑图块属性

创建带有属性的图块之后，可以对其属性进行编辑，如编辑属性标记和提示等。

启用命令方法如下：

（1）工具栏："修改 II"工具栏"编辑属性"按钮💗。

（2）菜单命令："修改"→"对象"→"属性"→"单个"。

编辑图块的属性，操作方法如下：

（1）选择"修改"→"对象"→"属性"→"单个"命令，启用"编辑属性"命令。单击带有属性的图块，弹出"增强属性编辑器"对话框，如图 6-10 所示。

（2）在"属性"选项卡中显示图块的属性，如标记、提示和默认值，此时用户可以在"值"数值框中修改图块属性的默认值。

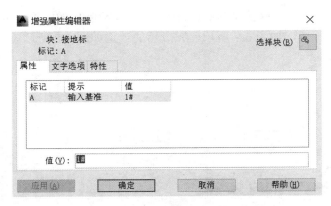

图 6-10　"增强属性编辑器"对话框

（3）单击"文字选项"选项卡，如图 6-11 所示。从中可以设置属性文字在图形中的显示方式，如文字样式、对正方式、文字高度和旋转角度等。

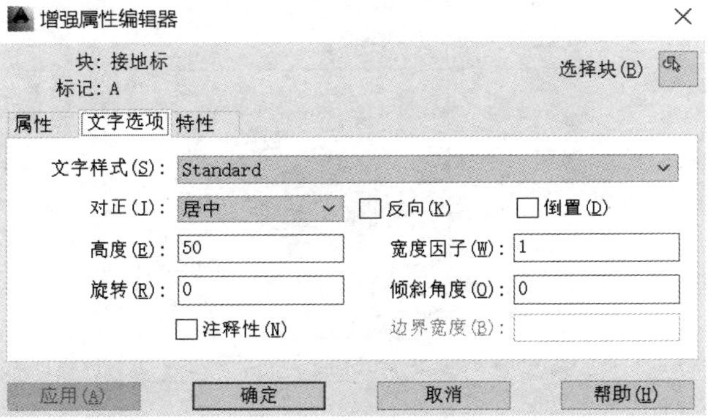

图 6-11　"文字选项"选项卡

（4）单击"特性"选项卡，如图 6-12 所示，从中可以定义图块属性所在的图层以及线型、颜色和线宽等。

图 6-12　"特性"选项卡

（5）设置完成后单击"应用 (A)"按钮，修改图块属性，若单击"确定"按钮，可修改图块属性，并关闭对话框。

6.2.3　修改图块的属性值

创建带有属性的块，要指定一个属性值。如果这个属性不符合需要，可以在图块中对属性值进行修改。修改图块的属性值时，要使用"编辑属性"命令。

启用命令方法如下：

命令行：ATTEDIT。

在命令提示窗口中输入"ATTEDIT"，启用"编辑属性"命令，光标变为拾取框。单击要修改属性的图块，弹出"编辑属性"对话框，如图 6-13 所示。在"输入基准"选项的数值框中，可以输入新的数值，单击"确定"按钮，退出对话框，完成对图块属性值的修改。

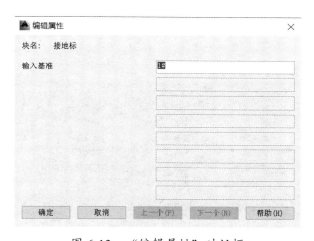

图 6-13　"编辑属性"对话框

6.2.4　块属性管理器

图形中存在多种图块时，可以通过"块属性管理器"来管理图形中所有图块的属性。启用命令方法如下：

（1）工具栏："修改 II"工具栏"块属性管理器"按钮 。

（2）菜单命令："修改"→"对象"→"属性"→"块属性管理器"。

（3）命令行：BATTMAN。

选择"修改"→"对象"→"属性"→"块属性管理器"命令，启用"块属性管理器"命令，弹出"块属性管理器"对话框，如图 6-14 所示。在对话框中，可以对选择的块进行属性编辑。

对话框选项解释：

⊙"选择块"按钮 ：暂时隐藏对话框，在图形中选中要进行编辑的图块后，即可返回到"块属性管理器"对话框中进行编辑。

⊙"块"下拉列表：可以指定要编辑的块，列表中将显示块所具有的属性定义。

⊙"设置 (S)"按钮：单击该按钮，会弹出"块属性设置"对话框，可以在这里设置"块属性管理器"中属性信息的列出方式，如图 6-15 所示。设置完成后，单击"确定"按钮。

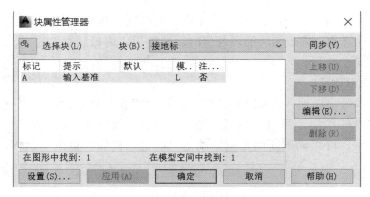

图 6-14　"块属性管理器"对话框

图 6-15　"块属性设置"对话框

⊙"同步 (Y)"按钮：当修改块的某一属性定义后，单击"同步"按钮，会更新所有具有当前定义属性特性的选定块的全部实例。

⊙"上移 (U)"按钮：在提示序列中，向上一行移动选定的属性标签。

⊙"下移 (D)"按钮：在提示序列中，向下一行移动选定的属性标签。

选定固定属性时，"上移 (U)"或"下移 (D)"按钮为不可用状态。

⊙"编辑 (E)"按钮：单击"编辑 (E)"按钮，会弹出"编辑属性"对话框。在"属性""文字选项"和"特性"选项卡中，可以对块的各项属性进行修改，如图 6-16 所示。

⊙"删除 (R)"按钮：可以删除列表中所选的属性定义。

⊙"应用 (A)"按钮：将设置应用到图块中。

⊙"确定"按钮：保存并关闭对话框。

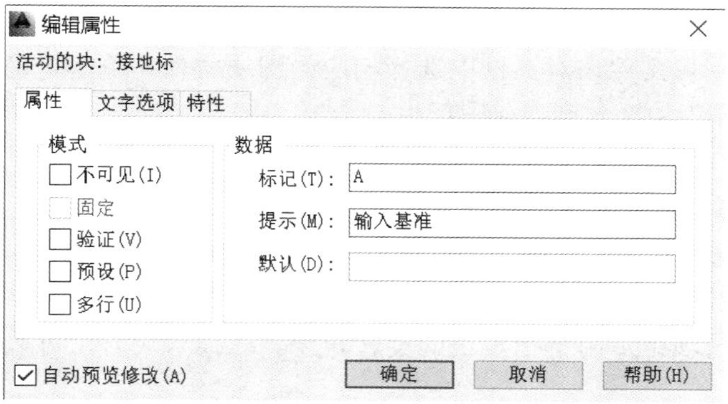

图 6-16 "编辑属性"对话框

6.3 插入图块

在绘图过程中，若需要应用图块，可以利用"插入块"命令将已创建的图块插入到当前图形中，在插入图块时，用户需要指定图块的名称、插入点、缩放比例和旋转角度等。

启用命令方法如下：

（1）工具栏："绘图"工具栏"插入块"按钮 。

（2）菜单命令："插入"→"块"。

（3）命令行：INSERT（缩写名：I）。

选择"插入"→"块"命令，启用"插入块"命令，弹出"插入"对话框，如图 6-17 所示，从中可以指定要插入的图块名称与位置。

图 6-17 "插入"对话框

对话框选项解释：

⊙"名称"列表框：用于输入或选择需要插入的图块名称。

若需要使用外部文件（即利用"写块"命令创建的图块），可以单击"浏览"按钮，在弹出的"选择图形文件"对话框中选择相应的图块文件。单击"确定"按钮，可将该文件中的图形作为块插入到当前图形中。

⊙ "插入点"选项组：用于指定块的插入点的位置。可以利用鼠标在绘图窗口中指定插入点的位置，也可以输入插入点的 X、Y、Z 坐标。

⊙ "比例"选项组：用于指定块的缩放比例。可以直接输入块的 X、Y、Z 方向的比例因子，也可以利用鼠标在绘图窗口中指定块的缩放比例。

⊙ "旋转"选项组：用于指定块的旋转角度。在插入块时，可以按照设置的角度旋转图块。

⊙ "分解"复选框：若选择该选项，则插入的块不是一个整体，而是被分解为各个单独的图形对象。

6.4　重命名图块

创建图块后，可以根据实际需要对图块重新命名。

启用命令方法如下：

命令行：RENAME（缩写名：REN）。

重命名图块，操作步骤如下：

（1）在命令提示窗口中输入"RENAME"，弹出"重命名"对话框。

（2）在"命名对象"列表中选中"块"选项，"项目"列表中将列出图形中所有内部块的名称，选中需要重命名的块，"旧名称"文本框中会显示所选块的名称，如图 6-18 所示。

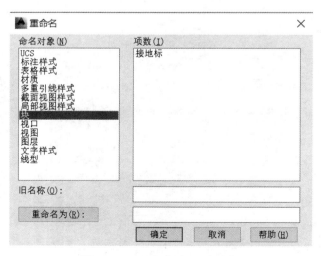

图 6-18　"重命名"对话框

（3）在下面的文本框中输入新名称，单击"重命名为 (R)"按钮，"项数"列表中将显示新名称，如图 6-19 所示。

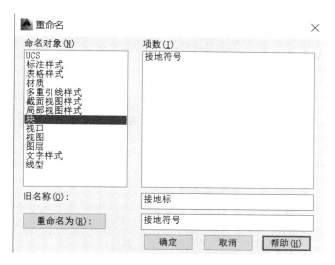

图 6-19　重命名操作

（4）单击"确定"按钮，完成对内部图块名称的修改。

6.5　分解图块

　　当在图形中使用块时，AutoCAD 会将块作为单个的对象处理，用户只能对整个块进行编辑。如果用户需要编辑组成块的某个对象时，需要将块的组成对象分解为单一个体。

　　分解图块有以下 3 种方法：

　　（1）插入图块时，在"插入"对话框中，选择"分解"复选框，再单击"确定"按钮，插入的图形仍保持原来的形式，但用户可以对其中某个对象进行修改。

　　（2）插入图块对象后，利用"分解"命令，将图块分解为多个对象。分解后的对象将还原为原始的图层属性设置状态。如果分解带有属性的块，属性值将会丢失，并重新显示其属性定义。

　　（3）在命令提示窗口中输入命令"XPLODE"，分解块时可以指定所在层、颜色和线型等选项。

【同步训练】

　　1．图 6-20 是在信息工程制图中经常用到的模块，请在 AutoCAD 2014 中完成图6-20 的绘制，并将其创建为名为"山岳"的图块。

　　2．图 6-21 是在信息工程制图中经常用到的模块，请在 AutoCAD 2014 中完成图6-21 的绘制，并将其创建为名为"湖塘"的图块。

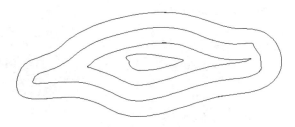

图 6-20　同步训练 1

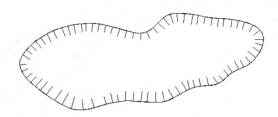

图 6-21　同步训练 2

【拓展训练】

　　图 6-22 是在信息工程制图中经常用到的模块,从左至右分别为"2G 天线""3G 天线"和 "4G 天线",在 AutoCAD 2014 中完成图 6-22 的绘制,并分别将三个图形创建为图块,并依次命名为 "2G 天线""3G 天线" 和 "4G 天线"。

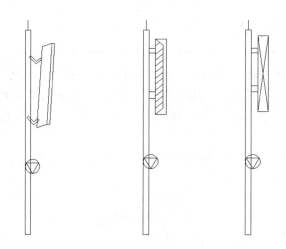

图 6-22　拓展训练

项目 7
面域与图案填充

【知识目标】　　了解块的定义；熟悉块属性定义的主要内容。

【能力目标】　　能正确创建、插入和分解块；能熟练设置块的属性。

7.1　面域

面域是用闭合的形状或环创建的二维区域，该闭合的形状或环可以由多段线、直线、圆弧、圆、椭圆弧、椭圆或样条曲线等对象构成。面域的外观与平面图形外观相同，但面域是一个单独对象，具有面积、周长、形心等几何特征。面域之间可以进行并、差、交等布尔运算，因此常常采用面域来创建边界较为复杂的图形。

7.1.1　面域的创建

在 AutoCAD 中用户不能直接绘制面域，而是需要利用现有的封闭对象，或者由多个对象组成的封闭区域和系统提供的"面域"命令来创建面域。

启用命令方法如下：

（1）工具栏："绘图"工具栏"面域"按钮。

（2）菜单命令："绘图"→"面域"。

（3）命令行：REGION（缩写名：REG）。

选择"绘图"→"面域"命令，启用"面域"命令。选择一个或多个封闭对象，或者组成封闭区域的多个对象，然后按 Enter 键，即可创建面域，效果如图 7-1 所示。

【操作步骤】

命令：_region　　　　　　（选择面域命令）
选择对象：指定对角点：找到 4 个　（利用框选方式选择图形边界）
选择对象：　　　　　　　（按 Enter 键）
已提取 1 个环。
已创建 1 个面域。

在创建面域之前，单击弧形边，图形显示如图 7-2 所示。在创建面域之后，单击弧形边，则图形显示如图 7-3 所示。

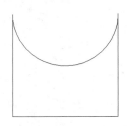  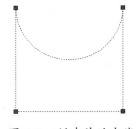

图 7-1　创建后的面域　　　图 7-2　创建前的弧　　　图 7-3　创建前的直线

💬 提示

默认情况下，AutoCAD 在创建面域时将删除原对象，如果用户希望保留原对象，则需要将 DELOBJ 系统变量设置为 0。

7.1.2　编辑面域

通过编辑面域可创建边界较为复杂的图形。在 AutoCAD 中用户可对面域进行 3 种布尔操作，即并运算、差运算和交运算，其效果如图 7-4 所示。

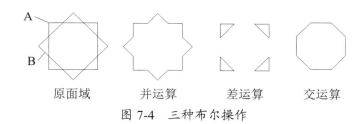

原面域　　　　并运算　　　　差运算　　　　交运算

图 7-4　三种布尔操作

1. 并运算操作

并运算操作是将所有选中的面域合并为一个面域。利用"并集"命令即可进行并运算操作。

启用命令方法：

（1）"实体编辑"工具栏"并集"按钮◉。

（2）菜单命令："修改"→"实体编辑"→"并集"。

选择"修改"→"实体编辑"→"并集"命令，启用"并集"命令，然后选择相应的面域，按 Enter 键，会对所有选中的面域进行并运算操作，完成后创建一个新的面域。

【操作步骤】

命令：_region　　　　　　（选择面域命令◙）

选择对象：找到 1 个　　　（单击选择矩形 A，如图 7-5 所示）

选择对象：找到 1 个，总计 2 个　　（单击选择矩形 B，如图 7-5 所示）

选择对象：　　　　　　　（按 Enter 键）

已提取 2 个环。

已创建 2 个面域。　　　　（创建了 2 个面域）

命令：_union　　　　　　 （选择并集命令◉）

选择对象：找到 1 个　　　（单击选择矩形 A，如图 7-5 所示）

选择对象：找到 1 个，总计 2 个　　（单击选择矩形 B，如图 7-5 所示）

选择对象：　　　　　　　（按 Enter 键，如图 7-6 所示）

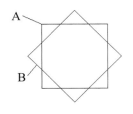

图 7-5　原图形

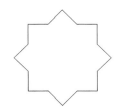

图 7-6　并运算

> 提示
>
> 若用户选取的面域并未相交，AutoCAD 也可将其合并为一个新的面域。

2. 差运算操作

差运算操作是从一个面域中减去一个或多个面域，来创建一个新的面域。利用"差集"命令即可进行差运算操作。

启用命令方法如下。

（1）工具栏："实体编辑"工具栏"差集"按钮 ⓪ 。

（2）菜单命令："修改"→"实体编辑"→"差集"。

（3）命令行：SUBTRACT。

选择"修改"→"实体编辑"→"差集"命令，启用"差集"命令。首先选择第一个面域，按 Enter 键，接着依次选择其他要减去的面域，按 Enter 键即可进行差运算操作，完成后创建一个新面域。

【操作步骤】

命令：_region　　　　　　　　（选择面域命令 ⓪ ）

选择对象：指定对角点：找到 2 个（利用框选方式选择 2 个矩形，如图 7-7 所示）

选择对象：　　　　　　　　　（按 Enter 键）

已提取 2 个环。

已创建 2 个面域。　　　　　　（创建了 2 个面域）

命令：_subtract 选择要从中减去的实体或面域…（选择差集命令 ⓪ ）

选择对象：找到 1 个　　　　　（单击选择矩形 A，如图 7-7 所示）

选择对象：　　　　　　　　　（按 Enter 键）

选择要减去的实体或面域…

选择对象：找到 1 个　　　　　（单击选择矩形 B，如图 7-7 所示）

选择对象：　　　　　　　　　（按 Enter 键，如图 7-8 所示）

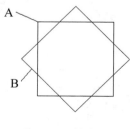

图 7-7　原图形

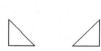

图 7-8　差运算

提示

若用户选取的面域并未相交，AutoCAD 将删除被减去的面域。

3. 交运算操作

交运算操作是在选中的面域中创建出相交的公共部分面域。利用"交集"命令即可进行交运算操作。

启用命令方法如下：

（1）工具栏："实体编辑"工具栏"交集"按钮。

（2）菜单命令："修改"→"实体编辑"→"交集"。

（3）命令行：INTERSECT。

选择"修改"→"实体编辑"→"交集"命令，启用"交集"命令，然后依次选择相应的面域，按 Enter 键可对所有选中的面域进行交运算操作，完成后得到公共部分的面域。

【操作步骤】

命令：_region　　　　　　　　（选择面域命令◙）

选择对象：指定对角点：找到 2 个　（利用框选方式选择 2 个矩形，如图 7-9 所示）

选择对象：　　　　　　　　　　（按 Enter 键）

已提取 2 个环。

已创建 2 个面域。　　　　　　　（创建了 2 个面域）

命令：_intersect　　　　　　　（选择交集命令◎）

选择对象：指定对角点：找到 2 个　（利用框选方式选择 2 个矩形，如图 7-9 所示）

选择对象：　　　　　　　　　　（按 Enter 键，如图 7-10 所示）

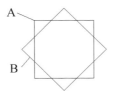

图 7-9　原图形　　　　　　　　图 7-10　交运算

 提示

若用户选取的面域并未相交，AutoCAD 将删除所有选中的面域。

7.2　图案填充

当需要用一个重复的图案颜色填充一个区域时，可以使用图案填充命令建立一个相关联的填充对象，然后在指定的区域内进行填充，已填充的图案可以利用"HATCHEDIT"命令进行编辑。

启用命令方法如下：

（1）命令行：BHATCH 或 HATCH。

（2）菜单："绘图" → "图案填充"。

（3）工具栏："绘图" → 　。

执行上述命令后，系统打开如图 7-11 所示的"图案填充和渐变色"对话框（右边孤岛部分需要单击右下角的伸缩箭头才会被拉开），如果在命令提示下输入"_HATCH"，将显示命令行提示，可按提示在命令窗口进行操作。下面介绍"图案填充和渐变色"对话框各选项卡中各选项的含义。

7.2.1　"图案填充"选项卡

此选项卡中的各选项用来确定图案及其参数。打开此选项卡后，可以看到图 7-11 左边的选项。下面介绍各选项的含义。

图 7-11　"图案填充"选项卡

1. 类型

"类型"下拉列表框用于确定填充图案的类型。单击右侧的下三角按钮，弹出其下拉列表，系统提供三种图案类型可供用户选择。

（1）预定义：指图案已经在 acad.pat 文本文件中定义好。

（2）用户定义：使用当前线型定义的图案。

（3）自定义：指定义在除 acad.pat 外的其他文件中的图案。设计填充图案定义要求具备一定的知识、经验和耐心。只有熟悉填充图案的用户才能自定义填充图案，因此建议新用户不要进行此操作。

2．图案

"图案"下拉列表框用于确定标准图案文件中的填充图案。在弹出的下拉列表中，用户可从中选取填充图案。选取所需要的填充图案后，在"样例"框内会显示出该图案。只有用户在"类型"下拉列表框中选择了"预定义"，此项才以正常亮度显示，即允许用户从"预定义"的图案文件中选取填充图案。

如果选择的图案类型是"预定义"，单击"图案"下拉列表框右边的按钮，会弹出如图 7-12 所示的"填充图案选项板"对话框，该对话框中显示了"预定义"图案类型所具有的图案，用户可从中确定所需要的图案。

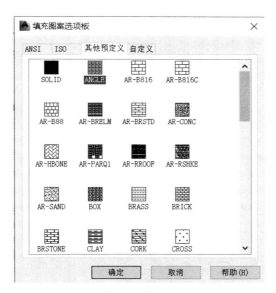

图 7-12　"填充图案选项板"对话框

填充图案和绘制其他对象一样，图案所使用的颜色和线型将使用当前图层的颜色和线型。AutoCAD 提供实体填充以及 50 多种行业标准填充图案，可以使用它们区分对象的部件或表现对象的材质。AutoCAD 还提供 14 种符合 ISO（国际标准化组织）标准的填充图案。

3．样例

此框是一个"样例"图案预览小窗口。单击该窗口，同样会弹出如图 7-12 所示的"填充图案选项板"对话框，以利于迅速查看或选取已有的填充图案。

4．自定义图案

此下拉列表框用于从用户定义的填充图案中进行选取。只有在"类型"下拉列表框中选用"自定义"选项后，该项才以正常亮度显示，即允许用户从自己定义的图案文件中选取填充图案。

5．角度

此下拉列表框用于确定填充图案的旋转角度。每种图案在定义时的旋转角度为零，用户可在"角度"下拉列表框中输入所希望的旋转角度。

6．比例

此下拉列表框用于确定填充图案的比例值。每种图案在定义时的默认比例为1，用户可以根据需要放大或缩小，方法是在"比例"下拉列表框内输入相应的比例值。

7．双向

用于确定用户临时定义的填充线是一组平行线，还是互相垂直的两组平行线。只有在"类型"下拉列表框中选用"用户定义"选项，该项才可以使用。

8．相对图纸空间

确定是否用相对图纸空间来确定填充图案的比例值。选项该选项，可以按适合于版面布局的比例方便地显示填充图案。该选项仅仅适用于图形版面编排。

9．间距

即指定线之间的间距，在"间距"文本框内输入值即可。只有在"类型"下拉列表框中选用"用户定义"选项，该项才可以使用。

10．ISO 笔宽

此下拉列表框用于根据所选择的笔宽确定与 ISO 有关的图案比例。只有选择了已定义的 ISO 填充图案后，才可确定它的内容。

11．图案填充原点

控制填充图案生成的起始位置。某些填充图案，例如砖块图案，需要与图案填充边界上的一点对齐。默认情况下，所有图案填充原点对应于当前的 UCS 原点。也可以选择"指定的原点"及下面一级的选项重新指定原点。

7.2.2 "渐变色"选项卡

渐变色是指从一种颜色到另一种颜色的平滑过渡。渐变色能产生光的效果，可为图形添加视觉效果。单击"图案填充和渐变色"对话框中的"渐变色"选项卡，如图7-13所示，其中各选项含义如下：

1．单色

单色即指定使用从较深着色到较浅色调平滑过渡的单色填充。选择"单色"时，

AutoCAD 显示带"浏览"按钮和"着色""渐浅"滑动条的颜色样本。其下面的显示框显示了用户所选择的真彩色,单击右边的"浏览"按钮,系统打开"选择颜色"对话框,如图 7-14 所示。

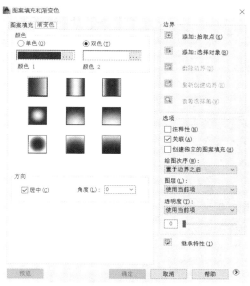

图 7-13 "渐变色"选项卡

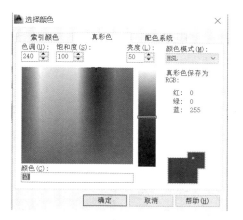

图 7-14 "真彩色"选项卡

2. 双色

单击此单选按钮,系统指定在两种颜色之间平滑过渡的双色渐变填充。AutoCAD 分别显示带"浏览"按钮的"颜色 1"和"颜色 2"颜色样本。填充颜色将从"颜色 1"渐变到"颜色 2"。"颜色 1"和"颜色 2"的选取与单色选取类似。

3. 颜色样本

在"颜色"选项组的下方有九种渐变样板,包括线形、球形和抛物线形等方式。

4. 居中

指定对称的渐变配置。如果没有选定此选项,渐变填充将朝左上方变化,创建光源在对象左边的图案。

5. 角度

在该下拉列表框中选择角度,此角度为渐变色倾斜的角度。

不同角度的渐变色填充如图 7-15 所示。

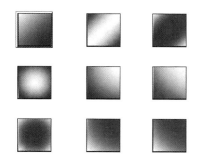

图 7-15 不同角度填充效果

7.2.3 边界

当进行图案填充时,首先要确定填充图案的边界。定义边界的对象可以是直线、射线、构造线、多段线、样条曲线、圆弧、圆、椭圆、椭圆弧、面域等，或用这些对象定义的块，作为边界的对象在当前屏幕上必须全部可见。

1. 添加：拾取点

以拾取点的形式自动确定填充区域的边界。在填充的区域内任意点取一点，AutoCAD 会自动确定出包围该点的封闭填充边界，并且这些边界以高亮度显示，如图 7-16 所示。

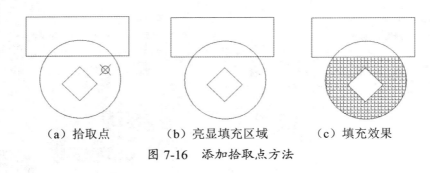

（a）拾取点　　　　　（b）亮显填充区域　　　　　（c）填充效果

图 7-16　添加拾取点方法

2. 添加：选择对象

以选择对象的方式确定填充区域的边界。用户可以根据需要选取构成填充区域的边界对象。同样，被选择的边界也会以高亮度显示，如图 7-17 所示。但如果选取的边界对象有部分重叠或交叉，填充后将会出现有些填充区域混乱或图案超出边界的现象，如图 7-18 所示。因此，最好少用这种方式来选择边界。

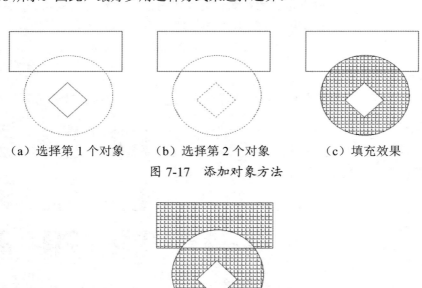

（a）选择第 1 个对象　　　　（b）选择第 2 个对象　　　　（c）填充效果

图 7-17　添加对象方法

图 7-18　边界重叠或交叉效果

3. 删除边界

从边界定义中删除以前添加的任何对象，如删掉图 7-19 左图中的四边形，效果如图 7-19 右图所示。

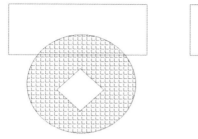 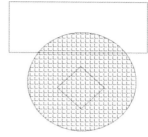

图 7-19　删除原对象

4. 重新创建边界

围绕选定的图案填充或填充对象创建多段线或面域。

5. 查看选择集

观看填充区域的边界。单击该按钮，AutoCAD 将临时切换到作图屏幕，将所选择的作为填充边界的对象以高亮方式显示。只有通过"添加：拾取点"按钮或"添加：选择对象"按钮选取了填充边界，"查看选择集"按钮才可以使用。如果对所定义的边界不满意，可以重新定义。

7.2.4　选项

1. 关联

此复选按钮用于确定填充图案与边界的关系。若单击此复选按钮，则填充的图案与填充边界保持着关联关系，即图案填充后，当对边界进行拉伸、移动等修改时，AutoCAD 会根据边界的新位置重新生成填充图案，如图 7-20 所示。

2. 创建独立的图案填充

当指定了几个独立的闭合边界时，控制创建的填充图案对象可以是不独立的，也可以是相互独立的。填充图案独立时，有利于对个体图形进行编辑。另外用"分解"命令还可以将填充图案炸开，使图案中的每条线或点成为一个独立实体，这些实体可以被单独编辑。

3. 绘图次序

指定图案填充的绘图顺序。图案填充可以放在所有其他对象之后、所有其他对象之前、图案填充边界之后或图案填充边界之前。

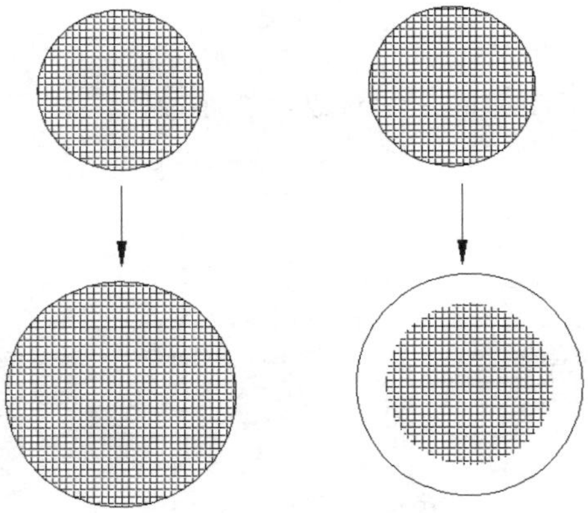

（a）关联　　　　　　　（b）不关联

图 7-20　关联操作

7.2.5　继承特性

此按钮的作用是继承特性，即选用图中已有的填充图案作为当前的填充图案。新图案继承原图案的特性参数，包括图案名称、旋转角度、填充比例等。在绘制复杂图形时，如果有多个相同类别的图形区域需要填充，选用该功能既快速又方便。例如，在机械工程的装配图中，要求同一个零件在不同视图中的剖面线要间隔相同，方向一致，填充剖面线图案时可选用"继承特性"功能。

【同步训练】

1．请在 AutoCAD 2014 中完成图 7-21 的绘制。

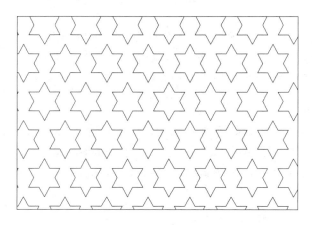

图 7-21　同步训练 1

2．请在 AutoCAD 2014 中完成图 7-22 的绘制。

3．请利用布尔运算在 AutoCAD 2014 中完成图 7-23 的绘制。

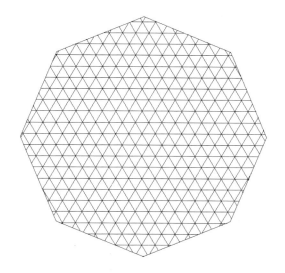

图 7-22 同步训练 2

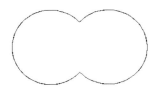

图 7-23 同步训练 3

🐟【拓展训练】

1. 请在 AutoCAD 2014 中完成图 7-24 的绘制。

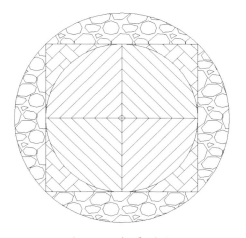

图 7-24 拓展训练 1

2. 请在 AutoCAD 2014 中完成图 7-25 的绘制。

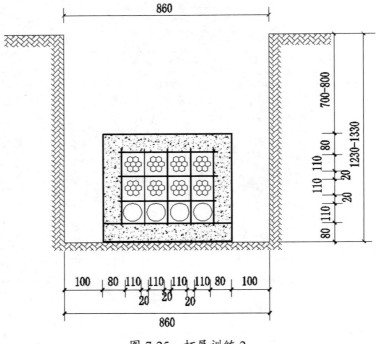

图 7-25　拓展训练 2

项目 8
删除、复制、偏移、移动、拉伸、修剪、延伸操作

【知识目标】　　了解删除、复制、偏移、移动、拉伸、修剪、延伸的使用方法，熟记这些操作的快捷键。

【能力目标】　　熟练操作删除、复制、偏移、移动、拉伸、修剪、延伸。

8.1　删除及恢复类命令

这一类命令主要用于删除图形的某部分或对已被删除的部分进行恢复。包括删除、放弃、重做、清除等命令。

8.1.1　删除

"删除"命令用于删除不符合要求的图形或不小心画错的图形。

启用"删除"命令，可以使用下列方法之一：

（1）命令行：ERASE。

（2）菜单命令："修改"→"删除"。

（3）工具栏："修改"→ 🖉 。

（4）快捷菜单：选择要删除的对象，在绘图区域右击鼠标，从打开的快捷菜单中选择"删除命令"。

【操作步骤】

命令：_erase

选择对象：（选择要删除的对象）

选择对象：（按回车键结束选择，执行删除命令，所选对象被删除）

选择对象时可以使用前面介绍的各种选择对象的方法，当选择多个对象时，多个对象都被删除；若选择的对象属于某个对象组，则该对象组的所有对象都被删除。

8.1.2　恢复

如果不小心删除了有用的图形，可以使用"恢复"命令 OOPS 或"放弃"命令恢复删除的对象。启用"恢复"或"放弃"命令，可以使用下列方法之一：

（1）命令行：OOPS 或 UNDO。

（2）工具栏："标准"→ ↰ 。

（3）快捷键：Ctrl + Z。

【操作步骤】

在命令行中输入 OOPS，按回车键。

8.1.3　"清除"命令

此命令与"删除"命令功能完全相同，启用"清除"命令，可以使用下列方法之一：

（1）菜单命令："编辑"→"清除"。

（2）快捷键：Del。

【操作步骤】

用菜单或快捷键输入上述命令后，系统提示：

选择对象：（选择要清除的对象）

选择对象：（按回车键结束选择，执行清除命令，所选对象被清除）

8.2　复制

"复制"命令即在指定方向上按指定距离复制对象，使用坐标、栅格捕捉、对象捕捉和其他工具可以精确复制对象，可以进行多重复制。

启用"复制"命令，可以使用下列方法之一：

（1）命令行：COPY。

（2）菜单命令："修改"→"复制"。

（3）工具栏："修改"→"复制" 。

（4）快捷菜单：选择要复制的对象，在绘图区域右击鼠标，从打开的快捷菜单上选择"复制"命令。

【操作步骤】

命令 :COPY

选择对象：　　（选择要复制的对象）

选择对象：　　（回车，结束选择操作）

指定基点或 [位移 (D)]< 位移 >:

指定第二个点或 < 使用第一个点作为位移 >:

指定第二个点或 [退出 (E)/ 放弃 (U)]< 退出 >:（指定第二点，继续复制对象）

指定第二个点或 [退出 (E)/ 放弃 (U)]< 退出 >:（回车，结束并退出复制操作）

【选项说明】

（1）选择对象

用前面介绍的选择对象方法选择一个或多个对象。

（2）指定基点或 [位移 (D)] < 位移 >

移动光标或在命令行输入确定一点，如输入 (12,9)，该点将作为复制对象的基点或复制对象的相对位移；位移 (D)，在命令行输入"D"，将继续提示指定位移，如输入 (20,15)，对象即在 X 方向和 Y 方向上分别移动 20、15 个单位。

（3）指定第二个点或 < 使用第一个点作为位移 >

指定第二个点，系统将前面确定的点作为基点，确定与该点的位移矢量把选择的对象复制到第二点处。

如果直接回车，即选择默认的"使用第一个点作为位移"，系统将前面输入的 (12,9) 当作 X、Y 方向的位移。对象从它当前的位置在 X 方向上移动 12 个单位，在 Y 方向上移动 9 个单位。

（4）指定第二个点或 [退出 (E)/ 放弃 (U)]< 退出 >

可以不断指定新的第二点，从而实现多重复制。若要放弃上一个复制的对象，可以输入"U"，连续操作可实现重复放弃。完成复制后回车，结束并退出复制操作。

【提示、注意、技巧】

（1）当提示"指定基点或 [位移 (D)]< 位移 >"时，在绘图区域单击鼠标右键，从打开的快捷菜单上也可以选择"位移 (D)"命令。

（2）当提示"指定第二个点或 [退出 (E)/ 放弃 (U)]< 退出 >"时，也可以在绘图区域单击鼠标右键，从打开的快捷菜单上选择"退出 (E)"或者"放弃 (U)"等有关操作。

（3）其他图形修改命令在操作过程中，也可以在绘图区域右击鼠标，从打开的快捷菜单上，选择相关选项进行有关操作，以后不再赘述。

【例】绘制如图 8-1 所示的图形。

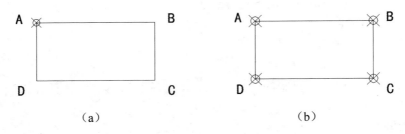

（a）   （b）

图 8-1　例题

【操作步骤】

（1）绘制矩形和圆。

利用"矩形"命令与"圆"命令绘制一个矩形和一个圆，如图 8-1（a）所示。

（2）利用"复制"命令绘制圆。

命令 :_copy

选择对象 : 选择小圆

选择对象 :　　　　　　　　　（按回车键结束选择对象）

指定基点或 [位移（D)]< 位移 >: 捕捉圆心点 A

指定位移的第二点 : 分别捕捉 B、C、D 三点（将圆分别复制到 B、C、D 处）

8.3　偏移

"偏移"命令用于创建与选定的图形对象平行的新对象。偏移圆或圆弧可以创建更大或更小的圆或圆弧，其大或小取决于向哪一侧偏移，如图 8-2 所示。

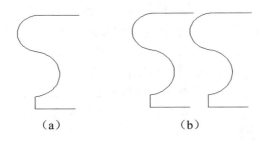

（a）   （b）

图 8-2　偏移操作

可以创建偏移图形的对象有：直线、圆弧、圆、椭圆和椭圆弧、二维多段线和样条曲线等。

启用"偏移"命令，可以使用下列方法之一：

（1）命令行：OFFSET。

（2）菜单命令："修改"→"偏移"。

（3）工具栏："修改"→"偏移" ⬛。

【操作步骤】

命令：OFFSET

指定偏移距离或 [通过 (T)]< 默认值 >:（指定距离值）

选择要偏移的对象或 < 退出 >:　（选择要偏移的对象或回车结束操作）

指定点以确定偏移所在一侧:　（指定偏移方向）

【选项说明】

（1）指定偏移距离：输入一个距离值，或按回车键使用当前的距离值，系统把该距离值作为偏移距离，如图 8-3 所示。

图 8-3　指定偏移距离

（2）通过 (T)：指定偏移的通过点。选择选项后出现如下提示：

选择要偏移的对象或 < 退出 >:（选择要偏移的对象，按回车键结束操作）

指定通过点：（指定偏移对象的一个通过点）

操作完毕后，系统根据指定的通过点绘出偏移对象，如图 8-4 所示。

图 8-4　指定偏移的通过点

【提示、注意、技巧】

（1）偏移命令在选择实体时，每次只能选择一个实体。

（2）偏移命令中的偏移距离值，默认上次输入的值，所以在执行该命令时，一定要先看一看所给定的偏移距离值是否正确，是否需要进行调整。

【例】 绘制如图 8-5 所示的图形。

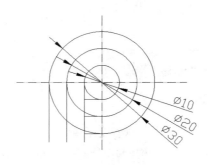

图 8-5 例题

【操作步骤】

（1）设置图层：利用"图层"命令设置两个图层。

"粗实线"图层：线宽 0.5mm，其余属性为默认值。

"中心线"图层：线型为 CENTER2，其余属性为默认值。

（2）绘制直径 φ30 的圆：设置"粗实线"图层为当前层。

命令行提示与操作如下：

命令：_circle

指定圆的圆心或 [三点 (3p)/ 两点 (2p)/ 相切、相切、半径 (T)]：（用鼠标指定一点为圆心）

指定圆的半径或 [直径 (D)]:15 （指定半径值，按回车键，结束操作）

结果如图 8-6 所示。

（3）绘制中心线：设置"中心线"图层为当前层。

命令行提示与操作如下：

命令：_line

指定第一点 :< 对象捕捉 开 >< 对象捕捉追踪 开 >

（将光标移到圆心稍停，往上移动输入 18，确定竖直中心线的第一点）

指定下一点或 [放弃 (U)]:（将光标往下移动输入 36，确定竖直中心线的第二点）

指定下一点或 [放弃 (U)]:

用相同方法绘制水平中心线，结果如图 8-7 所示。

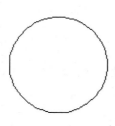

图 8-6 步骤一

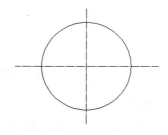

图 8-7 步骤二

（4）用"偏移"命令绘制直径 φ20、φ10 的圆。

命令 :_offset

当前设置 : 删除源 = 否 图层 = 源 OFFSETGAPTYPE=0

指定偏移距离或 [通过 (T)/ 删除 (E)/ 图层 (L)]< 通过 >:5 （指定偏移距离 5）

选择要偏移的对象，或 [退出 (E)/ 放弃 (U)]< 退出 >：（指定绘制的圆）

指定要偏移的那一侧上的点，或 [退出 (E)/ 多个 (M)/ 放弃 (U)] < 退出 >:M

（选择多重偏移）

指定要偏移的那一侧上的点，或 [退出 (E)/ 放弃 (U)]< 下一个对象 >：

（指定圆内侧的一点）

指定要偏移的那一侧上的点，或 [退出 (E)/ 放弃 (U)]< 下一个对象 >：

结果如图 8-8 所示。

（5）绘制水平直线和竖直直线。

命令 :< 极轴 开 >

命令 :< 对象捕捉 开 >

利用极轴追踪功能绘制直线，结果如图 8-9 所示。

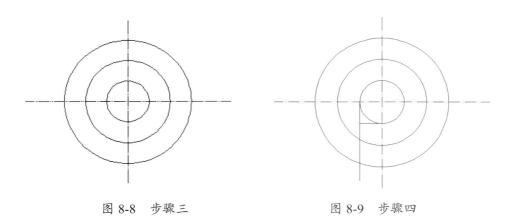

图 8-8 步骤三   图 8-9 步骤四

（6）用"偏移"命令绘制直线。

命令 :_offset

当前设置 : 删除源 = 否 图层 = 源 OFFSETGAPTYPE=0

指定偏移距离或 [通过 (T)/ 删除 (E)/ 图层 (L)]<5.0000>:T （选择通过点方式偏移)

选择要偏移的对象，或 [退出 (E)/ 放弃 (U)]< 退出 >：   （选择绘制的竖直直线）

指定通过点或 [退出 (E)/ 多个 (M)/ 放弃 (U)]< 退出 >:M （选择多重偏移）

指定通过点或 [退出 (E)/ 放弃 (U)]< 下一个对象 >：（指定直径 φ20 的圆的左象限点为通过点）

指定通过点或 [退出 (E)/ 放弃 (U)]< 下一个对象 >：（指定直径 φ30 的圆的左象限点为通过点）

指定通过点或 [退出 (E)/ 放弃 (U)]< 下一个对象 >：

用相同方法绘制水平直线，结果如图 8-10 所示。

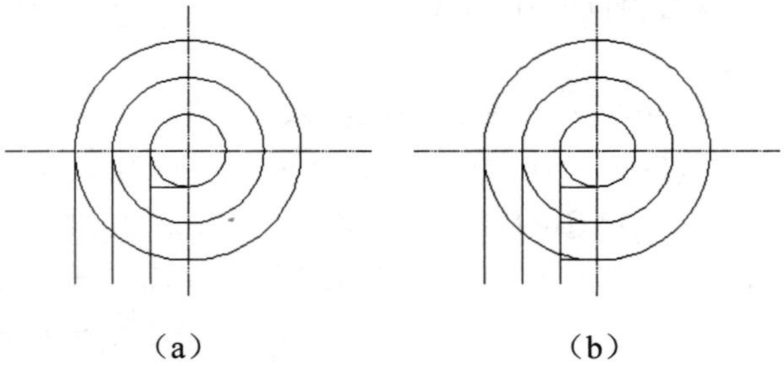

（a）　　　　　　　　　　　　（b）

图 8-10　完成绘制

8.4　移动

在指定方向上按指定距离移动对象。启用"移动"命令，可以使用下列方法之一：

（1）命令行：MOVE。

（2）菜单命令："修改"→"移动"。

（3）工具栏："修改"→"移动" ✢。

（4）快捷菜单：选择要移动的对象，在绘图区域右击鼠标，从打开的快捷菜单中选择"移动"命令。

【操作步骤】

命令：MOVE

选择对象：　　　　　　　　（选择要移动的对象）

指定基点或 [位移 (D)]< 位移 >:（指定基点或移至点）

指定第二个点或 < 使用第一个点作为位移 >:

各选项功能与 COPY 命令相关选项功能相同。所不同的是采用"移动"命令时对象被移动后，原位置处的对象消失。

【例】　将图 8-11（a）所示的图形叠加，合并为一个图，如图 8-11（b）所示。

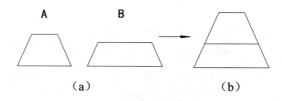

（a）　　　　　　　　　　　　（b）

图 8-11　移动操作

【操作步骤】

输入"移动"命令：

命令：_move

选择对象：指定对角点，找到 6 个　　　　（选择 A 图）

选择对象：

指定基点或 [位移 (D)]< 位移 >：

指定第二个点或 < 使用第一个点作为位移 >：

（指定 A 图的右下角作为基点，指定 B 图的右上角作为第二个点，如图 8-12 所示）

结果如图 8-11（b）所示。

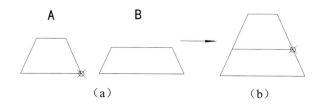

图 8-12　指定基点

8.5 　 拉伸

"拉伸"命令可拉伸或移动对象，拉伸对象是指拖拉选择的对象，使对象的形状发生改变。拉伸对象时应指定拉伸的基点和移至点。利用一些辅助工具，如捕捉功能及相对坐标等可以提高拉伸的精度，如图 8-13 所示。

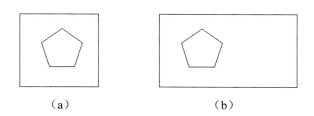

图 8-13　拉伸操作

启用"拉伸"命令，可以使用下列方法之一：

（1）命令行：STRETCH。

（2）菜单命令："修改" → "拉伸"。

（3）工具栏："修改" → "拉伸" 。

【操作步骤】

命令：STRETCH

选择对象：C　　　　　　　（确定交叉窗口或交叉多边形的选择方式）

指定第一个角点：指定对角点：找到 2 个　（采用交叉窗口的方式选择要拉伸的对象）

指定基点或 [位移 (D)]< 位移 >：　　（指定拉伸的基点）

指定第二个点或 < 使用第一个点作为位移 >：（指定拉伸的移至点）

此时，若指定第二个点，系统将根据这两点决定的矢量拉伸对象。若直接按回车键，系统会把第一个点作为 X 和 Y 轴方向的位移。

"拉伸"命令移动完全包含在交叉窗口内的顶点和端点，部分包含在交叉选择窗口内的对象将被拉伸。如图 8-13 所示。

【提示、注意、技巧】

（1）拉伸命令可以方便地对图形进行拉伸或压缩，但只能拉伸由直线、多边形、圆弧、多段线等命令绘制的带顶点或端点的图形；圆、椭圆等图形不会被拉伸，但圆心被选择时会被移动。

（2）使用拉伸命令时，选择对象必须用交叉窗口或交叉多边形的选择方式。拉伸对象至少要有一个顶点或端点包含在交叉窗口内，只有包含在窗口内的顶点或端点，才会同时被移动，窗口外的所有点不会被移动。

（3）使用拉伸命令时，如果选择对象用窗口方式或用拾取框单个选择，拉伸命令的执行效果等同于移动命令。如图 8-14 所示。

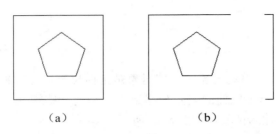

（a）　　　　　　　　　　　（b）

图 8-14　窗口方式选择效果

【例】　将图 8-15（a）经过编辑变为图 8-15（b）所示的图形。

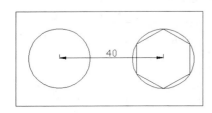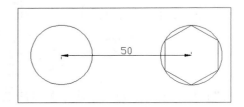

图 8-15　例题

此过程用拉伸命令来完成，步骤如下：

命令:_STRETCH

以交叉窗口或交叉多边形选择要拉伸的对象：（提示选择对象的方式）

选择对象：　　（利用交叉窗口选择矩形）

选择对象：　　（回车结束对象选择）

指定基点或位移：单击图形内任意一点　　（指定拉伸基点）

指定位移的第二个点或＜用第一个点作位移＞:＜极轴 开＞10（光标右移输入 10）

结果如图 8-15（b）所示。

8.6 修剪

"修剪"即按其他对象定义的剪切边修剪对象。启用"修剪"命令，可以使用下列方法之一：

（1）命令行：TRIM。

（2）菜单命令："修改"→"修剪"。

（3）工具栏："修改"→"修剪" ⊹ 。

【操作步骤】

命令 :TRIM

当前设置 : 投影 =USC，边 = 无

选择剪切边 :

选择对象 :（选择用作修剪边界的对象）（按回车键结束对象选择）

选择要修剪的对象，或按住 Shift 键选择要延伸的对象，或 [栏选 (F)/ 窗交 (C)/ 投影 (P)/ 边 (E)/ 删除 (R)/ 放弃 (U)]:

【选择说明】

（1）在选择对象时，如果按住 Shift 键，系统就自动将"修剪"命令转换成"延伸"命令。

（2）选择"边"选项时，可以选择对象的修剪方式。

1）延伸 (E)：延伸边界进行修剪。在此方式下，如果剪切边没有与要修剪的对象相交，系统会延伸剪切边直到与对象相交，然后再修剪，如图 8-16 所示。

2）不延伸 (N)：不延伸边界修剪对象。在此方式下，只修剪与剪切边相交的对象。如图 8-17 所示。

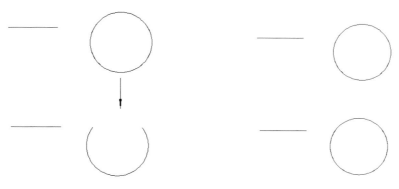

图 8-16　修剪延伸操作　　　　　　　图 8-17　修剪不延伸操作

【提示、注意、技巧】

（1）选择"窗交 (C)"选项时，系统以窗交的方式选择被修剪对象。这是 AutoCAD 2014 的新增功能，如图 8-18 所示，修剪结果如图 8-19 所示。

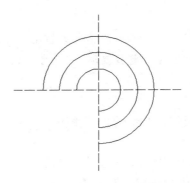

图 8-18　窗交选择方式

图 8-19　窗交选择结果

（2）被选择的对象可以互为边界和被修剪对象，此时系统会在选择的对象中自动判断边界，如图 8-18、图 8-19 所示。

（3）修剪图形时最后的一段或单独的一段是无法剪掉的，可以用删除命令删除。

【例】　绘制如图 8-20 所示的图形。

图 8-20　例题

【操作步骤】

（1）绘制圆：参照完成图 8-5 所示的图形。

（2）"修剪"圆：用"修剪"命令剪去左下方 1/4 圆，如图 8-18 所示。

（3）绘制直线：用"直线"命令、"偏移"命令绘制直线，结果如图 8-21 所示。

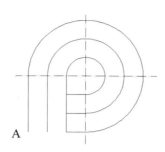

图 8-21　绘制单个图形

（4）绘制阵列图形：用"阵列"命令，选择环形阵列。指定阵列中心 A 点，填充角度 360º，项目总数 4。阵列结果如图 8-20 所示。

8.7　延伸

"延伸"命令是指将对象的端点延伸到另一对象的边界线，如图 8-22 所示。启用"延伸"命令，可以使用下列方法之一：

（1）命令行：EXTEND。

（2）菜单命令："修改"→"延伸"。

（3）工具栏："修改"→"延伸"。

图 8-22　延伸操作

【操作步骤】

命令：EXTEND

当前设置：投影 =UCS，边 = 无

选择边界的边：

选择对象：（选择边界对象）

此时可以选择对象来定义边界。若直接按回车键，则选择所选对象作为可能的边界对象。如果选择二维多段线作边界对象，系统会忽略其宽度而把对象延伸至多段线的中心线。

选择边界对象后，系统继续提示：

选择要延伸的对象，或按住 Shift 键选择要修剪的对象，或 [栏选 (F)/ 窗交 (C)/ 投影 (P)/ 边 (E)/ 放弃 (U)]：

【同步训练】

1. 请在 AutoCAD 2014 中完成图 8-23 的绘制（不用标注尺寸）。

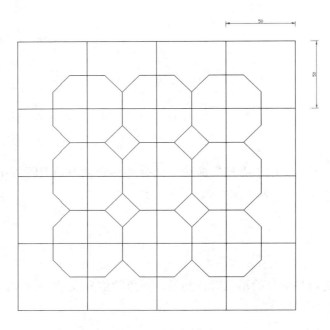

图 8-23 同步训练 1

2. 请在 AutoCAD 2014 中完成图 8-24 的绘制（不用标注尺寸）。

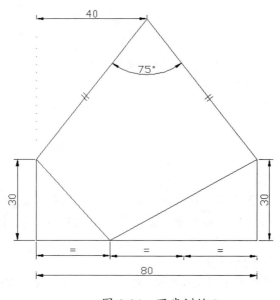

图 8-24 同步训练 2

【拓展训练】

1．请在 AutoCAD 2014 中完成图 8-25 的绘制（不用标注尺寸）。

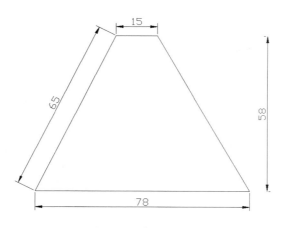

图 8-25　拓展训练 1

2．请在 AutoCAD 2014 中完成图 8-26 的绘制（不用标注尺寸）。

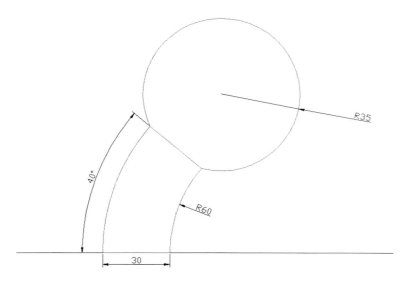

图 8-26　拓展训练 2

项目9
镜像、阵列、缩放、打断、圆角、倒角操作

【知识目标】　　了解镜像、阵列、缩放、打断、圆角、倒角的使用方法，熟记这些操作的快捷键。

【能力目标】　　熟练操作镜像、阵列、缩放、打断、圆角、倒角。

9.1 镜像

绕指定轴翻转对象，创建对称的镜像图像。镜像对创建对称的图形非常有用，因为可以快速地绘制半个图形对象，然后将其镜像，而不必绘制整个图形。镜像操作完成后，可以保留原对象，也可以将其删除。

启用"镜像"命令，可以使用下列方法之一：

（1）命令行：MIRROR。

（2）菜单："修改"→"镜像"。

（3）工具栏："修改"→"镜像" ⚼。

【操作步骤】

命令：MIRROR

选择对象：　　　　　　　　（选择要镜像的对象）

指定镜像线的第一点：　　　　（指定第一个点）

指定镜像线的第二点：　　　　（指定第二个点）

是否删除源对象 ?[是 (Y)/ 否 (N)]<N>:（确定是否删除选择的镜像对象）

由镜像线的第一个点和第二个点确定一条镜像线，被选择的对象以该线为对称轴进行镜像。

【例】绘制如图 9-1 所示的平面图形。

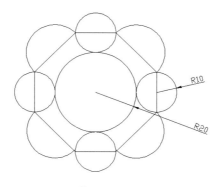

图 9-1　例题

【操作步骤】

（1）绘制直径为 40 的圆。

圆心位置可在绘图区内任取一点，如图 9-2 所示。

（2）绘制直径为 20 的圆。

用对象追踪功能确定圆心位置，以直径为 40 的圆的圆心为捕捉对象往左移动光标，出现极轴线时输入 30 即可，如图 9-3 所示。

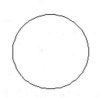

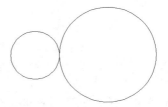

图 9-2　步骤一　　　　　　　　图 9-3　步骤二

（3）利用镜像命令绘制第二个小圆。

命令 :_mirror

选择对象 : 选择小圆

选择对象 :　　　　　　　　（按回车键结束选择）

指定镜像线的第一点 : 选择大圆上象限点。

指定镜像线的第二点 : 选择大圆下象限点。（上下象限点连线为镜像线）

是否删除源对象 ?[是 (Y)/ 否 (N)]<N>:（按回车键确定选择）

结果如图 9-4 所示。

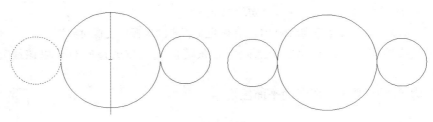

图 9-4　步骤三

（4）利用复制命令绘制第三个小圆。

命令 :_copy

选择对象 : 选择左侧小圆

选择对象 :　　　　　　　　（按回车键确定选择）

指定基点或 [位移 (D)]< 位移 >: 捕捉左侧小圆的上象限点。

指定第二个点或 < 使用第一个点作为位移 >: 移动光标到大圆下象限点处。

指定第二个点或 [退出 (E)/ 放弃 (U)]< 退出 >:

结果如图 9-5 所示。

（5）利用镜像命令绘制第四个圆。

选择第三个小圆为镜像对象，指定左右象限点连线为镜像线，绘制第四个圆，如图 9-6 所示。

（6）绘制直线。

利用绘制直线命令及象限点捕捉功能绘制各段直线，如图 9-7 所示。

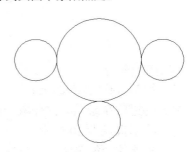

图 9-5　步骤四

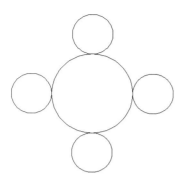

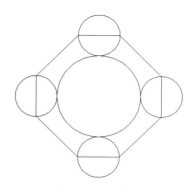

图 9-6　步骤五　　　　　　　　　　　　　图 9-7　步骤六

（7）绘制第一段圆弧。

利用绘制圆弧命令绘制第一段圆弧。输入圆弧命令，选择"起点、圆心、端点"方式。

命令：_ARC

指定圆弧的起点或 [圆心 (C)]:< 对象捕捉 开 > 捕捉 B 点

指定圆弧的第二个点或 [圆心 (C)/ 端点 (E)]:_C

指定圆弧的圆心 : 捕捉直线 AB 的中点 O

指定圆弧的端点或 [角度 (A)/ 弦长 (L)]: 捕捉 A 点

结果如图 9-8 所示。

（8）绘制另三段圆弧。

利用镜像命令绘制另三段圆弧，完成全图，如图 9-9 所示。

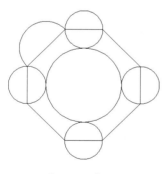

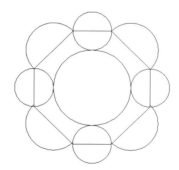

图 9-8　步骤七　　　　　　　　　　　　　图 9-9　成图

9.2　阵列

　　建立阵列是指多重复制图形对象，并把这些图形对象按矩形、路径或环形排列。按矩形排列称为建立矩形阵列，按照指定的曲线排列称为建立路径阵列，按环形排列称为建立环形阵列。建立环形阵列时，可以控制复制对象的数目和决定对象是否被旋转；对于矩形阵列，可以控制复制对象的行数和列数以及它们之间的距离。对于创建多个按矩形或环形排列的对象，阵列比复制要快。

启用"阵列"命令，可以使用下列方法之一：

（1）命令行：ARRAY。

（2）菜单命令："修改"→"阵列"。

（3）工具栏："修改"→"阵列"。

【选项说明】

1. 选中"矩形阵列"按钮，建立矩形阵列

矩形阵列是按照矩形排列方式创建多个对象的副本。行距和列距有正、负之分，行距为正将向上阵列，为负则向下阵列；列距为正将向右阵列，为负则向左阵列。其正负方向符合坐标轴正负方向。行列数及行列之间的间隔可以通过调整夹点来实现。

2. 选中"极轴阵列"按钮，建立环形阵列

环形阵列也称为极轴阵列，是通过指定的环形阵列的中心点、阵列数量和填充角度等来创建对象的副本。按"环形阵列"选项卡中的提示来指定环形阵列的各项参数。

下述例题将讲述矩形阵列和环形阵列的综合运用。

【例】 绘制如图 9-10 所示的图形。其中圆的直径为 80，直线的长度为 90，直线上距圆心较近的端点到圆心的距离为 25。行间距为 400，列间距为 420。

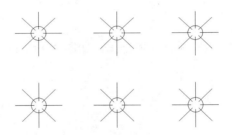

图 9-10　例题

【操作步骤】

（1）绘制其中一个基本平面图形，先利用圆命令、直线命令、对象捕捉追踪等功能绘制如图 9-11 所示图形。

图 9-11　步骤一

（2）输入阵列命令 ar，或是在修改工具栏中选中 ![按钮] 按钮，选择环形阵列。单击对话框内的极轴选项，如图 9-12 所示。

（3）指定阵列的中心点，在本例中，中心点即是圆的圆心。通过选择夹点，或在命令行输入数据的方式，将项目间角度设置为 45°，填充角度为 360°，项目数为 8，生成的图形如图 9-13 所示。

图 9-12　步骤二　　　　　　　　　　图 9-13　步骤三

（4）再次输入阵列命令 ar，或单击修改工具栏中的矩形阵列按钮 ![矩形按钮]，单击矩阵选项，生成矩形阵列，如图 9-14 所示。

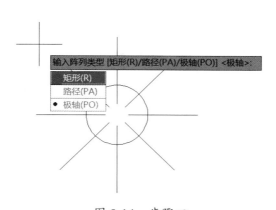

图 9-14　步骤四

（5）通过选择夹点，或在命令行输入数据的方式，将项目行数设置为 2，列数设置为 3，间距设置中分别将行间距设置为 400，列间距设置为 420。

3. 选中"路径阵列"按钮，建立路径阵列

路径阵列是沿路径或部分路径均匀创建对象副本。启用方式包含以下几种：

（1）菜单命令："修改"→"阵列"→"环形阵列"。

（2）工具栏："修改"→"阵列" ![图标]。

（3）命令行：ARRAYPATH。

阵列中的路径可以是直线、多段线、样条曲线、圆弧、圆和椭圆。

【例】 绘制如图 9-15 所示的图形。

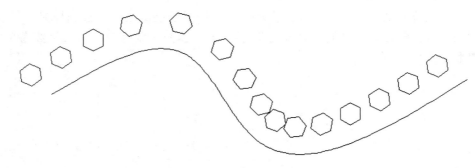

图 9-15　例题

【操作步骤】

（1）在 AutoCAD 中首先绘制一条样条曲线及一个正六边形，如图 9-16 所示。

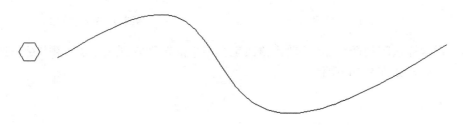

图 9-16　绘图步骤

（2）通过前面所述方式打开路径阵列命令，将图 9-16 中的正六边形选择为对象，将样条曲线选择为路径曲线，即可绘制出图 9-15 中的图形。

9.3　缩放

在 X、Y 和 Z 方向按比例放大或缩小对象。

启用"缩放"命令，可以使用下列方法之一：

（1）命令行：SCALE。

（2）菜单命令："修改"→"缩放"。

（3）工具栏："修改"→"缩放" □。

（4）快捷菜单：选择要缩放的对象，在绘图区域右击鼠标，从打开的快捷菜单中选择"缩放"命令。

【操作步骤】

命令 :SCALE

选择对象：　　　　　　　　（选择要缩放的对象）

指定基点：　　　　　　　　　（指定缩放操作的基点）

【选项说明】

（1）采用"参照 (R)"缩放对象。

采用参照缩放对象时系统提示：

指定参照长度 <0.0000>：　　（指定参考长度值）

指定新长度或 [点 (P)]<0.0000>：（指定新长度值）

若新长度值大于参考长度值，则放大对象；否则，缩小对象。操作完毕后，系统以指定的点为基点按指定的比例因子缩放对象。如果选择"点 (P)"选项，则指定两点来定义新的长度。

（2）可以用拖动鼠标的方法缩放对象。

选择对象并指定基点后，从基点到当前光标位置会出现一条连线，线段的长度即为比例大小。移动鼠标，选择的对象会动态地随着该连线和长度的变化而缩放，回车会确认缩放操作。

（3）选择"复制 (C)"。

选择"复制 (C)"时，可以复制缩放对象，即缩放对象时，保留原对象，这是 AutoCAD 2014 的新增功能，如图 9-17 所示。

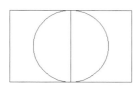 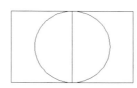

（a）缩放前　　　　　　　　　　　（b）缩放后

图 9-17　缩放对比

【提示、注意、技巧】

（1）比例缩放真正改变了图形的大小，和图形显示中缩放（ZOOM）命令的缩放不同，ZOOM 命令只改变图形在屏幕上的显示大小，图形本身大小没有任何变化。

（2）采用比例因子缩放时，比例因子为 1 时，图形大小不变；小于 1 时图形将缩小；大于 1 时，图形将会放大。

【例】　如图 9-18 所示，将图 9-18（a）矩形放大 2 倍，变成图 9-18（b）大小的矩形，再将图 9-18（b）的矩形经过缩放，变为图 9-18（c）尺寸的矩形。在变换过程中，图形的长宽比保持不变。

【操作步骤】

（1）绘制矩形：利用绘制矩形命令，绘制长为 20，宽为 10 的矩形，如图 9-18（a）所示。

（2）利用比例因子对矩形进行缩放，将图 9-18（a）变为图 9-18（b）。

输入缩放命令：

命令：_scale

选择对象：选择矩形，找到 1 个

选择对象：　　　　　（按回车键结束对象选择）

指定基点：捕捉矩形上不动的点 （此例可任指定一点，如矩形的左下角点）

指定比例因子或 [参照 (R)]:2 （输入比例因子）

图形由图 9-18（a）变成图 9-18（b），完成图形的绘制。

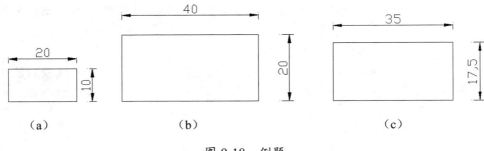

图 9-18　例题

（3）利用参照对矩形进行缩放，将图 9-18（b）变为图 9-18（c）。

命令：_scale

选择对象：选择矩形，找到 1 个

选择对象：　　　　　（按回车键结束对象选择）

指定基点：捕捉矩形上点 A　　（捕捉缩放过程中不变的点）

指定比例因子或 [参照 (R)]:R

（由于比例因子没有直接给出，但缩放后的实体长度已知，可选择 [参照 (R)] 选项）

指定参照长度 <1>: 捕捉 A 点

指定第二点：捕捉 B 点

指定新长度 :35　　　　　（根据已知条件，将 AB 线长度变为 35）

图形由图 9-18（b）变为图 9-18（c），图形绘制完成。

9.4　打断

"打断"命令用于把选定对象两点之间的部分打断并删除。

启用"打断"命令，可以使用下列方法之一：

（1）命令行：BREAK。

（2）菜单命令："修改"→"打断"。

（3）工具栏："修改"→"打断" 。

【操作步骤】

命令 :BREAK

选择对象：　　　　　（选择要打断的对象）

指定第二个打断点或 [第一点 (F)]:（指定第二个断开点或键入 F）

【选项说明】

（1）选择对象

使用某种对象选择方法，如果使用拾取框选择对象，本程序将选择对象并将选择点视为第一个打断点。

（2）指定第二个打断点或 [第一点 (F)]

可以继续指定第二个打断点，或输入 F 指定对象上的新点替换原来的第一个打断点。指定第二个打断点后，两个指定点之间的对象部分将被删除。

【提示、注意、技巧】

（1）如果第二个点不在对象上，将选择对象上与该点最接近的点，因此，要打断直线、圆弧或多段线的一端，可以在要删除的一端附近指定第二个打断点。

（2）要将对象一分为二并且不删除某个部分，输入的第一个点和第二个点应相同。通过输入 @ 指定第二个点即可实现此过程。一个完整的圆或椭圆不能在同一个点被打断。

（3）直线、圆弧、圆、多段线、椭圆、样条曲线、圆环以及其他几种对象类型都可以拆分为两个对象或将其中的一端删除。

（4）程序将按逆时针方向删除圆上第一个打断点到第二个打断点之间的部分，从而将圆转换成圆弧。

9.5　圆角

圆角是指用指定半径的一段圆弧平滑连接两个对象的作图。AutoCAD 2014 规定，可以用一段平滑的圆弧连接一对直线段、多段线、样条曲线、构造线、射线、圆、圆弧和椭圆。可以在任何时刻圆滑连接多段线的每个节点。

启用"圆角"命令，可以使用下列方法之一：

（1）命令行：FILLET。

（2）菜单命令："修改"→"圆角"。

（3）工具栏："修改"→"圆角" ◻ 。

【操作步骤】

命令:FILLET

当前设置 : 模式 = 修剪，半径 =0.000

选择第一个对象或 [放弃 (U)/ 多段线 (P)/ 半径 (R)/ 修剪 (T)/ 多个 (M)]:

（选择第一个对象或其他选项）

选择第二个对象，或按住 Shift 键选择要应用角点的对象：（选择第二个对象）

【选项说明】

（1）多段线 (P)。

在一条二维多段线的两段直线段的节点处插入圆滑的弧。选择多段线后，系统会根据指定的圆弧半径把多段线各顶点用圆滑的弧连接起来。如图 9-19 所示，绘图步骤如下：

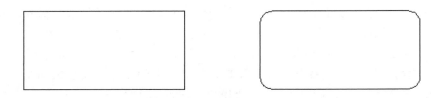

图 9-19　圆角操作

输入倒圆角命令：

命令：_fillet

当前设置：模式 = 修剪，半径 =0.0000（提示当前倒圆角模式及圆角半径值）

选择第一个对象或 [多段线 (P)/ 半径 (R)/ 修剪 (T)/ 多个 (U)]:R

　　　　　　　　（系统此时默认的半径值为 0，需对它进行修改）

指定圆角半径 <0.0000>:5　　　　　　　（输入倒圆角半径值为 5）

选择第一个对象或 [多段线 (P)/ 半径 (R)/ 修剪 (T)/ 多个 (U)]:P

　　　　　　　　（选择多段线选项）

选择二维多段线：单击矩形，选择此矩形。（4 条直线已被倒圆角，图形倒圆角完成）

（2）修剪 (T)。

决定在圆滑连接两条边时，是否修剪这两条边。如图 9-20 所示。

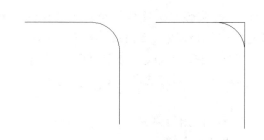

图 9-20　是否修剪两边

（3）多个 (M)。

同时对多个对象进行圆角编辑，而不必重新启用命令。按住 Shift 键并选择两条直线，可以快速创建零距离倒角或零半径圆角。

【提示、注意、技巧】

（1）倒圆角命令中的圆角半径值，以及倒圆角模式总是默认上次输入的值，所以在执行该命令时，一定要先看一看所给定的各项值是否正确，是否需要进行调整。

（2）如图 9-21 所示，如果将图 9-21（a）变为图 9-21（b），使原来不平行的两条直线相交，可对其进行倒圆角，半径值为 0。

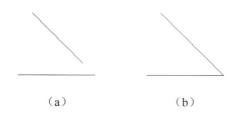

（a）　　　　　　　　　　　（b）

图 9-21　圆角操作

（3）若倒圆角半径大于某一边时，圆角不能生成。

（4）倒圆角命令可以应用圆弧连接，如图 9-22 所示，用圆弧把图 9-22（a）的两条直线连接起来，即可用倒圆角命令，如图 9-22（b）所示。

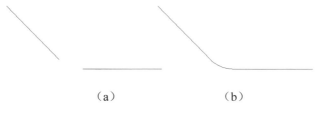

（a）　　　　　　　　　　　（b）

图 9-22　圆角操作

9.6　倒角

"倒角"是指用斜线连接两个不平行的线型对象。

可采用两种方法确定连接两个线型对象的斜线：指定两个斜线距离、指定斜线角度和一个斜线距离。下面分别介绍这两种方法：

（1）指定斜线距离：斜线距离是指从被连接的对象与斜线的交点到被连接的两对象的交点之间的距离，如图 9-23 所示。

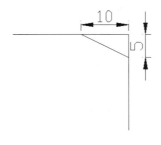

图 9-23　倒角操作

（2）指定斜线角度和一个斜线距离：采用这种方法用斜线连接对象时，需要输入两个参数：斜线与一个对象的距离和斜线与另一个对象的夹角。如图 9-24 所示。

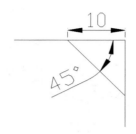

图 9-24　指定斜线角度和斜线距离

启用"倒角"命令，可以使用下列方法之一：

（1）命令行：CHAMFER。

（2）菜单命令："修改"→"倒角"。

（3）工具栏："修改"→ □。

【操作步骤】

命令 :CHAMFER

（"不修剪"模式）当前倒角距离 1=0.0000，距离 2=0.0000

选择第一条直线或 [放弃 (U)/ 多段线 (P)/ 距离 (D)/ 角度 (A)/ 修剪 (T)/ 方式 (E)/ 多个 (M)]:（选择第一条直线或其他选项）

选择第二条直线，或按住 Shift 键选择要应用角点的直线：（选择第二条直线）

【提示、注意、技巧】

有时用户在执行"圆角"和"倒角"命令时，发现命令不执行或执行没有什么变化，那是因为系统默认圆角半径和斜线距离均为 0，如果不事先设定圆角半径或斜线距离，系统就以默认值 0 执行命令，所以图形没有变化。

【选项说明】

（1）多段线 (P)。

对多段线的各个交叉点倒斜角。为了得到最好的连接效果，一般设置斜线是相等的值。系统根据指定的斜线距离把多段线的每个交叉点都做斜线连线，连接的斜线成为多段线新添加的构成部分，如图 9-25 所示，绘图步骤如下：

输入倒角命令：

命令 :_chamfer

（"修剪"模式）当前倒角距离 1=3.0000，距离 2=3.0000

（提示当前倒角模式，此题取此默认值）

选择第一条直线或 [多段线 (P)/ 距离 (D)/ 角度 (A)/ 修剪 (T)/ 方式 (M)/ 多个 (U)]:P

（要对矩形进行倒角，矩形属于二维多段线，故选择 [多段线 (P)] 选项）

选择二维多段线 : 单击矩形，选择此矩形　　　　　（4 条直线已被倒角）

矩形倒角完成。

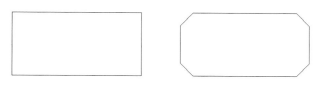

图 9-25 矩形倒角

（2）距离 (D)。

选择倒角的两个斜线距离。这两个斜线距离可以相同也可不相同，若二者均为 0，则系统不绘制连接的斜线，而是把两个对象延伸至相交点处并修剪超出的部分。

（3）角度 (A)。

选择第一条直线的斜线距离和第一条直线的倒角角度。

（4）修剪 (T)。

与圆角连接命令 FILLET 相同，该选项决定连接对象后是否剪切原对象。

（5）方式 (E)。

决定采用"距离"方式还是"角度"方式来倒斜角。

（6）多个 (M)。

同时对多个对象进行倒斜角编辑。

【提示、注意、技巧】

（1）倒角命令中的距离值，以及倒角模式总是默认上次输入的值，所以在执行该命令时，一定要先看一看所给定的各项值是否正确，是否需要进行调整。

（2）执行倒角命令时，当两个倒角距离不同的时候，要注意两条线的选中顺序。

【同步训练】

1．请在 AutoCAD 2014 中完成图 9-26 的绘制（不用标注尺寸）。

2．请在 AutoCAD 2014 中完成图 9-27 的绘制（不用标注尺寸）。

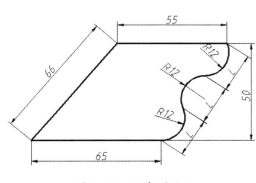

图 9-26 同步训练 1

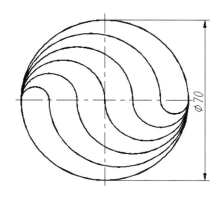

图 9-27 同步训练 2

◉▶【拓展训练】

　　1. 请在 AutoCAD 2014 中完成图 9-28 的绘制（不用标注尺寸）。

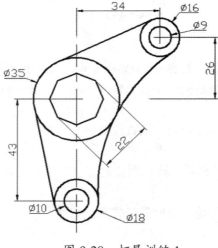

图 9-28　拓展训练 1

　　2. 请在 AutoCAD 2014 中完成图 9-29 的绘制（不用标注尺寸）。

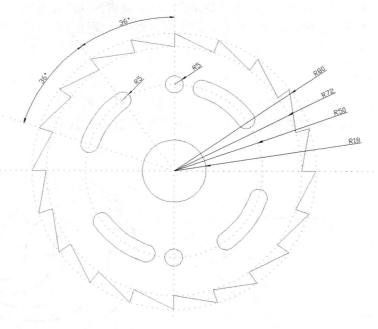

图 9-29　拓展训练 2

项目 10
表格

【知识目标】　　　了解表格的创建方式；熟悉表格基本属性。

【能力目标】　　　能正确地创建表格；能熟练修改表格属性；能在表格中添加文字和插入图块。

10.1　创建表格

利用"表格"命令可以方便、快速地创建图纸所需的表格。

启用命令方法如下。

（1）工具栏："绘图"工具栏"表格"按钮▦。

（2）菜单命令："绘图"→"表格"。

（3）命令行：TABLE。

选择"绘图"→"表格"命令，启用"表格"命令，弹出"插入表格"对话框，如图 10-1 所示。

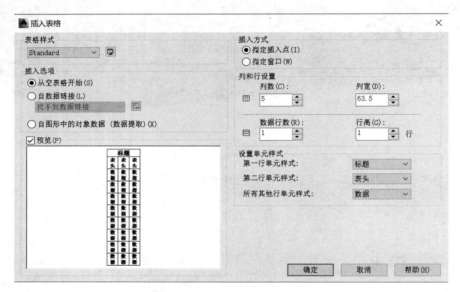

图 10-1　"插入表格"对话框

对话框选项解释。

⊙"表格样式"下拉列表：用于选择要使用的表格样式。单击后面的按钮▣，弹出"表格样式"对话框，可以创建表格样式。

"插入选项"选项组用于指定插入表格的方式。

⊙"从空表格开始"单选项：用于创建可以手动填充数据的空表格。

⊙"自数据链接"单选项：用于从外部电子表格中的数据创建表格，单击后面的"启动'数据链接管理器'对话框"按钮▣，弹出"选择数据链接"对话框，在这里可以创建新的或是选择已有的表格数据。

⊙"自图形中的对象数据（数据提取）"单选项：选中后，单击"确定"按钮，可以开启"数据提取"向导，用于从图形中提取对象数据，这些数据可输出到表格或外部文件。

"插入方式"选项组用于确定表格的插入方式。

⊙"指定插入点"单选项：用于设置表格左上角的位置。如果表格样式将表的方向设置为由下而上读取，则插入点位于表的左下角。

⊙"指定窗口"单选项：用于设置表的大小和位置。选定此选项时，行数、列数、列宽和行高取决于窗口的大小以及列和行的设置。

"列和行设置"选项组用于确定表格的列数、列宽、行数、行高。

⊙"列数"数值框：用于指定列数。

⊙"列宽"数值框：用于指定列的宽度。

⊙"数据行数"数值框：用于指定行数。

⊙"行高"数值框：用于指定行的高度。

"设置单元样式"选项组用于对那些不包含起始表格的表格样式，指定新表格中行的单元格式。

⊙"第一行单元样式"列表框：用于指定表格中第一行的单元样式。包括"标题""表头"和"数据"三个选项。默认情况下，使用"标题"单元样式。

⊙"第二行单元样式"列表框：用于指定表格中第二行的单元样式。包括"标题""表头"和"数据"三个选项。默认情况下，使用"表头"单元样式。

⊙"所有其他行单元样式"列表框：用于指定表格中所有其他行的单元样式。包括"标题""表头"和"数据"三个选项。默认情况下，使用"数据"单元样式。

根据表格的需要设置相应的参数，单击"确定"按钮，关闭"插入表格"对话框，返回到绘图窗口，此时光标变为如图 10-2 所示。

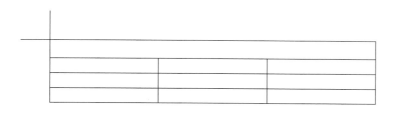

图 10-2　插入后界面

在绘图窗口中单击，即可指定插入表格的位置，此时会弹出"文字格式"工具栏。在标题栏中，光标变为文字光标，如图 10-3 所示。

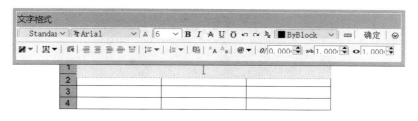

图 10-3　"文字格式"工具栏

表格单元中的数据可以是文字或块。创建完表格后，可以在其单元格内添加文字或者插入块。

> **提示**
>
> 绘制表格时，可以通过输入数值来确定表格的大小，列和行将自动调整其数量，以适应表格的大小。

若在输入文字之前直接单击"文字格式"工具栏中的"确定"按钮，则可以退出表格的文字输入状态，此时可以绘制没有文字的表格，如图 10-4 所示。

图 10-4　隐藏文字格式

10.2　填写表格

表格单元中的数据可以是文字或块。创建完表格后，可以在其单元格内添加文字或者插入块。

10.2.1　添加文字

创建表格后，会高亮显示第一个单元格（即标题单元格），并显示"文字格式"工具栏，表格的列字母和行号也会同时显示，这时可以输入文字来确定标题的内容，如图 10-5 所示。输入完成后，按 Tab 键，确认标题并转至下一行，继续输入文字，如图 10-6 所示。在文字输入的过程中，用户可以在"文字格式"工具栏中设置文字的样式、字体和颜色等。

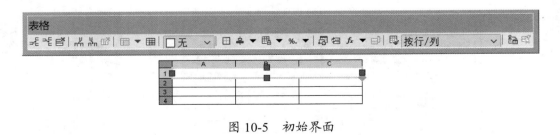

图 10-5　初始界面

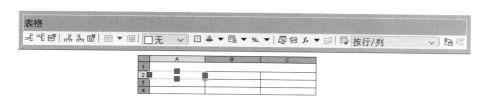

图 10-6　按下向下箭头

　　按 Tab 键，是按从左到右的顺序，以一个单元格为单位进行转行，至表格右侧边界后，又会自动转行到下一行左侧单元格。如果在最后一个单元格中进行转行，系统将在表格最下方添加一个数据行。当光标位于单元格中文字的开始或结束位置时，利用方向箭头键可以将光标移动到相邻的单元格。

　　在已创建好的表格中添加文字的步骤如下。

　　（1）在表格单元内双击，高亮显示该单元，并显示"文字格式"工具栏，表格的列字母和行号也会同时显示。这时可以开始输入文字。

　　（2）在单元格中，利用方向箭头键在文字中移动光标，可以移动到指定的位置来对输入的文字进行编辑和修改。

　　（3）选中单元格中要修改的文字，在"文字格式"工具栏中设置文字的样式和字体等。

　　在单元格中，如果需要创建换行符，可按 Alt + Enter 键。当输入文字的行数太多，单元格的行高会加大以适应输入文字的行数。

10.2.2　插入图块

　　在表格单元中插入块时，块可以自动适应单元的大小，也可以调整单元以适应块的大小。

　　在表格中插入块的步骤如下。

　　（1）在表格单元内单击，将要插入块的单元格选中，然后单击鼠标右键，弹出快捷菜单，选择"插入点"→"块"命令，如图 10-7 所示。弹出"在表格单元中插入块"对话框，如图 10-8 所示。

　　（2）在"在表格单元中插入块"对话框中，可以设置要插入的块名称，或者浏览已创建的图形。也可以指定块的特性，如单元对齐、比例和旋转角度。

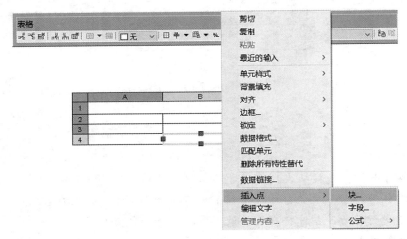

图 10-7　插入块

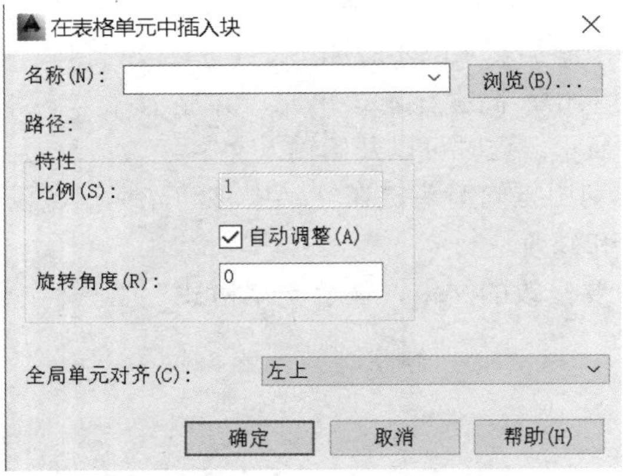

图 10-8　"在表格单元中插入块"对话框

对话框选项解释如下。

⊙ "名称"下拉列表框：用于输入或选择需要插入的图块名称。

⊙ "浏览"按钮：单击"浏览"按钮，弹出"选择图形文件"对话框，如图 10-9 所示。选择相应的图形文件，单击"打开"按钮，即可将该文件中的图形作为块插入到当前图形中。

⊙ "全局单元对齐"下拉列表框：用于指定块在表格单元中的对齐方式。块相对于上、下单元边框居中对齐、上对齐或下对齐；相对于左、右单元边框居中对齐、左对齐或右对齐。

⊙ "比例"数值框：当取消"自动调整"复选框时，用于输入值来指定块参照的比例。

⊙ "自动调整"复选框：用于缩放块以适应选定的单元。

⊙ "旋转角度"数值框：用于输入数值指定块的旋转角度。

图 10-9　"选择图形文件"对话框

（3）单击"确定"按钮，可以将块插入到表格单元格中。

10.3　修改表格

通过调整表格的样式，可以对表格的特性进行编辑；通过文字编辑工具，可以对表格中的文字进行编辑；通过在表格中插入块，可以对块进行编辑；通过编辑夹点，可以调整表格中行与列的大小。

10.3.1　编辑表格的特性

在编辑表格特性时，可以对表格中栅格的线宽、颜色等特性进行编辑，也可以对表格中文字的高度和颜色等特性进行编辑。

10.3.2　编辑表格的文字内容

在编辑表格特性时，对表格中文字样式的某些修改不能应用在表格中，这时可以单独对表格中的文字进行修改编辑。表格中文字的大小会决定表格单元格的大小，如果表格中某行中的一个单元格发生变化，它所在的行也会发生变化。

在表格中双击单元格中的文字，如双击表格内的文字"线缆表"，弹出"文字格式"对话框，此时可以对单元格中的文字进行编辑，如图 10-10 所示。

光标显示为文字光标，此时可以修改文字内容、字体和字号等，也可以继续输入其他字符。在每个标题字之间键入空格，效果如图 10-11 所示。使用这种方法可以修改表格中的所有文字内容。

按 Tab 键，切换到下一个单元格，如图 10-12 所示，此时即可对文字进行编辑。依次按 Tab 键，即可切换到相应的单元格，完成编辑后单击"确定"按钮。

图 10-10　文字编辑

图 10-11　修改内容、字体、符号

图 10-12　Tab 键切换

> **注意**
>
> 按 Tab 键切换单元格时，若插入的是块的单元格，则跳过单元格。

10.3.3　编辑表格中的行和列

在选择"表格"工具建立表格时，行与列的间距都是均匀的，这就使得表格中会产生大部分空白区域，增加了表格的大小。如果要使表格中行与列的间距适合文字的宽度和高度，可以通过调整夹点来实现。通过调整夹点可以使表格更加简明、美观。

当选中整个表格时，表格上会出现夹点，即表格的外边框 4 个角点 A、B、C、D和列标题单元格上的一行夹点，如图 10-13 所示。

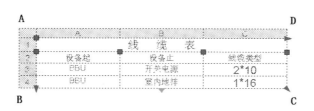

图 10-13 调整表格大小及位置

夹点 A 用于移动整个表格，夹点 B 用于调整表格的高度，夹点 C 用于调整表格的高度和宽度，夹点 D 用于调整表格的宽度。列标题上的夹点用于加宽或变窄一列。

【同步训练】

请在 AutoCAD 2014 中完成表 10-1 中的表格。

表 10-1 学期课程表

学期课程表				
课程名称	上课地点	起止周	周学时	学分
软件测试	2120	1-16	4	4
网络广告设计	2201	1-16	4	4
计算机网络组建实习	3214	17-17	26	1
网络综合布线	1125	10-18	8	4
Linux 系统管理	1331	2-17	4	4
CAD 设计制图实习	2018	1-16	4	4
通信基站勘察设计实习	3210	1-8	4	2

【拓展训练】

请在 AutoCAD 2014 中完成表 10-2 中的表格。

表 10-2 基站信息表

基站信息表						
基站名	设备厂家	基站经度	基站纬度	天线类型	所属区域	光纤长度
模范村 T	华为	106.32174	29.6259	一体化天线	大学城	12
井口村经济桥 T	爱立信	106.37094	29.63712	方柱型	歌乐山	20
纵干线 3 号灯杆 T	华为	106.45481	29.65273	一体化天线	梨树湾	20
香蕉园 T	华为	106.46956	29.5577	美化树	杨家坪	32

项目
10

基站信息表						
基站名	设备厂家	基站经度	基站纬度	天线类型	所属区域	光纤长度
建博路灯杆 T	爱立信	106.438	29.6333	空调型	歌乐山	15
麒雅中央花园 T	爱立信	106.37431	29.69073	一体化天线	梨树湾	30
西部物流园管委会 T	爱立信	106.38998	29.59711	方柱型	大学城	59
西永综合楼 T	华为	106.33664	29.63075	灯杆	梨树湾	25
下天池龙洞美化树 T	华为	106.29453	29.55838	钢管塔支架	大学城	5
石门坎二 T	诺西	106.373327	29.642546	灯杆	歌乐山	38
青木关镇中学 T	诺西	106.37019	29.60506	一体化天线	梨树湾	20
石翁开发区 T	华为	106.39895	29.56803	方柱型	大学城	25
皂角树村委会 T	诺西	106.41274	29.60646	屋面 3 米附墙通信杆	大学城	9
歌乐山新崇兴村 T	诺西	106.30244	29.67915	美化树	歌乐山	40
西永安置房 T	华为	106.31358	29.69399	屋面 3 米附墙通信杆	梨树湾	38
金刚坡美化树 T	爱立信	106.31493	29.68878	角钢塔支架	大学城	70

项目 11
文字输入

【知识目标】　　了解 AutoCAD 2014 中文字的概念；掌握单行文字和多行文字的区别。

【能力目标】　　能正确输入文字；熟练使用文字编辑器；能根据要求输入特殊文字。

11.1　文字样式

在图形中输入文字时，当前的文字样式会决定输入文字的字体、字号、角度、方向和其他文字特征。

11.1.1　文字概念

在学习文字的输入方法之前，首先需要掌握文字的一些基本概念。

⊙文字的样式

文字样式是用来定义文字的各种参数的，如文字的字体、大小和倾斜角度等。AutoCAD 图形中的所有文字都具有与之相关联的文字样式，默认情况下使用的文字样式是"Standard"，用户可以根据需要进行自定义。

⊙文字的字体

文字的字体是指文字的不同书写格式。在工程制图中，汉字的字体通常采用仿宋体格式。

⊙文字的高度

文字的高度即文字的大小，在工程制图中通常采用 20、14、10、7、5、3.5 和 2.5 号这 7 种字体（字体的号数即字体的高度）。

⊙文字的效果

在 AutoCAD 中用户可以控制文字的显示效果，如将文字上下颠倒、左右反向和垂直排列显示等。

⊙文字的倾斜角度

一般情况下，工程制图中的阿拉伯数字、罗马数字、拉丁字母和希腊字母常采用斜体字，即将字体倾斜一定的角度，通常是文字的字头向右倾斜，与水平线约成 75°。

⊙文字的对齐方式

为了清晰、美观，文字要尽量对齐，AutoCAD 可以根据需要指定各种文字对齐方式来对齐输入的文字。

⊙文字的位置

在 AutoCAD 中，用户可以指定文字的位置，即文字在工程制图中的书写位置。通常文字应该与所描述的图形对象平行，放置在其外部，并尽量不与图形的其他部分交叉，可用引线将文字引出。

11.1.2　创建文字样式

AutoCAD 图形中的所有文字都具有与之相关联的文字样式。默认情况下使用的文字样式为系统提供的"Standard"样式，根据绘图的要求可以修改或创建一种新的文字样式。

当在图形中输入文字时，AutoCAD 将使用当前的文字样式来设置文字的字体、高度、旋转角度和方向等。如果用户需要使用其他文字样式来创建文字，则需要将其设置为当前的文字样式。

AutoCAD 提供的"文字样式"命令可用来创建文字样式。启动"文字样式"命令后，系统将弹出"文字样式"对话框，从中可以创建或调用已有的文字样式。在创建新的文字样式时，可以根据需要来设置文字样式的名称、字体和效果等。

启用命令方法如下。

（1）工具栏："样式"工具栏"文字样式"按钮 **A**。

（2）菜单命令："格式"→"文字样式"。

（3）命令行：STYLE。

选择"格式"→"文字样式"命令，启用"文字样式"命令，系统将弹出"文字样式"对话框，如图 11-1 所示。

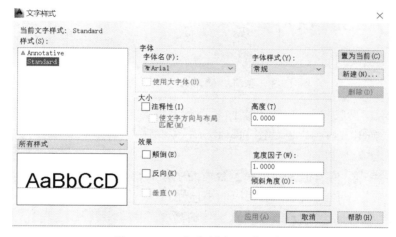

图 11-1　"文字样式"对话框

单击"新建"按钮，弹出"新建文字样式"对话框，如图 11-2 所示。可以在"样式名"文本框中输入新样式的名称，最多可输入 255 个字符，包括字母、数字和特殊字符，例如美元符号"$"、下划线"_"和连字符"-"等。

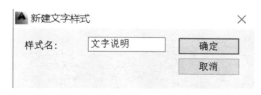

图 11-2　"新建文字样式"对话框

单击"确定"按钮，返回"文字样式"对话框，新样式的名称会出现在"样式名"列表框中。此时可设置新样式的属性，如文字的字体、高度和效果等，完成后单击"应用"按钮，可将其设置为当前文字样式。

1. 设置字体

在"字体"选项组中,用户可以设置字体的各种属性。取消"使用大字体"复选框,对字体进行设置,如图 11-3 所示。

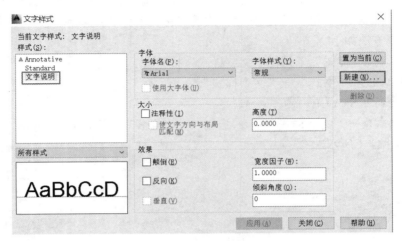

图 11-3　取消"使用大字体"复选框

⊙"字体名"列表框:单击"字体名"列表框右侧的 ▼ 按钮,弹出下拉列表,如图 11-4 所示,从该下拉列表中可以选取合适的字体。

⊙"字体样式"列表框:当选择了合适的字体后,可在"字体样式"下拉列表中选取相应的字体样式。

⊙"高度"数值框:当用户需要设置字体的高度时,可在"高度"数值框中输入字体的高度值。

⊙"使用大字体"复选框:当用户在"字体名"下拉列表中选择"txt.shx"选项后,"使用大字体"复选框会被激活,处于可选状态。此时若选中"使用大字体"复选框,则"字体名"列表框会变为"SHX 字体"列表框,"字体样式"列表框将变为"大字体"列表框,这时可以选择大字体的样式。

图 11-4　字体选择

> **提示**
>
> 有时用户书写的中文汉字会显示为乱码或"?"符号,出现此现象的原因是用户选取的字体不恰当,该字体无法显示中文汉字,此时用户可在"字体名"下拉列表中选取合适的字体,如"仿宋 _GB2312",即可将其显示出来。

2. 设置效果

"效果"选项组用于控制文字的效果。

⊙ "颠倒"复选框：选择该复选框，可将文字上下颠倒显示，如图 11-5 所示。该选项仅作用于单行文字。

正常效果 颠倒效果

图 11-5 正常与颠倒效果

⊙ "反向"复选框：选择该复选框，可将文字左右反向显示，如图 11-6 所示。该选项仅作用于单行文字。

正常效果 反向效果

图 11-6 正常与反向效果

⊙ "垂直"复选框：用于显示垂直方向的字符，如图 11-7 所示。"TrueType"字体和"符号"的垂直定位不可用，文字效果如图 11-8 所示。

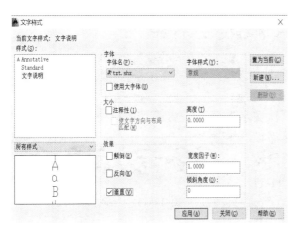

图 11-7 "垂直"复选框 　　　　图 11-8 垂直文字

⊙ "宽度因子"数值框：用于设置字符宽度。输入小于 1 的值将压缩文字；输入大于 1 的值则扩大文字，如图 11-9 所示。

⊙ "倾斜角度"数值框：用于设置文字的倾斜角，可以输入一个 –85 ～ 85 之间的值，如图 11-10 所示。

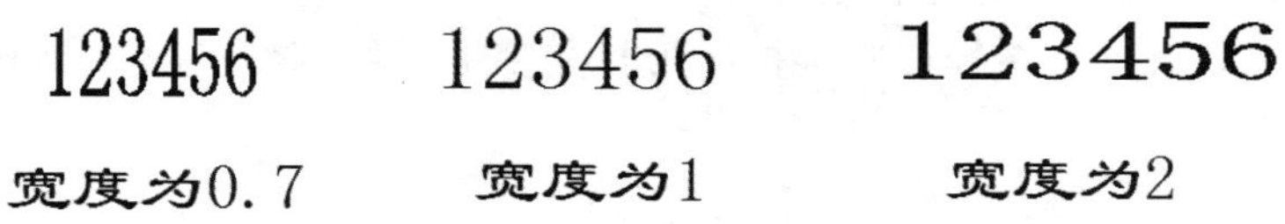

123456   123456   123456

宽度为0.7   宽度为1   宽度为2

图 11-9　宽度比例区别

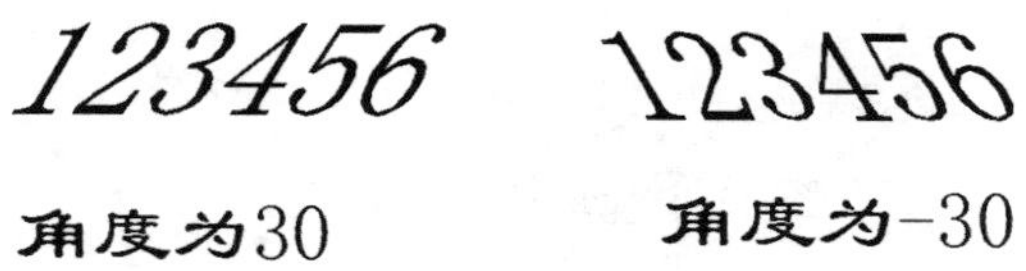

123456   123456

角度为30   角度为-30

图 11-10　倾斜角度区域

3. 预览

⊙ "预览"选项组用于预览文字的样式。在"预览"选项组左下方的文本框中输入字符，然后单击"预览"按钮，可预览输入字符的样式。

11.2　单行文字

单行文本是指 AutoCAD 将输入的每行文字作为一个对象来处理，其主要用于一些不需要多种字体的简短输入。

利用"单行文字"命令可创建单行或多行文字，按 Enter 键可结束每行。每行文字都是独立的对象，可以重新定位、调整格式或进行其他修改。

启用命令方法如下：

（1）菜单命令："绘图"→"文字"→"单行文字"。

（2）命令行：TEXT 或 DTEXT。

选择"绘图"→"文字"→"单行文字"命令，启用"单行文字"命令，在绘图窗口中单击以确定文字的插入点，然后设置文字的高度和旋转角度，当插入点变成" | "形式时，直接输入文字，如图 11-11 所示，操作步骤如下：

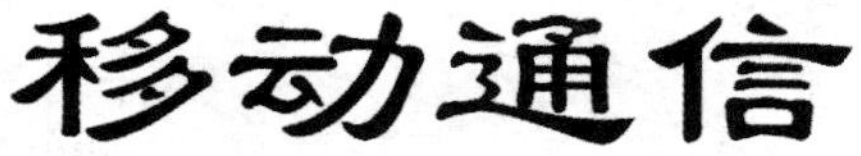

移动通信

图 11-11　插入单行文字

命令：_dtext　　　　　　　　（选择单行文字菜单命令）

当前文字样式 :Standard　当前文字高度 :2.5000

指定文字的起点或 [对正 (J)/ 样式 (S)]:　（单击确定文字的插入点）

指定高度 <2.5000>:　　　　　　（按 Enter 键）

指定文字的旋转角度 <0>:　（按 Enter 键，输入文字，按 Ctrl+Enter 键退出）

命令选项解释。

⊙对正 (J)：用于控制文字的对齐方式。在命令行中输入字母"J"，按 Enter 键，命令提示窗口会出现多种文字对齐方式，用户可以从中选取合适的一种。下一节将详细讲解文字的对齐方式。

⊙样式 (S)：用于控制文字的样式。在命令行中输入字母"S"，按 Enter 键，命令提示窗口会出现"输入样式名或 [?]<Standard>:"，此时可以输入所要使用的样式名称，或者输入符号"?"，列出所有文字样式及其参数。

 提示

在默认情况下，利用单行文字工具输入文字时使用的文字样式是"Standard"，字体是"txt.shx"。若需要其他字体，可先创建或选择适当的文字样式，再进行输入。

11.3　多行文字

对带有内部格式的较长的文字，可以利用"多行文字"命令来输入。利用"多行文字"命令输入文本时，可以指定文字分布的宽度，也可以在多行文字中单独设置其中某个字符或某一部分文字的属性。

11.3.1　创建多行文字

用户可以在"在位文字编辑器"中或利用命令提示窗口上的提示创建一个或多个多行文字段落。

启用命令方法如下：

（1）工具栏："绘图"工具栏"多行文字"按钮 **A**。

（2）菜单命令："绘制"→"文字"→"多行文字"。

（3）命令行：MTEXT。

选择"绘图"→"文字"→"多行文字"命令，启用"多行文字"命令，光标变为" abc "的形式。在绘图窗口中，单击指定一点并向右下方拖动鼠标绘制出一个矩形框，如图 11-12 所示。

图 11-12　创建多行文字

 提示

绘图区内出现的矩形方框用于指定多行文字的输入位置与大小，其箭头指示文字书写的方向。

拖动鼠标到适当的位置后单击，弹出一个包括顶部带标尺的"文字输入"框和"文字格式"工具栏（见图 11-13）的"在位文字编辑器"。

图 11-13　"文字格式"工具栏

在"文字输入"框中输入需要的文字，当文字达到定义边框的边界时会自动换行排列，如图 11-14 所示。输入完毕后，单击"确定"按钮，此时文字显示在用户指定的位置，如图 11-15 所示。

图 11-14　输入内容

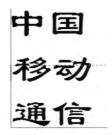

图 11-15　效果展示

11.3.2　在位文字编辑器

在位文字编辑器用于创建或修改多行文字对象，也可用于从其他文件输入或粘贴文字以创建多行文字。它包括了一个顶部带标尺的"文字输入"框和"文字格式"工具栏，如图 11-13 所示。当选定表格单元进行编辑时，在位文字编辑器还将显示列字母和行号。

系统默认情况下，在位文字编辑器是透明的，因此用户在创建文字时可看到文字是否与其他对象重叠。

11.3.3　设置文字的字体与高度

"文字格式"工具栏用于控制多行文字对象的文字样式和选定文字的字符格式。

工具栏选项解释。

⊙"样式"下拉列表框：单击"样式"下拉列表框右侧的 ∨ 按钮，弹出下拉列表，从中可以向多行文字对象应用文字样式。

⊙"字体"下拉列表框：单击"字体"下拉列表框右侧的 ∨ 按钮，弹出下拉列表，从中可以为新输入的文字指定字体或改变选定文字的字体。

⊙"注释性"按钮 ⚓ ：打开或关闭当前多行文字对象的"注释性"。

⊙"字体高度"下拉列表框：单击"字体高度"下拉列表框右侧的 ∨ 按钮，弹出下拉列表，从中可以按图形单位设置新文字的字符高度或修改选定文字的高度。

⊙"粗体"按钮 **B**：若所选的字体支持粗体，则单击"粗体"按钮 **B**，可为新建文字或选定文字打开和关闭粗体格式。

⊙"斜体"按钮 *I*：若所选的字体支持斜体，则单击"斜体"按钮 *I*，可为新建文字或选定文字打开和关闭斜体格式。

⊙"删除线"按钮 ꞩ：单击"删除线"按钮 ꞩ，可在新建文字中间增加一根删除线。

⊙"下划线"按钮 **U**：单击"下划线"按钮 **U**，为新建文字或选定文字打开和关闭下划线。

⊙"上划线"按钮 **Ō**：单击"上划线"按钮 **Ō**，为新建文字或选定文字打开和关闭上划线。

⊙"放弃"按钮 ↶ 与"重做"按钮 ↷：用于在"在位文字编辑器"中放弃和重做操作，也可以按 Ctrl+Z 键与 Ctrl+Y 键来完成。

⊙"堆叠"按钮 ᵇ/ₐ：用于创建堆叠文字，如尺寸公差。当选择的文字中包括堆叠字符，如插入符（^）、正向斜杠（/）和磅符号（#）时，单击该按钮，堆叠字符左侧的文字将堆叠在字符右侧的文字之上；再次单击该按钮可以取消堆叠。

⊙"文字颜色"下拉列表框：用于为新输入的文字指定颜色或修改选定文字的颜色。

⊙"标尺"按钮 ▭：用于在编辑器顶部显示或隐藏标尺。拖动标尺末尾的箭头可更改多行文字对象的宽度。

⊙"确定"按钮：用于关闭编辑器并保存所做的任何修改。

> **提示**
>
> 在编辑器外部的图形中单击或按 Ctrl+Enter 键，也可关闭编辑器并保存所做的任何修改。要关闭"在位文字编辑器"而不保存修改，按 Esc 键。

⊙"多行文字对正"按钮 Ⓐ▾：显示"多行文字对正"菜单，并且有 9 个对齐选项可用。

⊙"段落"按钮 ▤：显示"段落"对话框，可以设置其中的各个参数。

⊙"左对齐"按钮 ▤：用于设置文字边界左对齐。

⊙"居中"按钮 ▤：用于设置文字边界居中对齐。

⊙"右对齐"按钮 ▤：用于设置文字边界右对齐。

⊙"对正"按钮 ▤：用于设置文字对齐。

⊙"分布"按钮 ▦：用于设置文字沿文本框长度均匀分布。

⊙"行距"按钮 ≣▾：弹出行距下拉菜单，显示建议的行距选项或"段落"对话框，用于设置文字行距。

⊙"编号"按钮 ≣▾：弹出编号下拉菜单，用于使用编号创建列表。

> **提示**
>
> 要使用小写字母创建列表，可在编辑器上单击鼠标右键，弹出快捷菜单，选择"项目符号和列表"→"以字母标记"→"小写"命令。

⊙ "插入字段"按钮 ▦：单击"插入字段"按钮 ▦，会弹出"字段"对话框，如图 11-16 所示。从中可以选择要插入到文字中的字段。关闭该对话框后，字段的当前值将显示在文字中。

图 11-16 "字段"对话框

⊙ "全部大写"按钮 ᵃA：用于将选定文字更改为大写。

⊙ "小写"按钮 ᵃa：用于将选定文字更改为小写。

⊙"符号"按钮 @▼：用于在光标位置插入符号或不间断空格。也可以手动插入符号。

⊙ "倾斜角度"列表框：用于确定文字是向右倾斜还是向左倾斜。倾斜角度表示的是相对于 90°角方向的偏移角度。可输入一个 –85 ～ 85 之间的数值使文字倾斜。倾斜角度值为正时文字向右倾斜；倾斜角度值为负时文字向左倾斜。

⊙"追踪"列表框：用于增大或减小选定字符之间的空间。默认设置是常规间距"1.0"。设置大于 1.0 可增大字符间距；反之则减小间距。

⊙ "宽度比例"列表框：用于扩展或收缩选定字符。默认的 1.0 设置代表此字体中字母的常规宽度。设置大于 1.0 可以增大该宽度；反之则减小该宽度。

⊙ "选项"按钮 ◎：用于显示选项下拉菜单，如图 11-17 所示。控制"文字格式"工具栏的显示并提供了其他编辑命令。

图 11-17　选项下拉菜单

⊙ "显示工具栏" 命令：控制 "文字格式" 工具栏的显示。

 技巧

　　在编辑器中单击鼠标右键，弹出快捷菜单，选择 "显示工具栏" 命令，可恢复工具栏的显示。

⊙ "显示选项" 命令：展开 "文字格式" 工具栏以显示更多选项。

⊙ "不透明背景" 命令：当选中此命令时，将使标记编辑器背景成为不透明。默认情况下，编辑器是透明的。

⊙ "输入文字" 命令：单击 "输入文字" 命令，会弹出 "选择文件" 对话框。输入的文字会保留原始字符格式和样式特性，但用户可以在编辑器中编辑输入的文字并设置其格式。选择要输入的文本文件后，可以替换选定的文字或全部文字，或在文字边界内将插入的文字附加到选定的文字中。

⊙ "缩进和制表位" 命令：单击 "缩进和制表位" 命令，会弹出 "缩进和制表位" 对话框，在这里可以设置段落和段落的首行缩进并设置制表位。

 技巧

　　可以移动标尺上的滑动条设置缩进，以及在标尺上单击以设置制表位。

⊙ "项目符号和列表" 命令：显示用于创建列表的选项。

11.3.4　输入特殊字符

利用 "多行文字" 命令可以输入相应的特殊字符。

在 "文字格式" 工具栏中单击 "符号" 按钮 @，或者在 "文字输入" 框中单击鼠标右键，在"符号"选项的子菜单中将列出多种特殊符号供用户选择使用，如图 11-18 所示。每个选项命令的后面都会标明符号的输入方法，其表示方式与在单行文字中输入特殊字符的表示方式相同。

如果不能找到需要的符号，可以选择"其他"菜单命令，此时会弹出"字符映射表"对话框，并在列表中显示各种符号，如图 11-19 所示。

度数(D)	%%d
正/负(P)	%%p
直径(I)	%%c
几乎相等	\U+2248
角度	\U+2220
边界线	\U+E100
中心线	\U+2104
差值	\U+0394
电相角	\U+0278
流线	\U+E101
恒等于	\U+2261
初始长度	\U+E200
界碑线	\U+E102
不相等	\U+2260
欧姆	\U+2126
欧米加	\U+03A9
地界线	\U+214A
下标 2	\U+2082
平方	\U+00B2
立方	\U+00B3
不间断空格(S)	Ctrl+Shift+Space
其他(O)...	

图 11-18　特殊符号集

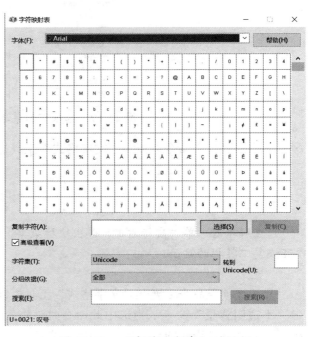

图 11-19　"字符映射表"对话框

【同步训练】

1. 请在 AutoCAD 2014 中实现图 11-20 中的文字效果。

图 11-20　同步训练 1

2. 请在 AutoCAD 2014 中实现图 11-21 中的文字效果。

图 11-21　同步训练 2

【拓展训练】

1. 请在 AutoCAD 2014 中实现图 11-22 中的文字效果。

图 11-22　拓展训练 1

2. 请在 AutoCAD 2014 中实现图 11-23 中的文字效果。

图 11-23　拓展训练 2

3. 请在 AutoCAD 2014 中实现图 11-24 中的文字效果。

图 11-24　拓展训练 3

项目 12
尺寸标注

【知识目标】　　　　了解尺寸标注的概念；知道尺寸标注的构成，熟悉常用尺寸标注方法。

【能力目标】　　　　针对不同的对象，做出正确的尺寸标注；正确设置尺寸标注的属性；能创建特殊的尺寸标注。

本章主要介绍尺寸的标注方法及技巧。通信工程设计图是以图内标注尺寸的数值为准的，尺寸标注在通信工程设计图中是一项非常重要的内容。本章介绍的知识可帮助用户学习如何在绘制好的图形上添加尺寸标注和材料标注等，来表达一些图形所无法表达的信息。

12.1 　 尺寸样式

标注样式是标注设置的命名集合，用来控制标注的外观，如箭头样式、文字位置和尺寸公差等。用户可以创建标注样式，以快速指定标注的格式，并确保标注符合行业或项目标准。

12.1.1 　 尺寸标注概念

标注具有以下几种独特的元素：标注文字、尺寸线、箭头和尺寸界线，如图 12-1 所示。

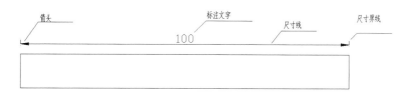

图 12-1 　 尺寸标注构成

⊙标注文字

用于指示测量值的字符串。文字还可以包含前缀、后缀和公差，用户可对其进行编辑。

⊙尺寸线

用于指示标注的方向和范围。尺寸线通常为直线。对于角度和弧长标注，尺寸线是一段圆弧。

⊙尺寸界线

是指从被标注的对象延伸到尺寸线的线段，它指定了尺寸线的起始点与结束点。通常，尺寸界线应从图形的轮廓线、轴线、对称中心线引出，同时轮廓线、轴线、对称中心线也可以作为尺寸界线。

⊙箭头

用于显示尺寸线的两端。用户可以为箭头指定不同的形状，通常在工程制图中采用斜线形式。

⊙圆心标记

是指标记圆或圆弧中心的小十字。

⊙中心线

是指标记圆或圆弧中心的虚线。

12.1.2　创建尺寸样式

默认情况下，在 AutoCAD 2014 中创建尺寸标注时使用的尺寸标注样式是"ISO-25"，用户可以根据需要修改或创建一种新的尺寸标注样式。

AutoCAD 提供的"标注样式"命令用来创建尺寸标注样式。启用"标注样式"命令后，系统将弹出"标注样式管理器"对话框，从中可以创建或调用已有的尺寸标注样式。在创建新的尺寸标注样式时，用户需要设置尺寸标注样式的名称，并选择相应的属性。

启用命令方法如下：

（1）工具栏："样式"工具栏"标注样式"按钮◢。

（2）菜单命令："格式"→"标注样式"。

（3）命令行：DIMSTYLE。

选择"格式"→"标注样式"命令，启用"标注样式"命令，创建尺寸样式，操作步骤如下：

（1）启用"标注样式"命令，弹出"标注样式管理器"对话框，"样式"列表下显示了当前使用图形中已存在的标注样式，如图 12-2 所示。

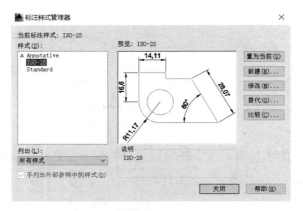

图 12-2　"标注样式管理器"对话框

（2）单击"新建(N)"按钮，弹出"创建新标注样式"对话框。在"新样式名"文本框中输入新的样式名称；在"基础样式"下拉列表中选择新标注样式是基于哪一种标注样式创建的；在"用于"下拉列表中选择标注的应用范围，如应用于所有标注、半径标注和对齐标注等，如图 12-3 所示。

图 12-3　"创建新标注样式"对话框

项目12

（3）单击"继续"按钮，弹出"新建标注样式"对话框，对对话框中的 7 个选项卡进行设置，如图 12-4 所示。

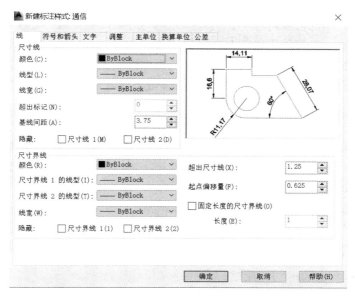

图 12-4 "新建标注样式"对话框

（4）单击"确定"按钮，建立新的标注样式，其名称显示在"标注样式管理器"对话框的"样式"列表下，如图 12-5 所示。

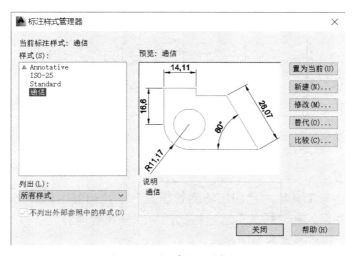

图 12-5 新建标注样式后

（5）在"样式"列表内选中刚创建的标注样式，单击"置为当前"按钮，将该样式设置为当前使用的标注样式。

（6）单击"关闭"按钮，关闭"标注样式管理器"对话框，返回绘图窗口。

12.2　创建线性尺寸

利用线性尺寸标注可以对水平、垂直和倾斜等方向的对象进行标注。

标注线性尺寸一般可使用以下两种方法：

（1）通过在标注对象上指定尺寸线的起始点和终止点，创建尺寸标注。

（2）按 Enter 键，光标变为拾取框，直接选取要进行标注的对象。

12.2.1　标注水平、竖直以及倾斜方向的尺寸

利用"线性"命令标注对象尺寸时，可以直接对水平或竖直方向的对象进行标注。如果是倾斜对象，可以输入旋转命令，使尺寸标注适应倾斜对象进行旋转。

启用命令方法如下：

（1）工具栏："标注"工具栏"线性"按钮。

（2）菜单命令："标注"→"线性"。

（3）命令行：DIMLINEAR。

1. 标注水平和竖直的线性尺寸

选择"标注"→"线性"命令，启用"线性"命令，然后标注水平的线性尺寸。

【例】绘制如图 12-6 所示的图形，矩形的长为 400，宽为 200。

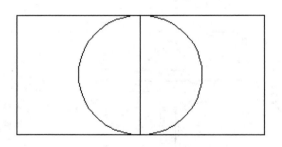

图 12-6　例题

【操作步骤】

（1）在"图层"工具栏的"图层特性管理器"下拉列表中选择用于标注的图层，并将其置为当前图层。在"样式"工具栏的"标注样式管理器"下拉列表中选择用于标注的标注样式，并将其置为当前样式。

（2）选择"线性"命令，打开"对象捕捉"命令，捕捉图形的端点并标注其长度和高度，如图 12-7 所示。操作命令如下：

命令：_dimlinear　　　　　　　　（选择线性命令）

指定第一条尺寸界线原点或＜选择对象＞：　（单击对象左下角端点位置）

指定第二条尺寸界线原点：　　　　　　（单击对象左上角端点位置）

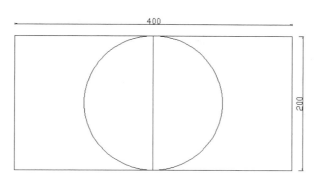

图 12-7　标注效果

指定尺寸线位置或 [多行文字 (M)/ 文字 (T)/ 角度 (A)/ 水平 (H)/ 垂直 (V)/ 旋转 (R)]:

（移动鼠标，单击确定尺寸线位置）

标注文字 =400

命令 :_dimlinear　　　　　　（选择线性命令 ⊢）

指定第一条尺寸界线原点或 < 选择对象 >:　（单击对象左上角端点位置）

指定第二条尺寸界线原点 :　　　　　（单击对象右上角端点位置）

指定尺寸线位置或 [多行文字 (M)/ 文字 (T)/ 角度 (A)/ 水平 (H)/ 垂直 (V)/ 旋转 (R)]:

（移动鼠标，单击确定尺寸线位置）

标注文字 =200

提示选项解释 :

⊙多行文字 (M):用于打开"在位文字编辑器"的"文字格式"工具栏和"文字输入"框，如图 12-8 所示。标注的文字是自动测量得到的数值。

图 12-8　标注文字

 提示

　　如需要给生成的测量值添加前缀或后缀，可在测量值前后输入前缀或后缀；若想要编辑或替换生成的测量值，可先删除测量值，再输入新的标注文字，完成后单击"确定"按钮。

⊙文字 (T) : 用于设置尺寸标注中的文本值。

⊙角度 (A)：用于设置尺寸标注中的文本数字的倾斜角度。

⊙水平 (H)：用于创建水平线性标注。

⊙垂直 (V)：用于创建垂直线性标注。

⊙旋转 (R)：用于创建旋转一定角度的尺寸标注。

2. 标注倾斜方向的线性尺寸

选择"标注"→"线性"命令，启用"线性"命令，然后标注倾斜方向的线性尺寸，如图 12-9 所示。操作步骤如下：

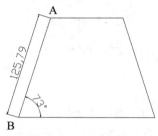

图 12-9　倾斜标注

命令：_dimlinear　　　　　　　　（选择线性命令⊢）

指定第一条尺寸界线原点或 < 选择对象 >：　（单击捕捉 A 点）

指定第二条尺寸界线原点：　　　　　（单击捕捉 B 点）

指定尺寸线位置或 [多行文字 (M)/ 文字 (T)/ 角度 (A)/ 水平 (H)/ 垂直 (V)/ 旋转 (R)]:R

　　　　　　　　　　　　　　（选择"旋转"选项）

指定尺寸线的角度 <0>:73　　　　　（输入旋转角度值）

指定尺寸线位置或 [多行文字 (M)/ 文字 (T)/ 角度 (A)/ 水平 (H)/ 垂直 (V)/ 旋转 (R)]:

　　　　　　　　　　　　　　（移动鼠标，单击确定尺寸线位置）

标注文字 =125.79

12.2.2　标注对齐尺寸

对倾斜的对象进行标注时，可以使用"对齐"命令。对齐尺寸的特点是尺寸线平行于倾斜的标注对象。

启用命令方法如下：

（1）工具栏："标注"工具栏中的"对齐"按钮。

（2）菜单命令："标注"→"对齐"。

（3）命令行：DIMALIGNED。

选择"标注"→"对齐"命令，启用"对齐"命令，标注倾斜方向的线性尺寸，如图 12-10 所示。操作步骤如下：

命令：_dimaligned　　　　　　　　（选择对齐命令）

指定第一条尺寸界线原点或 < 选择对象 >：　（在 A 点处单击）

指定第二条尺寸界线原点：　　　　　（在 B 点处单击）

指定尺寸线位置或 [多行文字 (M)/ 文字 (T)/ 角度 (A)]:

（移动鼠标，单击确定尺寸线位置）

标注文字 =236

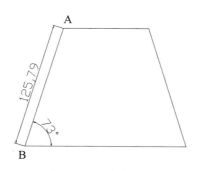

图 12-10　对齐标注

利用"对齐"命令 ↖ 标注图形尺寸，命令提示窗口的提示选项意义与前面在"线性"命令中所介绍的选项意义相同。

12.3　创建角度尺寸

角度尺寸标注用于标注圆或圆弧的角度、两条非平行直线间的角度和三点之间的角度。AutoCAD 提供了"角度"命令，用于创建角度尺寸标注。

启用命令方法如下。

（1）工具栏："标注"工具栏"角度"按钮 △。

（2）菜单命令："标注"→"角度"。

（3）命令行：DIMANGULAR。

1. 圆或圆弧的角度标注

选择"标注"→"角度"命令，启用"角度"命令。在圆上单击，选中圆的同时，确定角度第一端点位置，再单击确定角度的第二端点，在圆上测量出角度的大小，效果如图 12-11 所示。操作步骤如下：

命令：_dimangular　　　　　　（选择角度命令 △）

选择圆弧、圆、直线或 < 指定顶点 >:（单击圆上第一点位置）

指定角的第二个端点：　　　　　（单击确定角度的第二点）

指定标注弧线位置或 [多行文字 (M)/ 文字 (T)/ 角度 (A)]:

（移动鼠标，单击确定尺寸线位置）

标注文字 =48

选择"标注"→"角度"命令，启用"角度"命令，标注圆弧的角度时，选择圆弧对象后，系统会自动生成角度标注，用户只需移动鼠标确定尺寸线的位置即可，效果如图 12-12 所示。

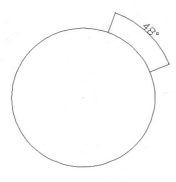

图 12-11　角度标注　　　　　　　　　图 12-12　弧标注

2. 两条非平行直线间的角度标注

选择"标注"→"角度"命令，启用"角度"命令，测量非平行直线间夹角的角度时，AutoCAD 会将两条直线作为角的边，将直线之间的交点作为角度顶点来确定角度。

如果尺寸线不与被标注的直线相交，AutoCAD 2014 将根据需要通过延长一条或两条直线来添加尺寸界线。该尺寸线的张角始终小于 180°，角度标注的位置由鼠标的位置来确定，如图 12-13 所示。

图 12-13　角度标注

3. 三点之间的角度标注

选择"标注"→"角度"命令，启用"角度"命令，测量自定义顶点及两个端点组成的角度时，角度顶点可以同时为一个角度端点。如果需要尺寸界线，那么角度端点可用作尺寸界线的起点，尺寸界线会从角度端点绘制到尺寸线交点，尺寸界线之间绘制的圆弧为尺寸线，如图 12-14 所示。操作步骤如下：

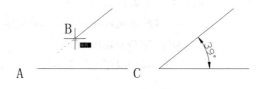

图 12-14　标注方法

命令：_dimangular　　　　　　　　　（选择角度命令 △ ）
选择圆弧、圆、直线或＜指定顶点＞：（按 Enter 键）

指定角的顶点：　　　　　　　（单击选择 A 点位置，确定顶点）
指定角的第一个端点：　　　　（单击选择 B 点位置，确定第一个端点）
指定角的第二个端点：　　　　（单击选择 C 点位置，确定第二个端点）
指定标注弧线位置或 [多行文字 (M)/ 文字 (T)/ 角度 (A)]:
　　　　　　　　　　　　　　（移动鼠标，单击确定尺寸线位置）
标注文字 =63

12.4　创建径向尺寸

径向尺寸包括直径和半径尺寸标注。直径和半径尺寸标注是 AutoCAD 提供用于测量圆和圆弧的直径或半径长度的工具。

12.4.1　常用的标注形式

在通信工程设计图中，直径和半径尺寸的标注形式通常有两种，如图 12-15 所示。在 AutoCAD 中可以通过修改标注样式来设置直径和半径的标注形式。

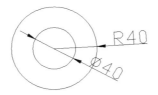

图 12-15　圆的标注

12.4.2　标注直径尺寸

直径标注是由一条具有指向圆或圆弧的箭头的直径尺寸线组成。测量圆或圆弧直径时，自动生成的标注文字前将显示一个表示直径长度的字母 "ϕ"。

启用命令方法如下：

（1）工具栏："标注" 工具栏 "直径" 按钮 ⊘。

（2）菜单命令："标注" → "直径"。

（3）命令行：DIMDIAMETER。

选择 "标注" → "直径" 命令，启用 "直径" 命令。进行标注时，用鼠标单击圆边上一点，系统将通过圆心和指定的点，在圆中绘制一条代表直径的线段，移动鼠标可以控制直径标注中标注文字的位置，如图 12-16 所示。

命令：_ dimdiameter　　　　（选择直径命令 ⊘ ）
选择圆弧或圆：　　　　　　（单击圆上一点）
标注文字 =40
指定尺寸线位置或 [多行文字 (M)/ 文字 (T)/ 角度 (A)]:
　　　　　　　　　　　　　　（在圆外部单击，确定尺寸线的位置）

当命令提示窗口提示指定尺寸线位置时，在圆内部单击，尺寸线的位置可以放置在圆的内部，标注的形式如图 12-17 所示。

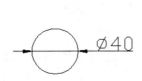

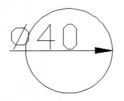

图 12-16　标注直径　　　　　　图 12-17　圆内部标直径

选择"格式"→"标注样式"命令，弹出"标注样式管理器"对话框。单击"修改"按钮，弹出"修改标注样式：ISO-25"对话框，单击"文字"选项卡，选择"文字对齐"选项组中的"ISO 标准"单选项，如图 12-18 所示。单击"确定"按钮，返回"标注样式管理器"对话框，单击"关闭"按钮，修改标注的样式，如图 12-19 所示。

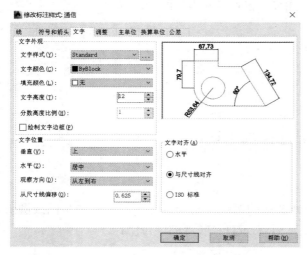

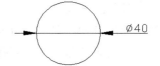

图 12-18　标注文字设置　　　　　　图 12-19　标注效果

12.4.3　标注半径尺寸

半径标注是由一条具有指向圆或圆弧的箭头的半径尺寸线组成。测量圆或圆弧半径时，自动生成的标注文字前将显示一个表示半径长度的字母"R"。

启用命令方法如下：

（1）工具栏："标注"工具栏"半径"按钮 ⊚ 。

（2）菜单命令："标注"→"半径"。

（3）命令行：DIMRADIUS。

选择"标注"→"半径"命令，启用"半径"命令。进行标注时，用鼠标单击圆边上的某一点，系统将自动从圆心到指定的点引出一条表示半径的线段，移动鼠标可

以控制半径标注中标注文字的位置，如图 12-20 所示。操作
步骤如下：

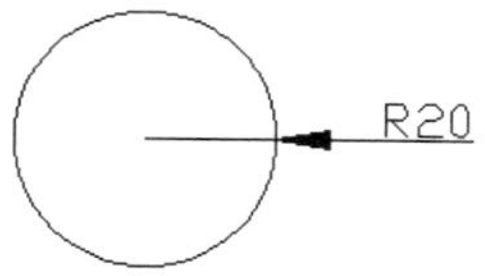

命令 :＿dimradius　　　　（选择半径命令 ◎)

选择圆弧或圆：　　　　（单击圆上一点）

标注文字 =20

指定尺寸线位置或 [多行文字 (M)/ 文字 (T)/ 角度 (A)]:

（在圆外部单击，确定尺寸线的位置）

图 12-20　标注半径

同样，用户也可以修改半径尺寸的标注形式，其修改方法与直径尺寸标注相同。

12.5　创建弧长尺寸

弧长标注用于测量圆弧或多段线弧线段上的距离。

启用命令方法如下：

（1）工具栏：“标注”工具栏中的“弧长”按钮 。

（2）菜单命令：“标注”→“弧长”。

（3）命令行：DIMARC。

选择“标注”→“弧长”命令，启用“弧长”命令，光标变为拾取框。选择圆弧对象后，
系统会自动生成弧长标注，用户只需移动鼠标确定尺寸线的位置即可，如图 12-21 所示。
操作步骤如下：

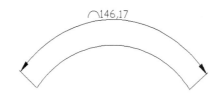

图 12-21　弧长标注

命令 :＿dimarc　　　　（选择弧长命令 ）

选择弧线段或多段线弧线段：　　　　（单击选择圆弧）

指定弧长标注位置或 [多行文字 (M)/ 文字 (T)/ 角度 (A)/ 部分 (P)]:

（移动鼠标，单击确定尺寸线的位置）

标注文字 =146.17

12.6　创建连续及基线尺寸

连续尺寸标注与基线尺寸标注的标注方法相类似。用户需要先建立一个尺寸标注，
再进行连续或基线尺寸标注的操作。

标注连续或基线尺寸一般可使用以下两种方法：

（1）直接拾取标注对象上的点，根据已有的尺寸标注来建立基线或连续型的尺寸标注。

（2）按 Enter 键，光标变为拾取框，选择某条尺寸界线作为建立新尺寸标注的基准线。

12.6.1　标注连续尺寸

连续尺寸标注是工程制图中比较常用的一种标注方式，它指一系列首尾相连的尺寸标注。其中，相邻的两个尺寸标注间的尺寸界线会作为公用界线。

启用命令方法如下：

（1）工具栏："标注"工具栏"连续"按钮 ⊢⊢ 。

（2）菜单命令："标注"→"连续"。

（3）命令行：DIMCONTINUE。

选择"标注"→"连续"命令，启用"连续"命令，标注图形尺寸。

【例】绘制四个 RBS2206 设备，每个设备长为 10，宽为 5，如图 12-22 所示。

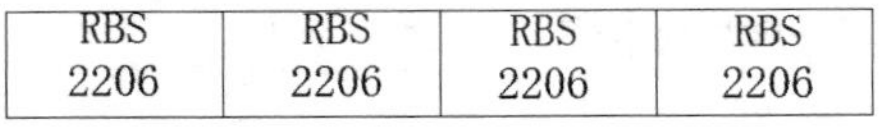

RBS 2206	RBS 2206	RBS 2206	RBS 2206

图 12-22　例题

【操作步骤】

（1）在"图层"工具栏的"图层特性管理器"下拉列表中选择用于标注的图层，并将其置为当前图层；在"样式"工具栏的"标注样式管理器"下拉列表中选择用于标注的标注样式，并将其置为当前样式。

（2）选择"线性标注"命令 ⊢⊣ ，捕捉图形的端点并标注其长度，如图 12-23 所示。

图 12-23　线性标注

（3）选择"连续标注"命令 ⊢⊢ ，系统会自动认定基准标注的右侧尺寸界线为连续型标注的起始点，继续为图形添加连续型标注，完成后效果如图 12-24 所示。

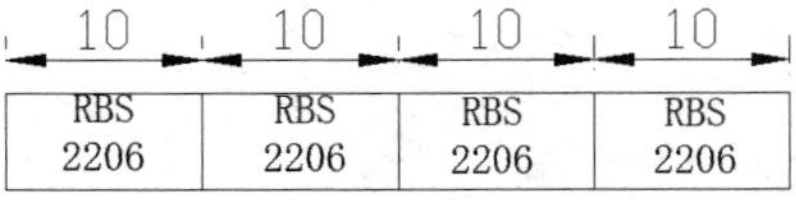

图 12-24　连续标注

12.6.2　标注基线尺寸

基线型尺寸标注是指所有的尺寸都从同一点开始标注，它们会将基本尺寸标注中起始点处的尺寸界线作为公用尺寸界线。

启用命令方法如下：

（1）工具栏："标注"工具栏"基线"按钮 ⊨ 。

（2）菜单命令："标注" → "基线"。

（3）命令行：DIMBASELINE。

选择"标注" → "基线"命令，启用"基线"命令，继续为图形添加标注，操作步骤如下：

（1）选择"基线"命令 ⊨ ，系统会自动认定基准标注为最后一个尺寸标注，并且以标注的左侧尺寸界线作为基准线标注的起始点，如图 12-25 所示。

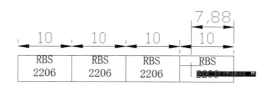

图 12-25　基线

（2）按 Enter 键，光标变为拾取框，选择图形最左侧的水平尺寸标注，系统将认定所选择的标注作为基线型标注的起始点。在图形的最右侧水平尺寸标注的尺寸界线上单击，标注出图形的总长度，如图 12-26 所示。操作步骤如下：

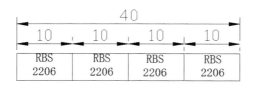

图 12-26　标注总长度

命令：_dimbaseline　　　　（选择基线命令 ⊨ ）.

指定第二条尺寸界线原点或 [放弃 (U)/ 选择 (S)]< 选择 >：（按 Enter 键）

选择基准标注：　　　　　　（单击选择最左侧尺寸界线）

指定第二条尺寸界线原点或 [放弃 (U)/ 选择 (S)]< 选择 >：（单击图形最右侧尺寸界线）

标注文字 =2400

指定第二条尺寸界线原点或 [放弃 (U)/ 选择 (S)]< 选择 >：（按 Enter 键）

选择基准标注：　　　　　　（按 Enter 键）

12.7　创建特殊尺寸

引线标注一般用于标注材料名称和一些注释信息等；圆心标记用于标记圆以及圆弧的圆心位置。

12.7.1　创建引线标注

引线标注用于注释对象信息。用户可以从指定的位置绘制出一条引线来标注对象，并在引线的末端输入文本、公差和图形元素等。在创建引线标注的过程中可以控制引线的形式、箭头的外观形式、标注文字的对齐方式。下面将详细介绍引线标注的使用。

引线可以是直线段或平滑的样条曲线。通常引线是由箭头、直线和一些注释文字组成的标注，如图 12-27 所示。

AutoCAD 提供的"引线"命令可用于创建引线标注。

启用命令方法：

命令行：QLEADER。

在命令行输入"QLEADER"后，按 Enter 键，依次指定引线上的点，可在图形中添加引线注释，如图 12-28 所示。操作步骤如下：

命令：_qleader

指定第一个引线点或 [设置 (S)]< 设置 >:　　　　（单击选择 A 点位置）

指定下一点：　　　　（单击选择 B 点位置）

指定下一点：　　　　（单击选择 C 点位置）

指定文字宽度 <0.0000>:　　　　（按 Enter 键）

输入注释文字的第一行 < 多行文字 (M)>: 新增 GSM 天线（输入注释的文字"新增 GSM 天线"）

输入注释文字的下一行：　　　　（按 Enter 键）

提示选项解释：

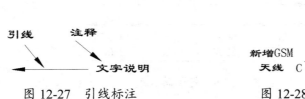

图 12-27　引线标注　　　　图 12-28　引线效果

⊙设置 (S)：输入字母"S"，按 Enter 键，会弹出"引线设置"对话框，如图 12-29 所示。在该对话框中可以设置引线和引线注释的特性。

图 12-29　"引线设置"对话框

对话框选项解释：

"引线设置"对话框包括以下 3 个选项卡："注释""引线和箭头""附着"。

"注释"选项卡用于设置引线注释类型，指定多行文字选项，并指明是否需要重复使用注释，如图 12-29 所示。

在"注释类型"选项组中，可以设置引线注释类型，并改变引线注释提示。

⊙"多行文字"单选项：用于提示创建多行文字注释。

⊙"复制对象"单选项：用于提示复制多行文字、单行文字、公差或块参照对象。

⊙"公差"单选项：用于显示"公差"对话框，可以创建将要附着到引线上的特征控制框。

⊙"块参照"单选项：用于插入块参照。

⊙"无"单选项：用于创建无注释的引线标注。

在"多行文字选项"选项组中，可以设置多行文字选项。选定了多行文字注释类型时该选项才可用。

⊙"提示输入宽度"复选框：用于指定多行文字注释的宽度。

⊙"始终左对齐"复选框：设置引线位置无论在何处，多行文字注释都将靠左对齐。

⊙"文字边框"复选框：用于在多行文字注释周围放置边框。

在"重复使用注释"选项组中，可以设置重新使用引线注释的选项。

⊙"无"单选项：用于设置为不重复使用引线注释。

⊙"重复使用下一个"单选项：用于重复使用为后续引线创建的下一个注释。

⊙"重复使用当前"单选项：用于重复使用当前注释。选择"重复使用下一个"单选项之后重复使用注释时，AutoCAD 将自动选择此选项。

"引线和箭头"选项卡用于设置引线和箭头格式，如图 12-30 所示。

图 12-30　"引线和箭头"选项卡

在"引线"选项组中，可以设置引线格式。

⊙"直线"单选项：用于设置在指定点之间创建直线段。

⊙"样条曲线"单选项：用于设置将指定的引线点作为控制点来创建样条曲线对象。

在"箭头"选项组中，可以在下拉列表中选择适当的箭头类型，这些箭头与尺寸线中的可用箭头一样。

在"点数"选项组中，可以设置确定引线形状控制点的数量。

⊙"无限制"复选框：选择"无限制"复选框，系统将一直提示指定引线点，直到按 Enter 键。

⊙"点数"数值框：设置为比要创建的引线段数目大 1 的数。

在"角度约束"选项组中，可以设置第一段与第二段引线以固定的角度进行约束。

⊙"第一段"下拉列表框：用于选择设置第一段引线的角度。

⊙"第二段"下拉列表框：用于选择设置第二段引线的角度。

在"附着"选项卡中，可以设置引线和多行文字注释的附着位置。只有在"注释"选项卡上选定"多行文字"时，此选项卡才可用，如图 12-31 所示。

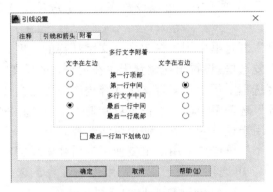

图 12-31　文字位置设置

在"多行文字附着"选项组中，每个选项的文字有"文字在左边"和"文字在右边"两种方式可供选择，用于设置文字附着的位置，如图 12-32 所示。

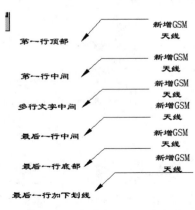

图 12-32　文字位置设置效果

⊙"第一行顶部"单选项：将引线附着到多行文字的第一行顶部。

⊙"第一行中间"单选项：将引线附着到多行文字的第一行中间。

⊙"多行文字中间"单选项：将引线附着到多行文字的中间。

⊙"最后一行中间"单选项：将引线附着到多行文字的最后一行中间。

⊙"最后一行底部"单选项：将引线附着到多行文字的最后一行底部。

⊙"最后一行加下划线"复选框：用于给多行文字的最后一行加下划线。

12.7.2　创建圆心标记

圆心标记可以使系统自动将圆或圆弧的圆心标记出来。标记的大小可以在"标注样式管理器"对话框中进行修改。

启用命令方法如下：

（1）工具栏："标注"工具栏"圆心标记"按钮 ⊕ 。

（2）菜单命令："标注"→"圆心标记"。

（3）命令行：DIMCENTER。

选择"标注"→"圆心标记"命令，启用"圆心标记"命令，光标变为拾取框，单击需要添加圆心标记的图形即可，圆心标记效果如图 12-33 所示。操作步骤如下：

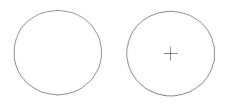

图 12-33　圆心标注

命令：_ dimcenter　　　　　　　（选择圆心标记命令 ⊕ ）

选择圆弧或圆：　　　　　　　　（单击选择圆）

12.8　快速标注

利用"快速标注"命令 ⊡ ，可以快速创建或编辑基线标注和连续标注，或为圆或圆弧创建标注。用户可以一次选择多个对象，AutoCAD 将自动完成所选对象的标注。

启用命令方法如下：

（1）工具栏："标注"工具栏"快速标注"按钮 ⊡ 。

（2）菜单命令："标注"→"快速标注"。

（3）命令行：QDIM。

选择"标注"→"快速标注"命令，启用"快速标注"命令，一次标注多个对象，如图 12-34 所示，操作步骤如下：

命令：_qdim　　　　　　　（选择快速标注命令 ⊡ ）

关联标注优先级 = 端点

选择要标注的几何图形：指定对角点：找到 4 个（用交叉窗口框选选择要标注的图形）

选择要标注的几何图形：　　　　　　　（按 Enter 键）

指定尺寸线位置或　　　　　　（移动鼠标，单击确定尺寸线的位置）

[连续 (C)/ 并列 (S)/ 基线 (B)/ 坐标 (O)/ 半径 (R)/ 直径 (D)/ 基准点 (P)/ 编辑 (E)/ 设置 (T)]<

连续 >:　　　　　　　　　（按 Enter 键，生成连续的标注）

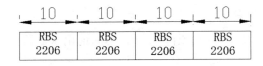

图 12-34　快速标注

提示选项解释：

⊙连续 (C)：用于创建连续标注。

⊙并列 (S)：用于创建一系列并列标注。

⊙基线 (B)：用于创建一系列基线标注。

⊙坐标 (O)：用于创建一系列坐标标注。

⊙半径 (R)：用于创建一系列半径标注。

⊙直径 (D)：用于创建一系列直径标注。

⊙基准点 (P)：为基线和坐标标注设置新的基准点。

⊙编辑 (E)：用于显示所有的标注节点，可以在现有标注中添加或删除点。

⊙设置 (T)：为指定尺寸界线原点设置默认对象捕捉方式。

12.9　编辑尺寸标注

用户可以单独修改图形中现有标注对象的各个部分，也可以利用标注样式修改图形中现有标注对象的所有部分。下面将详细介绍如何单独修改图形中现有的标注对象。

12.9.1　倾斜尺寸标注

在默认的情况下，尺寸界线与尺寸线相垂直，文字水平放置在尺寸线上。如果在图形中进行标注时，尺寸界线与图形中其他对象发生冲突，可以使用"倾斜"命令，将尺寸界线倾斜放置。

选择"标注"→"倾斜"命令，启用"倾斜"命令，光标变为拾取框，选择需要设置倾斜的标注，在命令提示窗口中输入要倾斜的角度，按 Enter 键确认，如图 12-35 所示。操作步骤如下：

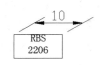

图 12-35　倾斜标注

命令 :_dimedit　　　　　（选择倾斜菜单命令）

输入标注编辑类型 [默认 (H)/ 新建 (N)/ 旋转 (R)/ 倾斜 (O)]< 默认 >:_o

选择对象 : 找到 1 个　　　　　（单击选择需要倾斜的标注）

选择对象 :　　　　　（按 Enter 键）

输入倾斜角度（按 ENTER 表示无）:30　（输入倾斜的角度值）

 提示

可以在"标注"工具栏中单击"编辑标注"按钮，并在命令提示窗口中指定需要的命令进行倾斜设置。

提示选项解释：

⊙默认 (H)：将选中的标注文字移回到由标注样式指定的默认位置和旋转角。

⊙新建 (N)：可以打开"多行文字编辑器"对话框，编辑标注文字。

⊙旋转 (R)：用于旋转标注文字。

⊙倾斜 (O)：用于调整线性标注尺寸界线的倾斜角度。

12.9.2　编辑标注文字

进行尺寸标注之后，标注的文字是系统测量值，有时候需要对齐进行编辑以符合标准。

对标注文字进行编辑，可以使用以下两种方法：

（1）使用"多行文字编辑器"对话框进行编辑。

选择"修改"→"对象"→"文字"→"编辑"命令，启用"编辑"命令，选中需要修改的尺寸标注，系统将打开"多行文字编辑器"。淡蓝色文本表示当前的标注文字，用户可以修改或添加其他字符，如图 12-36 所示。单击"确定"按钮，修改后的效果如图 12-37 所示。

图 12-36　编辑文字

图 12-37　编辑文字效果

（2）使用"特性"对话框进行编辑。

选择"工具"→"特性"命令，打开"特性"对话框，选择需要修改的标注并拖动对话框的滑块到文字特性控制区域，单击激活"文字替代"文本框，输入需要替代的文字，如图 12-38 所示。按 Enter 键确认，按 Esc 键退出标注的选择状态，标注的修改效果如图 12-39 所示。

 技巧

若想将标注文字的样式还原为实际测量值，可直接将在"文字替代"文本框中输入的文字删除。

文字	
填充颜色	无
分数类型	水平
文字颜色	■ ByBlock
文字高度	2.5
文字偏移	0.625
文字界外对齐	开
水平放置文字	置中
垂直放置文字	上方
文字样式	Standard
文字界内对齐	开
文字位置 X 坐标	3258.8566
文字位置 Y 坐标	1288.4637
文字旋转	0
文字观察方向	从左到右
测量单位	1173.7593
文字替代	50

图 12-38　文字替代设置方法

图 12-39　替代后效果

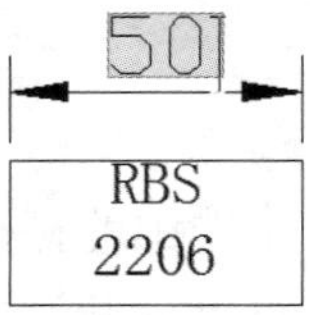

12.9.3　编辑标注特性

使用“特性”对话框，还可以编辑尺寸标注各部分的属性。

选择需要修改的标注，在“特性”对话框中会显示出所选标注的属性信息，如图 12-40 所示。可以拖动滑块到需要编辑的对象，激活相应的选项进行修改，修改后按 Enter 键确认。

文字	
填充颜色	无
分数类型	水平
文字颜色	■ ByBlock
文字高度	2
文字偏移	0.625
文字界外对齐	开
水平放置文字	置中
垂直放置文字	上方
文字样式	Standard

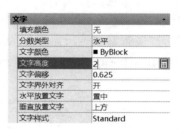

图 12-40　编辑标注特性

【同步训练】

1．请在 AutoCAD 2014 中完成图 12-41 的绘制。

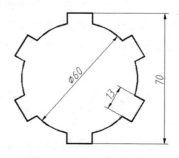

图 12-41　同步训练 1

2．请在 AutoCAD 2014 中完成图 12-42 的绘制。

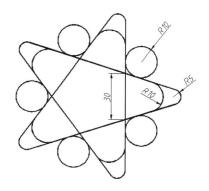

图 12-42　同步训练 2

3．请在 AutoCAD 2014 中完成图 12-43 的绘制。

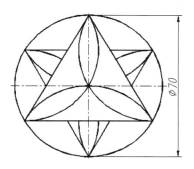

图 12-43　同步训练 3

【拓展训练】

1．请在 AutoCAD 2014 中完成图 12-44 的绘制。

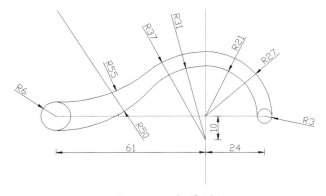

图 12-44　拓展训练 1

2. 请在 AutoCAD 2014 中完成图 12-45 的绘制。

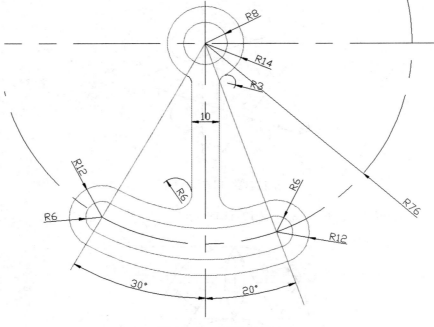

图 12-45 拓展训练 2

项目 13
图层

AutoCAD 2014 使用图层来管理和控制复杂的图形。例如，在机械图样中，图形主要由中心线、轮廓线、虚线、剖面线、尺寸标注以及文字说明等元素构成，这些元素统称为图形对象。AutoCAD 2014 的每一图形对象都具有线型、颜色、线宽等特性，如果把具有相同特性的图形对象统一管理，不仅能使图形的各种信息清晰、有序、便于观察，而且也会给图形的编辑和输出带来很大的方便。一个图层可以想象成一张透明的图纸，在每张图纸上分别绘制不同特性的图形，然后将这些图纸对齐叠加起来，得到一张复杂且完整的图形。

同一图层上的图形具有相同的对象特性和状态。所谓对象特性通常是指该图层所特有的线型、颜色、线宽等；而图层状态则是指其开/关、冻结/解冻、锁定/解锁状态等。默认情况下，AutoCAD 2014 自动创建了一个图层名为"0"的图层，并可以根据需要，实现创建图层、设置图层特性和管理图层等各种操作。

13.1 创建图层

AutoCAD 2014 提供了详细直观的"图层特性管理器"对话框，可以方便地通过该对话框创建图层。打开"图层特性管理器"对话框，可以使用下列方法之一：

（1）命令行：LAYER。

（2）菜单命令："格式"→"图层"。

（3）工具栏："图层"→ 缊 。

执行上述操作，系统弹出"图层特性管理器"对话框，如图 13-1 所示。

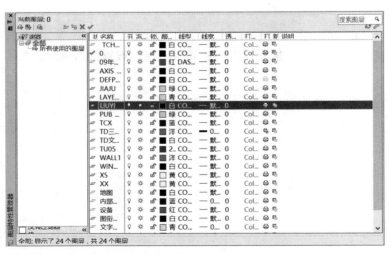

图 13-1   "图层特性管理器"对话框

单击"新建图层"按钮 ，图层列表中出现一个新的图层，默认名称为"图层1"，再次单击该按钮，出现又一个新的图层，名称为"图层 2"，依次可创建多个图层。用户可以使用默认的图层名，也可以为其输入新的图层名（如中心线、虚线等），以表示所绘制图形的元素特征。图层的名字可以包括字母、数字、空格和特殊符号，AutoCAD 2014 支持长达 255 个字符的图层名字。新的图层继承了建立新图层时所选中的已有图层的所有特性和状态（包括颜色、线型、ON/OFF 状态等），如果新建图层时没有图层被选中，则新图层具有默认的设置。

13.2　设置图层颜色

为便于区分图形中的元素，AutoCAD 允许为图层设置颜色，将同一类的图形对象用相同的颜色绘制，并使不同类的对象具有不同的颜色。为图层设置和修改颜色，可以使用下述方法：

打开"图层特性管理器"对话框，单击图层列表中该图层所在的颜色块，系统将打开"选择颜色"对话框，如图 13-2 所示。该对话框有"索引颜色""真彩色"和"配色系统"三个选项卡。

1. "索引颜色"选项卡

打开该选项卡，可以在系统所提供的"AutoCAD 颜色索引"列表框中选择所需要的颜色，如单击"蓝色"，再单击"确定"按钮即可。所选颜色的代号值显示在"颜色"文本框中，也可以直接在该文本框中输入颜色代号值来选择颜色。

2. "真彩色"选项卡

打开该选项卡，可以选择需要的任意颜色，如图 13-3 所示。可以拖动调色板中的颜色指示光标和"亮度"滑块选择颜色及其亮度，也可以通过"色调""饱和度"和"亮度"文本框来选择需要的颜色。所选择颜色的红、绿、蓝值显示在下面的"颜色"文本框中，当然也可以直接在该文本框中输入自己设定的红、绿、蓝代号值选择颜色。

图 13-2　"选择颜色"对话框

图 13-3　"真彩色"选项卡

在该选项卡的右边，有一个"颜色模式"下拉列表框，默认的颜色模式为 HSL 模式。如果选择 RGB 模式，则"真彩色"选项卡如图 13-4 所示，在该模式下选择颜色的方式与 HSL 模式下类似。

3. "配色系统"选项卡

打开该选项卡，用户可以从标准配色系统中选择预定义的颜色，如图 13-5 所示。用户可以在"配色系统"下拉列表框中选择需要的配色系统，然后拖动右边的滑块来选择具体的颜色，所选择的颜色编号将显示在下面的"颜色"文本框中，也可以直接在该文本框中输入编号值来选择颜色。

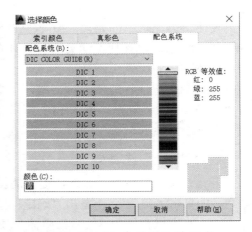

图 13-4　RGB 模式"真彩色"　　　　图 13-5　"配色系统"选项卡

【提示、注意、技巧】

可以为新建的图形对象设置当前颜色，即不采用图层设置的颜色画图。

设置当前图形颜色，可以使用下列方法之一：

（1）命令行：COLOR。

（2）菜单命令："格式"→"颜色"。

执行上述命令，系统将打开如图 13-2 所示的"选择颜色"对话框，选择所需颜色。

（1）通过"对象特性"工具栏中"颜色控制"下拉列表框，选择某一颜色（如红色、黄色等），如图 13-6 所示，或选择"其他"选项，利用"选择颜色"对话框来设置颜色。用同样的方法还可以方便地设置或修改线型、线宽，注意灵活应用。

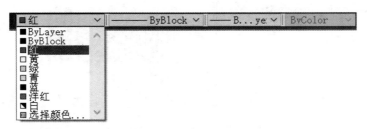

图 13-6　"对象特性"工具栏中"颜色控制"下拉列表框

（2）用以上方法设置的颜色（包括线型、线宽等）不受图层的限制，但对各个图层的设置没有影响。因此，可在少量图形元素的特性修改时使用。而在使用图层绘制图形时，应在"对象特性"工具栏的"颜色控制""线型控制"和"线宽控制"下拉列表框中，设置成"ByLayer"（随层）。否则，将使图层设置的颜色、线型、线宽失去作用。

13.3　设置图层线型

　　线型也用于区分图形中不同元素，国家标准 GB/T17450—1998 和 GB/T4457.4—2002 中，对各种技术图样和机械图样中使用的图线，对其名称、线型、线宽以及在图样中的应用等都作了相应的规定。其中常用的图线有 4 种，即粗实线、细实线、细点划线、虚线。

　　要设置和改变图层的线型，可用同样的方法，打开"图层特性管理器"对话框（见图 13-1）。在图层列表的"线型"栏中单击该层的线型名如"Continuous"，系统打开"选择线型"对话框，如图 13-7 所示。该对话框中各选项的含义如下：

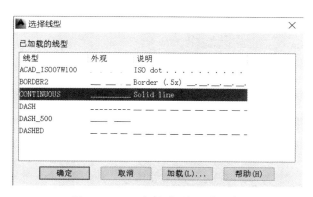

图 13-7　"选择线型"对话框

　　⊙"已加载的线型"列表框：显示在当前已加载的线型，可供用户选用，其右侧显示出线型的外观及说明。默认情况下，图层的线型为 Continuous（连续线型）。

　　⊙"加载"按钮：如果"已加载的线型"列表中没有需要的线型，单击此按钮，打开"加载或重载线型"对话框，如图 13-8 所示。从对话框的当前线型库中选中要选择的线型，如中心线（CENTER2）、虚线（HIDDEN）等，单击"确定"按钮，该线型即被添加到选择线型对话框的线型列表框中，供用户选择。

【提示、注意、技巧】

　　为新建的图形对象设置当前线型，可使用下列方法之一：

（1）命令行：LINETYPE。

（2）菜单命令："格式"→"线型"。

　　执行上述命令，系统将打开如图 13-9 所示的"线型管理器"对话框，选择所需线型，并可设置线型比例、加载线型或删除线型。

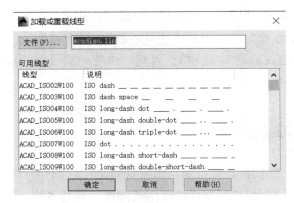

图 13-8　"加载或重载线型"对话框

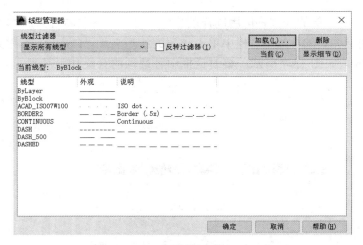

图 13-9　"线型管理器"对话框

（3）通过"对象特性"工具栏中"线型控制"下拉列表框，选择某一线型，如图 13-10 所示。

图 13-10　"对象特性"工具栏中"线型控制"下拉列表框

13.4　设置图层线宽

国家标准规定，图线分为粗、细两种，粗线的宽度 d 应根据图样的复杂程度、尺寸大小以及微缩复制的要求，在 0.25、0.35、0.5、0.7、1、1.4、2mm 当中选择，优先采用 d=0.5 或 0.7。细线的宽度约为 d/2。

　　设置或修改某一图层的线宽，打开"图层特性管理器"对话框（见图 13-1）。在图层列表的"线宽"栏中单击该层的"线宽"项，打开"线宽"对话框，如图 13-11 所示。"线宽"列表框显示出可以选用的线宽值，其中默认线宽的值为 0.25mm，默认线宽的值由系统变量 LWDEFAULT 设置。当建立一个新图层时，"旧的"显示行显示图层默认的或修改前的线宽。"新的"显示行显示图层新的线宽。选定新线宽后，单击"确定"即可。

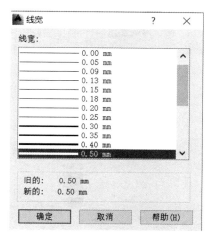

图 13-11　"线宽"对话框

【提示、注意、技巧】

可以为新建的图形对象设置当前线宽，方法如下：

（1）命令行：LWEIGHT。

（2）菜单命令："格式"→"线宽"。

　　执行上述命令，系统将打开如图 13-12 所示的"线宽设置"对话框。在线宽列表框选择所需线宽；"显示线宽"复选框设置打开或关闭，将控制线宽在屏幕上的显示效果："默认"项设置线宽的默认值；调节"调整显示比例"滑块，还可以调整线宽显示的宽窄效果。单击"确定"按钮完成设置。

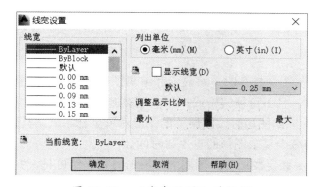

图 13-12　"线宽设置"对话框

另外，单击用户界面状态行中的"线宽"按钮，也可以打开或关闭线宽的显示效果。

（3）通过"对象特性"工具栏中"线宽控制"下拉列表框，选择某一线宽，如图13-13所示。

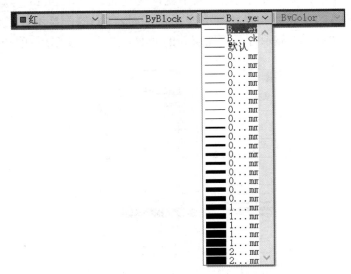

图 13-13　　"对象特性"工具栏中"线宽控制"下拉列表框

13.5　设置图层状态

在"图层特性管理器"对话框中单击特征图标，如" ♀ "打开 / 关闭、" ☼ "冻结 / 解冻、" ▢ "加锁 / 解锁等，可控制图层的状态。如图 13-14 所示，"图层 0"为默认的打开、解冻、解锁、打印状态；"墙体"设置为关闭、解冻、加锁状态。

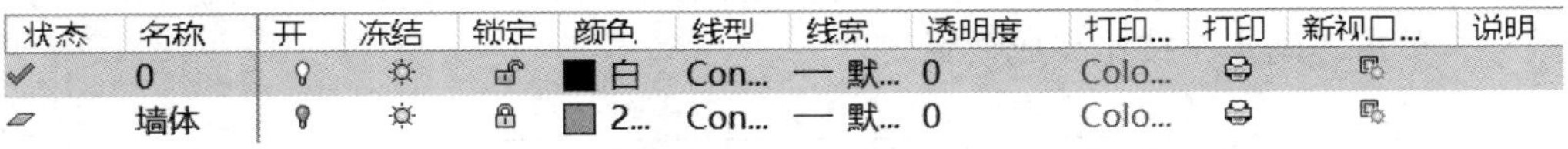

状态	名称	开	冻结	锁定	颜色	线型	线宽	透明度	打印...	打印	新视口...	说明
✔	0	♀	☼	⌒	■白	Con...	—默...	0	Colo...	⊜	▥	
⟋	墙体	♀	☼	🔒	▨2...	Con...	—默...	0	Colo...	⊜	▥	

图 13-14　　"图层特性管理器"对话框中图层的状态

选项解释如下：

（1）打开 / 关闭：图层打开时，可显示和编辑图层上的图形对象；图层关闭时，图层上的内容全部隐藏，且不可被编辑或打印，但参加重生成图形。

（2）冻结 / 解冻：冻结图层时，图层上的图形对象全部隐藏，且不可被编辑或打印，也不被重生成，从而减少复杂图形的重生成时间。

（3）加锁 / 解锁：锁定图层时，图层上的图形对象仍然可见，并且能够捕捉或添加新对象，也能够打印，但不能被编辑修改。

项目
13

当前层可以被关闭和锁定，但不能被冻结。

13.6 管理图层

使用"图层特性管理器"对话框，还可以对图层进行更多设置与管理，如图层的切换、重命名与删除等。

1. 切换当前层

在"图层特性管理器"对话框的图层列表中选中一层，单击"置为当前"按钮，则该层设置为当前层。另外，双击图层名也可把该图层设置为当前层。

在实际绘图时，我们主要是通过"图层"工具栏中的下拉列表框来实现图层切换的，如图 13-15 所示。这时只需选择设置为当前层的图层即可。

图 13-15　"图层"工具栏的下拉列表框

2. 删除图层

在图层列表中选中某一图层，然后单击"删除图层"按钮✖，或按下键盘上的 Delete 键，则把该层删除。但是，当前层、0 层、定义点层、参照层和包含图形对象的层不能被删除。

3. 重命名图层

若要重命名图层，在"图层特性管理器"对话框的图层列表中，选中某一图层，双击图层的"名称"项，使其变为待修改状态时，在名称框中输入新名称。

4. 设置线型比例

在 AutoCAD 中，系统提供了大量的非连续线型，如虚线、点划线等。通常，根据图幅的大小、图形比例、显示比例等因素的不同，非连续线型的线段长短有不同要求，避免有时会由于间距太小而变成连续线。为此可对图形设置线型比例，以改变非连续线型的外观，如图 13-16 所示。

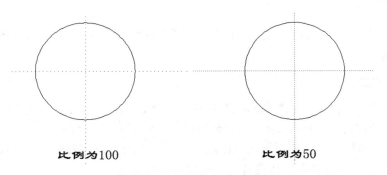

图 13-16　非连续线型受线型比例的影响

设置线型比例的方法：

菜单命令："格式"→"线型"。

打开"线型管理器"对话框（见图 13-9）。单击"显示细节"按钮，在线型列表中选择某一线型，然后利用"详细信息"设置区中的"全局比例因子"编辑框选择适当的比例系数，即可设置图形中所有非连续线型的外观，也可设置"当前对象缩放比例"。

利用"当前对象缩放比例"编辑框，可以设置绘制对象的非连续线型的外观，而原来绘制的非连续线型的外观并不受影响。

13.7　修改现有图形对象特性

已画好的图形实体，可以修改其颜色、线型、线型比例、线宽以及所在图层等特性。

如图 13-17 所示的图形，图（a）中的粗实线四边形若要变成如图（b）所示的虚线，可以用以下方法实现：

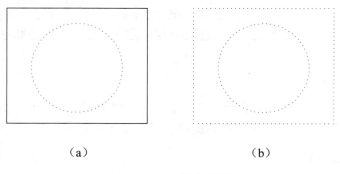

（a）　　　　　　　　　　（b）

图 13-17　修改线型

1. 使用"对象特性"工具栏

（1）选中要修改的粗实线四边形。

（2）在"对象特性"工具栏中打开"线型控制"下拉列表框，选择"HIDDEN"线型（见图13-10）。粗实线四边形随即变成虚线。若要修改某一实体的颜色、线宽，操作方法相同。

（3）按 Esc 键结束。

2. 使用"图层"工具栏

（1）选中要修改的粗实线四边形。

（2）在"图层"工具栏中打开"图层控制"下拉列表框，选择"中心线"层（见图13-15）。粗实线四边形随即变为虚线，同时，该实体的其他特性也随新图层而改变。

（3）按 Esc 键结束。

3. 使用"特性"选项板

（1）选中要修改的粗实线四边形。

（2）输入修改特性命令。

命令行：DDMODIFY 或 PROPERTIES。

菜单命令："修改"→"特性"。

工具栏："标准"→ ▣。

执行"特性"命令，AutoCAD 将打开"特性"选项板，如图13-18所示。在"基本"项目框中单击"图层"项的下拉按钮，在弹出的下拉列表中选择"虚线"层。

图 13-18 "特性"选项板

（3）关闭"特性"选项板，按 Esc 键结束。

用同样的方法可以单独修改颜色、线型、线宽。当然，利用"特性"选项板也可以设置或改变图形对象的其他属性。

4. 使用"特性匹配"功能

特性匹配即将选定对象的特性应用到其他对象，所以利用特性匹配功能也可以实现特性修改。

（1）工具栏："标准"→ 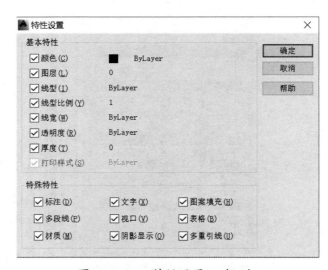。

（2）菜单命令："修改"→"特性匹配"。

（3）命令行：PAINTER 或 MATCHPROP。

【操作步骤】

命令：_matchprop

选择源对象：　　（选择虚线圆）

当前活动设置：颜色 图层 线型 线型比例 线宽 厚度 打印样式 文字 标注 填充图案 多段线 视口 表格（当前选定的特性匹配设置）

选择目标对象或 [设置 (S)]:（选择四边形，四边形随即变成虚线）

选择目标对象或 [设置 (S)]:（结束）

提示选项解释：

（1）目标对象：指定要将源对象的特性复制到其他的对象。可以继续选择目标对象或按 Enter 键结束该命令。

（2）设置 (s)：显示"特性设置"对话框，从中可以控制要将哪些对象特性复制到目标对象。默认情况下，将选择"特性设置"对话框中的所有对象特性进行复制，如图 13-19 所示。打开"特性设置"可以首先激活"特性匹配"命令，然后在命令提示框中输入"S"，然后回车。

图 13-19　"特性设置"对话框

请在 AutoCAD 2014 中完成如图 13-20 的图层设置，并依照此设置完成图 13-21 的绘制。

状.	名称	开	冻结	锁..	颜色	线型	线宽	打印...	打.	冻.	说明
✔	0	♀	○	₰	■白	Contin...	—— 默认	Color_7	🖨	🗐	
◈	Defpoints	♀	○	₰	■白	Contin...	—— 默认	Color_7	🖨	🗐	
◈	圆	♀	○	₰	■10	Contin...	—— 默认	Colo...	🖨	🗐	
◈	正六边形	♀	○	₰	□101	Contin...	—— 默认	Colo...	🖨	🗐	
◈	正三角形	♀	○	₰	□51	Contin...	—— 默认	Colo	🖨	🗐	
◈	正四边形	♀	○	₰	■161	Contin...	—— 默认	Colo...	🖨	🗐	

图 13-20　图层设置

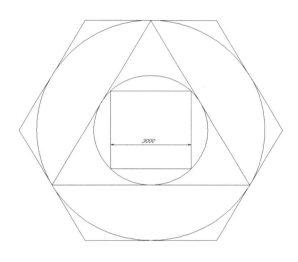

图 13-21　同步训练

请在 AutoCAD 2014 中完成如图 13-22 的图层设置，并依照此设置完成图 13-23 的绘制。

状.	名称	开	冻结	锁..	颜色	线型	线宽	打印...	打.	冻.	说明
◈	0	♀	○	₰	■白	Contin...	—— 默认	Color_7	🖨	🗐	
◈	Defpoints	♀	○	₰	■白	Contin...	—— 默认	Color_7	🖨	🗐	
◈	尺寸标注	♀	○	₰	■蓝	Contin...	—— 0....	Color_5	🖨	🗐	
✔	建筑外墙	♀	○	₰	■8	Contin...	—— 默认	Color_8	🖨	🗐	
◈	主要设备	♀	○	₰	■250	Contin...	—— 默认	Colo...	🖨	🗐	
◈	走线架	♀	○	₰	□90	Contin...	—— 默认	Colo...	🖨	🗐	
◈	文字说明	♀	○	₰	■10	Contin...	—— 默认	Colo...	🖨	🗐	
◈	门窗	♀	○	₰	□8	Contin...	—— 默认	Color_8	🖨	🗐	

图 13-22　图层设置

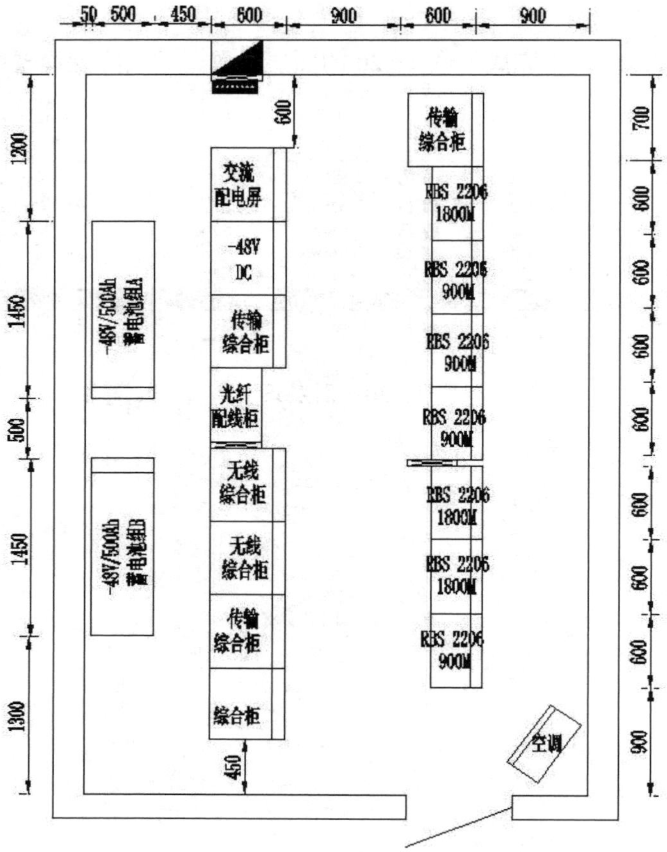
50
500
450
600
900
600
900
1200
1450
500
1450
1300
600
450
700
600
600
600
600
600
600
600
900
交流配电屏
-48V DC
传输综合柜
光纤配线柜
无线综合柜
无线综合柜
传输综合柜
综合柜
-48V/500Ah 蓄电池组A
-48V/500Ah 蓄电池组B
传输综合柜
RBS 2206 1800M
RBS 2206 900M
RBS 2206 900M
RBS 2206 900M
RBS 2206 1800M
RBS 2206 1800M
RBS 2206 900M
空调

图 13-23　拓展训练

第二部分
信息工程设计

项目 14
移动通信 LTE 共址基站设计

【知识目标】　　了解共址基站的概念，了解 LTE 网络结构，熟悉共址基站勘察记录表的填写内容，了解移动通信基站的主要设备，熟悉通信基站勘察的基本要求和步骤。

【能力目标】　　掌握移动通信基站勘察前的准备工作，了解勘察的基本要求和步骤，能够独立填写共址基站勘察记录表，能够掌握 GPS 手持机、LTE/TD-SCDMA/WCDMA/CDMA2000/GSM 网络测试专用手机、罗盘（指北针）、数码照相机等勘察工具的正确使用方法。掌握 BBU、RRU 的设计规范，能够独立完成共址基站的设计。培养学生在进行共址基站设计时能根据机房和设备的具体安装位置进行合理的设计布线，同时能正确地进行线缆长度的预估。培养学生进行共址基站天面设计的能力。

14.1　网络结构

第一代移动通信系统典型代表是美国 AMPS 系统和后来的 TACS 以及 NMT 和 NTT 等。AMPS 使用模拟蜂窝，传输 800MHz 频带，在美国得到广泛使用。TACS 是 20 世纪 80 年代欧洲的模拟移动通信制式，我国在 80 年代也采用了此模拟通信制式。第一代移动通信系统的调制方式为模拟调制，以 FDMA 技术为基础。

第二代移动通信系统是以传送语音和数据为主的数字通信系统，其中应用最为广泛的是 GSM 系统。GSM 系统不仅能提供语音通信服务，同时还能提供低速率的数据服务和短消息服务。2G 向 3G 过渡过程中还经历了 GPRS、EDGE 等技术发展阶段。第二代移动通信系统采用 TDMA 技术为基础。

第三代移动通信系统包括了 WCDMA、TD-SCDMA、CDMA2000、WiMAX 四个标准。我国的三大运营商中国联通、中国移动和中国电信的 3G 网络分别使用了前三个技术标准。3G 系统将主意通信和多媒体通信相结合，提供了图像、音乐、网页浏览、视频会议及其他信息服务。3G 系统采用了 CDMA 技术和分组交换技术，为用户提供更高的传输速率。

LTE 长期演进系统是移动通信发展的又一里程碑。LTE 中引入了 OFDM 正交频分复用和 MIMO 多输入多输出等关键技术，显著提高了频谱效率和数据传输速率。LTE 系统可分为 TDD-LTE 和 FDD-LTE 两种制式，前一种为时分双工，后一种为频分双工。需要注意的是，LTE 并不是完整意义上的 4G 系统，虽然 LTE 在网络速率上有很大的提升，但其只是移动网络发展的一个阶段，还未达到国际电联对 4G 系统的要求。业内一般将 LTE 系统称为 3.9G 移动通信系统，而 4G 系统一般称为 LTE+ 或 LTE-Advanced。为了符合市场的需求，与市场宣传保持一致，在本书中，我们也将 LTE 系统暂称为 4G，并通过大量的工程实例，对 4G 基站的建设进行学习。

图 14-1 所示为 LTE 网络结构，LTE 网络一般分为三个组成部分：核心网、承载网和接入网（也称为无线网）。本书将此网络结构中承载网络的部分简化成为了一根直线，现网中的承载网络同样包括很多设备，为方便读者理解，我们将其进行了简化，关于承载网络的分析将在项目 18 中详细展开。

核心网包含了 MME、SGW、PGW、HSS 和 PCRF 五个设备。MME 是核心网唯一控制平面的设备，主要功能有：移动性管理、接入控制、会话管理、网元 SGW/PGW 选择、存储用户信息、业务连续性保证。

SGW 位于用户面，对于每个接入 LTE 的 UE，一次只能有一个 SGW 为之服务，主要功能有：会话管理、路由选择和数据转发、QoS 控制、计费、存储信息。

PGW 位于用户面，面向 PDN 终结与 SGi 接口网关，主要功能有：IP 地址分配、会话管理、PCRF 选择、路由选择、数据转发、QoS 控制、计费策略和计费执行。

PCRF 策略计费控制功能，主要功能有：策略控制决策、对用户请求的业务授权、策略分配、基于流计费控制功能、反馈网络堵塞的情况、获取计费系统信息，反馈话费使用情况等。

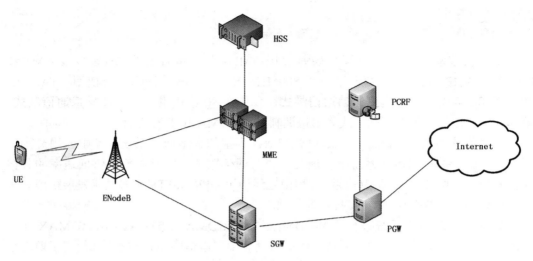

图 14-1   LTE 网络结构

HSS 是存储用户签约信息数据库,与 2G/3G 中的 HLR 类似,主要功能有:用户标识、编号和路由信息、用户安全信息,用于鉴权和授权的网络接入控制信息、用户位置信息,HSS 用于鉴权、完整性保护和加密的用户安全信息。

接入网或称为无线网是用户平时接触较多的网络组成部分。其中,ENodeB 表示无线通信基站,UE 代表网络用户终端,即用户通常使用的移动电话、PAD 等设备。作为网络与用户之间沟通的桥梁,ENodeB 具有以下主要功能:

无线资源管理功能:无线承载控制、无线接入控制、连接移动性控制、UE 上下行资源动态分配和调度等。

移动通信基站是移动电话终端之间进行信息传递的无线电收发电台。移动通信基站的建设是我国移动通信运营商投资的重要部分,所以本书将用两个具体项目来详细讲述移动通信基站设计的主要工作内容。

基站从规划到投入使用大概需要经过需求分析、站址规划、站址勘察、系统设计、基础施工、安装调试、优化调整等七个阶段。本书将侧重讲述基站的站址勘察及系统设计两个部分。

基站的选择,需从性能、配套、兼容性及使用要求等各方面综合考虑,其中特别注意的是基站设备必须与移动交换中心相兼容或配套,这样才能取得较好的通信效果。所以对于移动通信系统来说,基站的质量好坏直接影响了用户在使用网络时的体验感,基站质量的好坏直接影响了用户对整张网络的评价。

在通信工程中,基站建设的方式主要分为两种。第一种建设方式是共址建设,即在一个已经投入使用的基站中增添另外一种网络的无线主设备 BBU 或 BTS,即共用原来基站所在地址的意思。比如在一个已经正在使用中的 GSM 基站中增加 TD-SCDMA 无线主设备 BBU,行业内将这种建设方式称为 3G 共址 2G 基站建设。在一个已经投入运行的 WCDMA 基站中增加 LTE 网络的无线主设备 BBU，便称之为 4G 共址 3G 基站建设。某些情况下，在同一个基站中会同时存在 2G、3G、4G 三种网络的无线主设备。同时，由于铁塔公司的成立，在一个基站内同时存在几个运营商的不同网络也较为常见。

基站建设的另外一种方式建设方式称之为新建，即在一个空旷的室内空间全套新建一个基站，新建基站时不仅要增加无线主设备 BBU 及其配套设备，同时还要新建基站的馈线窗、走线架、电源等基本系统。在本项目中，我们首先学习相对简单的共址基站建设设计方案，较为困难的新建基站建设方案放在项目 15 中进行讲述。

14.2　共址基站勘察要求

无线网络勘察是对实际的无线传播环境进行实地勘测和观察，并进行相应数据采集、记录和确认工作。无线网络勘察主要目的是为了获得无线传播环境情况、天线安装环境情况，以及其他共站系统情况，以提供给网络规划工程师、施工单位相应信息。

基站勘测是工程设计中的一个重要环节，勘测工程师需按照理想站址实地察看，根据各种建站条件（包括电源、传输、电磁背景、征地情况等）将可能的站址记录下来，再综合其偏离理想站址的范围、对将来小区分裂的影响、经济效益、覆盖区预测等各方面进行考虑，得出合适的建设方案，并取得基站工程设计中所需要的数据。

现场勘查是工程设计工作的重要阶段，也是工程设计的基础。只有在工程现场勘查工作中做到收集资料齐全，数据准确、真实性强、内容细致，并在现场勘查工作结束后，及时与建设单位沟通，详细了解建设单位的需求，才能确保工程设计文件对工程建设的实际指导作用，保证设计文件的质量一流。

任何工程在进行设计之前，必须要到达现场进行实地勘察。在勘察前，勘察人员需要提前做好相应的准备工作。

14.2.1　勘察准备

（1）勘察人员要求。

1）具备通信网络基础知识，熟悉通信网络基本设备。

勘察准备

2）具有一定的安装、勘察经验。

3）有责任心，工作严谨、细致。

（2）勘察设备要求。

1）详细地图。

2）数码相机。

3）GPS 手持机。

4）LTE、TD-SCDMA/WCDMA/CDMA2000、GSM 网络测试专用手机。

5）罗盘（指北针）。

6）卷尺（最好是 10 米钢制卷尺）。

7）各类勘察记录表格。

8）笔（笔的颜色最好配置 3 种以上）。

9）笔记本电脑（可选）。

10）声波或激光测距仪（可选）。

11）频谱仪（可选）。

（3）其他要求。

在郊区和农村地区，由于通信基站往往都是修建在海拔较高的高山上，勘察人员经常会进入人烟稀少的丛林地区。且有可能遇到刮风下雨等恶劣天气，为保证勘察人员安全，外出时还应配置如下设备：

1）手电筒。

2）雨伞／雨衣。

3）高筒牛皮靴。

4）橡胶雨靴。

5）各种应急药品。

（4）注意事项。

在勘察过程中，勘察人员还应注意以下问题：

1）勘察前召开协调会：项目负责人、勘察人员与局方就勘察分组、勘察进程、车辆和局方陪同人员安排等问题进行沟通，统一各方思想，共同制定勘察计划，合理安排勘察路线。

2）勘察过程中如对配套清单、网络规划方案等内容有疑问，应即时与相关人员沟通；发现配套清单中有关配置、工程材料等方面的问题，应及时与工程项目负责人联系。

3）勘察内容、设计方案（设备、天馈安装草图）、新增设备安装位置等信息需现场与局方沟通确认。

4）严禁触动机房原有设备，特别是运行中设备，严禁触动其他不相关设备，同时注意保持环境整洁。

5）勘察人员当日必须整理次日所用工具、材料，确保次日工作不受影响。

6）勘察人员当日必须整理当日勘察资料，将当日资料进行汇总，并填写勘察报告，确保各种勘察资料的准确性（如照片名称）。

7）完成勘察后需要求局方运维部经理签字确认勘察成果，《工程设计查勘结果确认表》中注意完善填写本次勘察的相关信息。

14.2.2　测量要求

（1）基站设备、电源设备等相关尺寸的测量误差控制在 ±3% 之内。

（2）使用声波测距仪时，被测距离空间内应无障碍物阻碍。

（3）测量经纬度及方位角等信息时必须对测距仪、GPS 或罗盘进行数据校准，然后再测量经纬度、海拔、方位、距离等信息。

（4）观察记录天线位置周围环境的障碍物，城区在距天线位置 300 或 600 米范围内（视建筑物密集程度而定，如建筑物密集，选择 300 米；建筑物稀疏，选择 600 米）、农村地区在距天线 1500 米范围内，高于天线的物体均视为障碍物，障碍物测量的误差

控制在 ±8% 之内。

（5）所有设备均需准确测量其相对位置（推荐以墙体作参照物）及尺寸大小。

（6）记录基站外市电引入位置信息时需与局方配合人员及当地居民了解情况，协商确定外市电引入位置。

14.2.3 勘察记录

勘察人员应认真填写现场勘察记录，要求详实、准确、不遗漏。在共址基站的勘察过程中，主要需要填写以下内容：

（1）站址的经度、纬度、海拔高度。

（2）天馈线部分类型（塔、杆类型、天线类型），各小区天线的方位角、下倾角，原有天线及新增天线的安装位置。

（3）机房的大小尺寸（包括层高、墙厚，租用房需记录所在楼层及楼体总层数的信息）。

（4）天线安装位置照片（不同位置的天线安装位置照片各一张）。

（5）绘制天面布置图。

（6）BTS 设备数量、类型、配置、尺寸，合路器数量、类型，是否有扩容空间。

（7）开关电源数量、尺寸及类型、开关电源模块数量、开关电源模块型号、开关电源端子使用情况，是否满足扩容需求（需增加 BTS 机柜的需核实是否有空余空开，需新增空开的需提出空开型号）。

（8）交流箱或交流屏的数量、尺寸、厂家、是否满足扩容需求（需增加开关电源的需核实是否有空余空开，需新增空开的需提出空开型号）。

（9）蓄电池数量、尺寸、类型、厂家、使用年限（可与分公司配合人员核实，如使用年限过长，不满足扩容需求的可更换蓄电池）。

（10）地排、馈窗的使用情况（如不满足扩容需求可新增地排或馈窗）。

（11）其他所有设备的尺寸信息，如传输综合柜、PTN 机柜、监控设备、数据设备等。

（12）走线架在机房内的布置，走线架离地高度，走线架的宽度，垂直走线架的安装位置。

（13）机房布置照片最少 4 张（从机房 4 个角将机房内的布置拍照）。

（14）绘制机房平面图（含走线架平面图）。

14.2.4 勘察后需提供的资料

（1）对于共址站需要填写《共址基站勘察记录表》，勘察表需运营商分公司负责配合的人员签字，勘察后需提交纸制档。

（2）完成当日勘察后需填写《勘察信息汇总表》，勘察完成后提交电子档。

（3）勘察结束后需填写《工程勘察结果确认表》，要求分公司对《勘察信息汇总表》中的站点进行排序，该表格需分公司运维部经理以上人员签字并加盖公章，勘察完成后需提交纸制档。

（4）勘察结束后需按照基站配套材料表填写说明的要求填写《配套材料清单表》。

14.3　共址基站勘察步骤

在基站勘察之前，首先需要取得运营商主管部门的同意，需要填写《基站机房勘察审批表》，如表 14-1 所示。

表 14-1　基站机房勘察审批表

申报部门			申报部门责任人			
勘察单位		勘察负责人			随工人员	
		联系电话			联系电话	
勘察项目			勘察影响			
			风险评估			
注意事项						
勘察时间		年　　月　　日　　时至　　年　　月　　日　　时				
勘察内容						
申报部门审核意见			主管部门审核意见			
代维公司审核意见						
备注						

在得到主管部门的同意之后，便可与运维部门配合人员一起进站勘察。

共址基站的勘察分为两个部分。第一部分为机房的勘察，第二部分为天面勘察。

14.3.1　机房勘察

机房勘察的基本流程如下：

（1）进入机房前，在勘察记录表格里记录所选站址建筑物的地址信息。

通信机房勘察

（2）进入机房后，在勘察表格里记录建筑物的总层数、机房所在楼层，并结合室外天面草图画出建筑内机房所在位置的侧视图。

（3）在机房草图中标注机房的指北方向，机房长、宽、高（梁下净高），门、窗、立柱和主梁等的位置和尺寸；其他非通信设备物体的位置、尺寸。

（4）机房内设备区查勘：根据机房内现有设备的摆放图、走线图，在机房草图标注原有、本期新建设备（含蓄电池等）的摆放位置（贴标签）。

（5）确定机房内走线架、馈线窗的位置和高度，在机房草图标注馈线窗位置尺寸、馈线孔使用情况。

（6）在机房草图标注原有、新建走线架的离地高度，走线架的路由，统计需新增或利旧走线架的长度。

（7）了解机房内交流、直流供电的情况，对于共址机房，在勘察表格中记录开关电源整流模块、空开、熔丝等使用情况，判断是否需要新增，如果需要新增，则做好占用标记（贴标签），拍照存档。

（8）了解机房内蓄电池、UPS、空调、通风系统情况，对于已有机房，在勘察表格中记录这些设备的参数，判断是否需要新增或替换，并现场拍照存档。

（9）了解传输系统情况，对于已有基站，需了解现有基站的传输情况，包括传输的方式、容量、路由和 ODF 端子板使用情况等。

（10）确定机房接地情况，对于租用机房，尽可能了解租用机房的接地点的信息，在机房草图中标注室内接地铜排安装位置、接地母线的接地位置、接地母线的长度。

（11）在机房时应从不同角度拍摄机房照片，如：馈线窗、封洞板、室内接地铜排、走线架、馈线路由、原有设备和预安装设备位置拍摄照片记录。

14.3.2　天面勘察

针对共址基站的天面勘察，应注意以下问题：

通信天面勘察流程

（1）确定增加天线小区的覆盖区域。记录各个扇区覆盖方向上环境（地形、地物、地貌）。

（2）记录各个扇区覆盖方向上其他障碍物的阻挡情况。

（3）记录原有天线安装方式，天线类型，天线数量。同时需要记录天面上其他运营商的天线安装情况。如果此天面需要安装美化外罩，还需要考虑美化天线罩的使用。

（4）记录原有铁塔情况，包括铁塔类型、塔高、平台数量等参数。

（5）记录原有增高架情况，包括增高架类型、高度等参数。

（6）记录原有抱杆情况，包括抱杆高度、安装方式等参数。

（7）记录本期天线安装位置，安装方式，天线选型，天线改造情况，天线挂高，天线方向角，与其他天线的隔离。为了达到电磁辐射环境评估要求，必须保证定向天线主波瓣方向水平方向 20 米以内，垂直方向 5 米以内没有居民居住。

（8）记录 GPS 安装位置。

（9）记录原有室外走线架位置，确定是否需要新增走线架或者走线槽，记录新增走线架或者走线槽的位置并测量长度。

（10）依照要求，绘制室外天馈草图，包括塔桅位置、馈线路由（室外走线架及爬梯）、共址塔桅、主要障碍物等，尺寸尽可能详细、精确，若屋顶有其他障碍物，如楼梯间、水箱、太阳能热水器、女儿墙等时，也应将其绘制到勘察草图中，并详细记录这些物体的位置及尺寸（含高度信息），同时还应记录房屋大梁或承重墙的位置、机房的相对位置等。

（11）拍摄基站天线所在建筑照片；天面照片（原天线位置、新增天线安装位置）；周围环境照片：以正北 0 度为起始角，每隔 45 度拍摄一张照片，记录天面四方环境。

同时单独拍摄三个主要覆盖区域的照片。

在完成上述勘察任务的过程中，需要根据现场实际情况进行数据记录，并填写在《共址基站勘察记录表》中，如表 14-2 所示。

表 14-2　共址基站勘察记录表

站点信息					
设备厂家		爱立信		覆盖区域	居民区
经度	106.15983	纬度	29.36587	海拔高度	488
机房	标准机房	塔杆类型	30 米落地角钢塔	用电类型	-48V
机房所在层数 / 房屋总层数 / 层高			1/1/3	走线架距地	2.4m
交流箱厂家 / 数量 / 端子：大顺 /1/7					
开关电源厂家 / 数量 / 模块 / 端子：中兴 ZXDU58/1/6/10					
蓄电池厂家 / 数量 / 容量 / 年限：双飞 /2/500Ah/7					
地排情况		12/36	馈窗情况		3/12
BTS 设备信息					
电源类型		-48V	频段		900
机柜类型	数量		RRU 数量	现网配置	扩容后配置
RBS 6201	1		3	2/2/2	
天面信息					
类别		A ｜ B ｜ C ｜			
天线数 / 挂高		1/30 ｜ 1/30 ｜ 1/30 ｜			
方向角 / 下倾角		40/3 ｜ 170/3 ｜ 300/3 ｜			
已有天线类型：GSM 定向天线增益 15.5dBi			天线支架		角钢支架
新增天线类型 / 数量：LTE 定向天线增益 15.5dBi/3			新增支架		角钢支架
规格描述（mm）					
类别	高	宽	深	备注（电源类型）	
1. 无线设备	1820	600	450	-48V	
2. 配电箱 / 屏	820	600	180	380V	
3. 开关电源	2000	600	600		
4. 蓄电池	1300	1300	500		
5. 传输设备	2000	600	600	已有 PTN950	
6. 综合柜	2000	600	300		

续表

7. 空调	1800	600	300	
8. 其他				

工程量信息					
新增馈窗	0	新增地排	0	新增开关电源模块	0
新增机柜	0	新增载波	0	新增室内走线架	0
新增馈线（S1/S2/S3）		45/45/45		新增室外走线架	0

勘察人员：王 × ×	分公司负责人：张 × ×
日期：2016.5.9	日期：2016.5.9

勘察是通信工程中的重要环节，在勘察人员对机房和天面进行实地查勘，获取到机房的所有现场参数之后，便可结合具体的项目要求对基站展开设计工作。

14.4　项目实施

14.4.1　项目背景

在某运营商某期 4G 网络扩容工程中，根据网络规划结果，拟在长寿县李市镇和平村一组附近建设 4G 移动通信基站用于解决此区域内的 4G 网络覆盖。通过查询曾经的项目资料得知，为了完成和平村一组的 2G 网络覆盖，在 2008 年已在村庄旁的雷鸣山上搭建了一个 GSM 通信机房。雷鸣山周边环境示意图如图 14-2 所示。

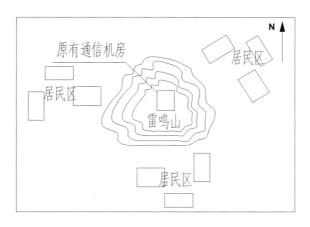

图 14-2　雷鸣山周边环境示意图

通过网络规划人员与设计人员现场进行勘察得知，覆盖目标附近山体走势较为平坦，雷鸣山处于覆盖目标区域的中心位置，且海拔较周边的民房要高。且此机房中各项条件均能满足 4G 设备的安装，通过项目组讨论一致决定将此 4G 基站建设在原有通

项目 14

信机房中，采用 LTE 共址 GSM 建设的方式。

原有基站位置与覆盖区域地理分布如图 14-2 所示。建设此基站的目的主要为完成以下几个区域的覆盖。覆盖区域 1：雷鸣山东北方向居民住宅房；覆盖区域 2：雷鸣山正南方向居民住宅房；覆盖区域 3：雷鸣山西北方向居民住宅房。

14.4.2　施工现场情况描述

1.　机房条件

机房修建于 2008 年，当时为解决长寿县李市镇和平村一组的 GSM 信号覆盖，在和平村一组旁的雷鸣山山顶修建了此机房。为保证基站信号能完全覆盖附近区域，在机房旁同时建设有 30 米高落地角钢塔一座，与机房的水平距离为 5 米。在 2008 修建 GSM 基站时，在此机房中安装的无线主设备型号为 RBS6201，修建方式为 BBU+RRU 分布式拉远方式。在 2G 网络建设时已在机房内安装一个无线综合柜，且剩余空间较为充足，满足 4G 主设备的安装需求。机房内蓄电池组、交流配电箱、开关电源等设备等均处于正常使用状态，且能满足扩容要求；机房内开关电源柜中剩余空开、熔丝数量满足扩容要求；机房原有设备布置如图 14-3 所示。

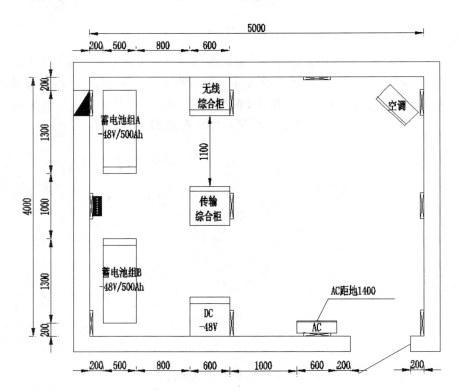

图 14-3　李市镇和平村雷鸣山 900G 机房原有设备布置示意图

机房内走线架安装完好，能满足新增设备后所有线缆的敷设要求，机房内原有走线架安装示意图如图 14-4 所示。

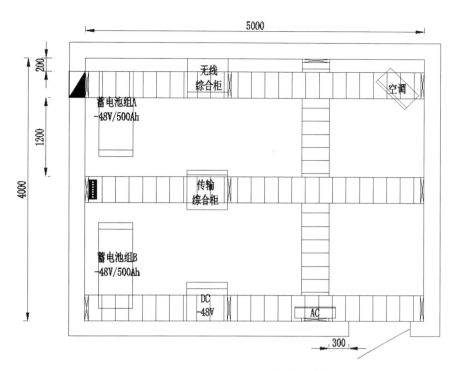

图 14-4　李市镇和平村雷鸣山 900G 机房走线架布置示意图

2. 天面及覆盖条件

在 2008 年修建此机房时，为完成附近居民区的信号全覆盖，在距离机房正东方向 5 米位置处安装了一座 30 米落地角钢塔，用于安装 GSM 系统的三根定向天线。经过现场勘察得知，在此铁塔第一层平台上已经装有 3 根 GSM 系统天线。第二层和第三支平台均未占用。基站天面俯视图如图 14-5 所示。

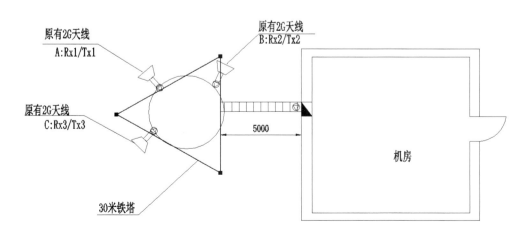

图 14-5　李市镇和平村雷鸣山 900G 天面示意图

14.4.3　项目实施

1. 机房设计

机房线缆及走线设计

根据项目需求，本期工程主要为解决长寿县李市镇和平村一组附近区域的 4G 网络覆盖，所以需要在机房中增加 4G-BBU 设备。本期工程拟采用华为 4G 无线主设备 BBU3900，设备尺寸为 442mm×86mm×310mm，根据 LTE 系统的主设备安装需求，4G-BBU 应安装在室内无线综合柜内。机房情况描述中已说明，在建设 GSM 系统时，本基站已经安装无线综合柜一个，且在室内无线综合柜剩余空间较为充足，所以本次工程只需利旧原有无线综合柜，将 4G-BBU 安装在原有无线综合柜内。根据机房现有情况，开关电源内一次下电空开数量足够，故不需要新增空开，将新增设备的电源线连接到原有未使用空开即可；PTN 设备可承载 4G 传输需求，亦可利旧。室内地排剩余端口数满足本期工程扩容要求，故在本次工程设计中，除在无线综合柜内增加 4G-BBU 之外，不需对其他设备进行更换或升级，综上所述，此基站的机房设计方案如图 14-6 所示。

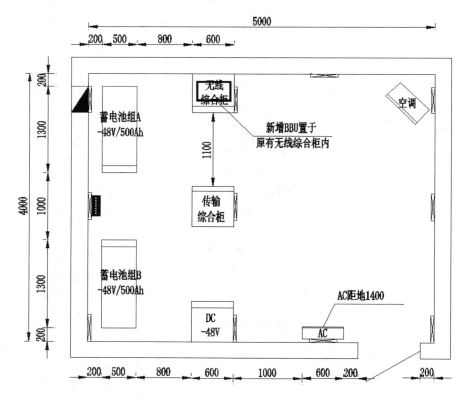

图 14-6　李市镇和平村雷鸣山 4G 机房设备布置示意图

主设备 BBU 还需要与 RRU 和 PTN 设备相连才能接入网络。同时，BBU 正常运行还需要电力供给。此外，为保证 BBU 的用电安全，还需要将 BBU 的保护端连接到室内总地排，BBU 与其他设备之间的线缆连接路由如图 14-7 所示。

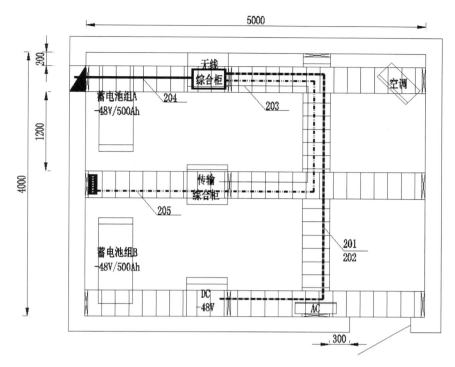

图 14-7 李市镇和平村雷鸣山 4G 机房设备线缆路由布置示意图

上图中所涉及到的线缆路由及类型、长度如表 14-3 所示。

表 14-3 BBU 连接设备及线缆

线缆编号	线缆路由		线型	长度
	线缆起	线缆止		
201	BBU	室内开关电源正极	RVVZ-1*10	9
202	BBU	室内开关电源负极	RVVZ-1*10	9
203	BBU	PTN 设备	光纤	6
204	BBU	RRU	光纤	135
205	BBU	室内总地排	RVVZ-1*35	9

2. 天面设计

根据图 14-1，此基站天线安装位置位于覆盖区域的正中，且四周无任何阻挡，铁塔上还剩余两层平台未使用，满足安装要求。所以 4G 系统的天线安装在铁塔上，安装方式为附抱杆安装，同时抱杆附角钢塔支架安装于铁塔平台上。为降低新增系统和原有 2G 系统之间的干扰，故将 4G 天线安装在第二层平台，距离地面约为 25 米。

从覆盖角度出发，主覆盖区域 1 居民区位于基站的东北方向，在铁塔上安装一根 4G 天线，保证此天线的最强辐射方向朝向东北方，即可实现目标区域 1 的 4G 信号覆盖，

基站小区方位角设计

经现场勘察，此天线与正北方向夹角约为 45°，故小区 1 的方位角选定为 45°。

主覆盖区域 2 位于雷鸣山正南方向，为保证此区域的信号覆盖，只须保证安装的第二根天线的最强辐射方向朝向雷鸣山的正南方，覆盖区域 2 的 4G 信号同样可以解决。根据以上分析及现场具体环境，将小区 2 的小区方位角选定为 170°。

主覆盖区域 3 位于铁塔的西北方向，和上述原理一致，将小区 3 的小区方位角选定为 300°。

农村地区的信号覆盖与城市地区的信号覆盖有一定的区别。在城市中由于高楼大厦较多，对通信信号的阻挡和衰减特别严重，且用户较为密集，故在城区一般将天线的下倾角度数设置得较大，保证天线在小范围内进行高密度覆盖。而在农村地区，由于建筑物较少，信号阻挡较弱，用户数较少，且农村地区的基站间距离较远，所以一般采用的覆盖方式为大范围内的低密度覆盖。根据上述分析，本基站处于地广人少的农村地区，适宜采用农村地区的特有覆盖方式，故将下倾角设置为 2°、2°、2°。

RRU 与天线之间的连接线缆是室外成品馈线，信号在馈线内传递的过程中会有功率损耗，且馈线越长，功率损耗就越大。为降低信号在馈线中的功率损耗，工程中一般将 RRU 安装在天线附近不超过 3 米的地方。本次工程的 BBU 同样采用上述方案，结合本基站的具体情况，将 RRU 安装在天线抱杆上，位于安装天线的正下方。RRU 的一侧与机房内 BBU 用光纤（缆）进行连接，另外一侧则用室外成品跳线与天线连接。此外，还需要从室内开关电源引出电源线连接至 RRU，以供 RRU 用电。

为保证时钟同步，4G 系统 BBU 一侧还应安装一副 GPS 卫星定位天线，GPS 天线安装的基本要求是靠南方安装，同时上方不能有任何遮挡物，结合本工程项目的具体实例，将 GPS 的安装位置定位于机房房顶。

综上所述，此基站的天面设计如图 14-8 及图 14-9 所示。

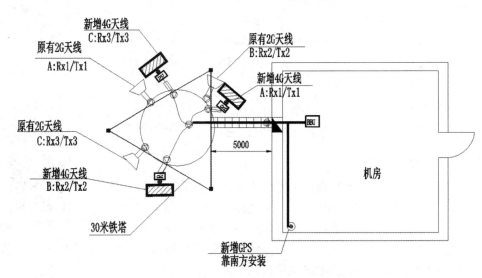

图 14-8　李市镇和平村雷鸣山 900G 天面设备安装及线缆路由示意图（一）

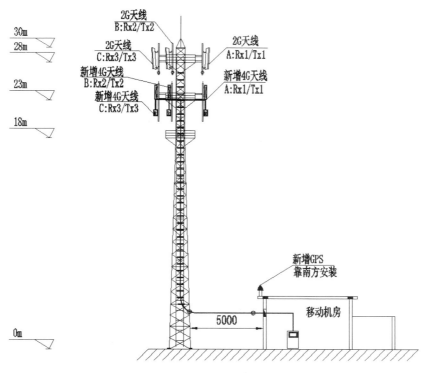

图 14-9　李市镇和平村雷鸣山 900G 天面设备安装及线缆路由示意图（二）

【同步训练】

1. 项目描述

在重庆某运营商某期 LTE 网络扩容工程中，拟在"王市镇三界村 900G"基站中增加 LTE 无线主设备。江津区王市镇三界村地理位置如图 14-10 所示，已知原有通信机房及天面建设于三界村村委会办公楼楼顶，建设此基站的目的主要为完成以下几个区域的覆盖。覆盖区域 1：三界村村委会办公楼正北方向的居民区域；覆盖区域 2：三界村村委会办公楼正东方向的居民区域；覆盖区域 3：三界村村委会办公楼西南方向的厂房区域。

2. 机房条件

机房修建于 2006 年。机房内蓄电池组、交流配电箱、配套设备等均处于正常使用状态，且能满足扩容要求；机房内开关电源柜中剩余空开、熔丝数量满足扩容要求；在 2G 网络建设时已在机房内安装一个无线综合柜，且剩余空间较为充足，满足 LTE 主设备的安装需求。机房原有设备布置如图 14-11 所示。

机房内走线架安装完好，能满足新增设备后线缆的敷设要求，机房内原有走线架安装示意图如图 14-12 所示。

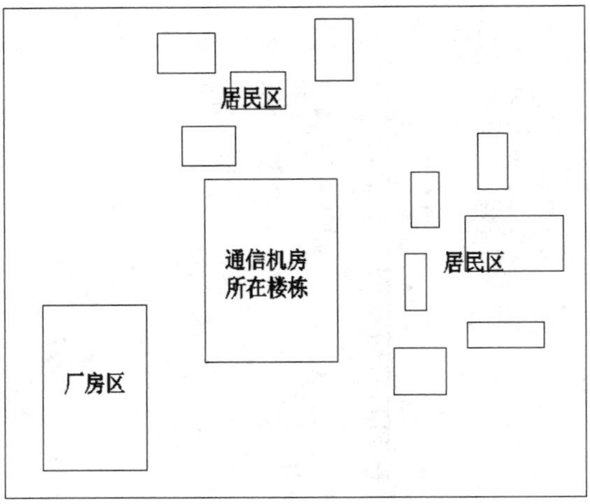

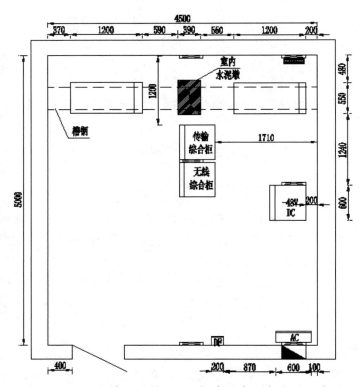

图 14-10　王市镇三界村 900G 周边环境示意图

图 14-11　王市镇三界村 900G 机房原有设备布置示意图

3. 天面及覆盖情况描述

基站天面位于三界村村委会 12 楼顶，楼顶上无任何阻碍物，女儿墙高 1.4 米，厚 0.3 米。在此天面上已安装 GSM 天线三根，安装方式为附近 3 米抱杆安装。原天面俯视图如图 14-13 所示。

请根据以上项目背景，完成此项目的无线设计。

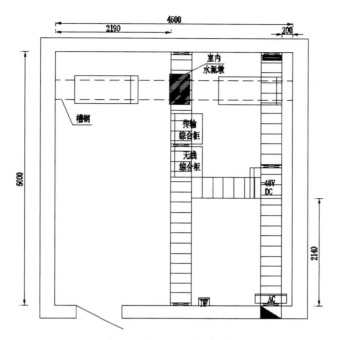

图 14-12　王市镇三界村 900G 机房走线架布置示意图

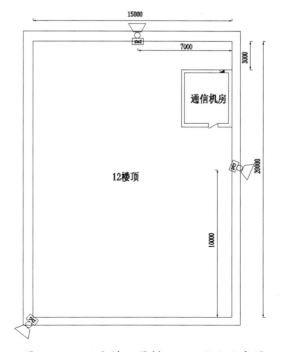

图 14-13　王市镇三界村 900G 天面示意图

【拓展实训】

1. 项目描述

在某运营商某期 LTE 网络扩容工程中，根据网络统一规划，需要完成江北区科威公司研发楼附近员工食堂、员工住宿区以及员工活动中心的 LTE 网络覆盖。

经与科威公司后勤部工作人员进行交流，科威公司愿意提供研发楼楼顶用于安装 LTE 天线，但该公司后勤部工作人员考虑到房屋承重原因，不愿意提供该公司区域内任何位置用于修建基站。通过查询现网数据得知，此运营商在 2009 年已在距离科威公司东北方向 1km 外的迅捷公司楼顶修建有通信机房，如图 14-14 所示。且经过现场勘察，迅捷公司机房内空间及设备满足扩容要求，迅捷公司到科威公司间也有用于布放光缆的通信专用管道，经网络部工作人员与设计人员一致确认，拟将此基站建设方式选定为新建老站拉远。将主设备 BBU 安装在迅捷公司的机房中，RRU 及天线安装于科威公司研发楼楼顶。BBU 与 RRU 之间通过光缆进行连接，光缆沿专用通信管道进行敷设。

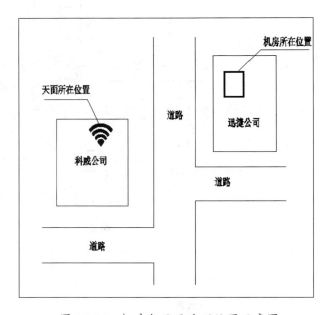

图 14-14　机房与天面地理位置示意图

覆盖区域与天面位置如图 14-15 所示，建设此基站主要为完成以下几个区域的覆盖。覆盖区域 1：科威公司研发楼东北方向的员工食堂；覆盖区域 2：科威公司研发楼正南向的员工宿舍 A 栋和 B 栋；覆盖区域 3：科威公司研发楼西北方向的员工活动中心。

2. 机房情况

机房修建于 2009 年，机房建设于迅捷公司楼顶。机房内蓄电池组、交流配电箱、配套设备等均处于正常使用状态，且能满足扩容要求；机房内开关电源柜中一次下电空开已经全部使用；在 2G 网络建设时已在机房内安装一个无线综合柜，且剩余空间较为充足，足以满足 LTE 主设备的安装需求。机房原有设备布置如图 14-16 所示。

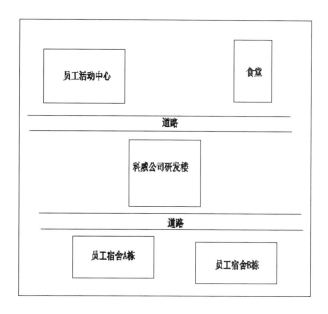

图 14-15　天面与覆盖区域地理位置公布示意图

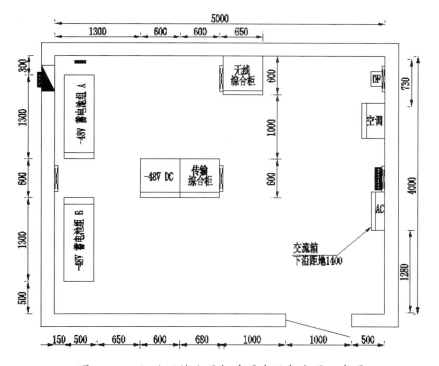

图 14-16　江北迅捷公司机房原有设备布置示意图

项目 14

/ 207 /

机房内走线架安装完好，能满足新增设备后线缆的敷设要求，机房内原有走线架安装示意图如图 14-17 所示。

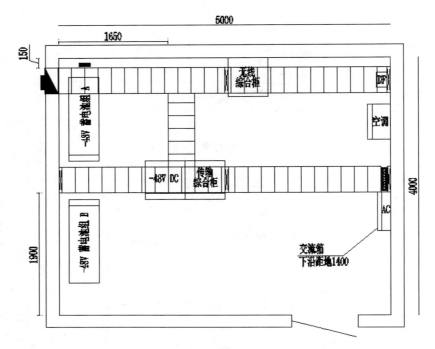

图 14-17　江北迅捷公司机房走线架布置示意图

为保证时间同步，LTE 系统还应安装 GPS 天线一副，GPS 的安装位置应放置于 BBU 安装一侧，即迅捷公司楼顶，故还应对迅捷公司楼顶进行现场勘察，勘察后的 CAD 成图如图 14-18 所示。

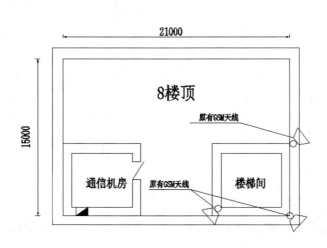

图 14-18　江北迅捷公司天面示意图

3. 天面及覆盖情况描述

基站天面位于科威公司研发楼顶楼，楼顶上无任何阻碍物，女儿墙高 1.4 米，厚 0.3 米，满足通信专用抱杆的安装条件。天面俯视图如图 14-19 所示。

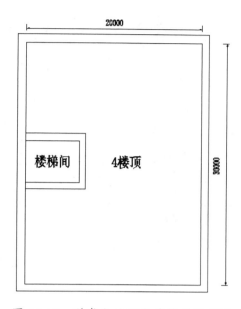

图 14-19　科威公司研发楼楼顶俯视图

请在上述项目背景情况下，编制出对应的基站无线设计方案。

项目 15
移动通信 LTE 新建基站设计

【知识目标】   了解新建基站的概念，知道基站房屋选型的原则，熟悉容量站、覆盖站的划分标准，掌握新建基站建站原则，了解雷暴区域划分原则及站址选择原则。掌握新建基站天面勘察的要求，熟悉基站配套电源的配置原则。

【能力目标】   能够区分共址基站和新建基站在建设方式上的不同。熟练使用各种勘察工具，独立完成新建基站的天面勘察，能够填写 4G 新建基站现场勘察情况记录表。能够根据建网需求，结合施工现场具体情况，根据新建容量站建设原则、覆盖站建设原则、雷暴区域划分原则、站址选择原则做出正确的基站选址操作。灵活掌握新建基站的电源配置原则，对外市电引入、室内不间断供电系统和空调设备做出正确的配置。

15.1 共址建设与新建建设的区别

移动通信基站的建设方式分为共址建设和新建建设两种方式。上一项目中讲述了共址基站设计的具体方法和步骤。共址建设，即是在原有的通信机房中新增某种网络的无线主设备，两个或多个网络共用同一个机房。由于存在机房选址困难、人为干扰影响过大等因素，现在的通信基站建设一般都采用共址建设方式。目前在通信基站扩容工程中，共址建设方式占据了较大的比例。

在通信工程中，还有另外一种较为常见的基站建设方式即新建基站建设。新建基站的建设顾名思义，即是根据网络规划的结果，在指定的某块区域内通过租用、购买或是自建的方式，获得一间全新的通信机房，并在此通信机房内安装通信设备，实现通信基站从无到有的过程。由于各大运营商在早期网络建设过程中已经建设了大量的通信基站，所以现在的工程中共址建设的比例比较大，但在某些区域内仍然存在通信信号的覆盖盲区，只有通过在这些区域内新增通信机房，安装通信设备，才能解决盲区内的通信信号覆盖。此外，建筑行业尤其是房地产开发的蓬勃发展也同样需要大量的新建通信基站保证新建楼宇及道路的信号覆盖。

15.2 基站房屋选型原则

基站的机房来源主要分为租用机房、购买机房和自建机房三大类。

15.2.1 租用及购房选型原则

对于需租用或购买房屋的站点，一般要求基站最小面积不得小于 20 平方米。且满足通信机房的基本要求，如远离加油站、远离工业污染区域等。

15.2.2 自建房选型原则

自建房的种类较多，常用的种类如表 15-1 所示。

表 15-1　常见自建房分类

类型	尺寸	BTS 位置	电源设备位置	传输设备位置	电池组位置	空调位置
自建房	5×4（m²）	8 台	2 台	2 台	2 组	1 台
自建房	4×3（m²）	3 台	1 台	2 台	2 组	1 台
自建房	3×3（m²）	2 台	1 台	1 台	2 组	1 台
活动房	5×4（m²）	8 台	2 台	2 台	2 组	1 台
活动房	4×3（m²）	3 台	1 台	2 台	2 组	1 台

机房配置时应按机柜的需求数量进行合理选型，机柜配置应按照满配置进行考虑，

一般建议大容量覆盖站配置 5×4（m^2）或 4×3（m^2）两种类型的房屋，对于高速路、铁路沿线的覆盖，由于系统容量较小，针对此类站点建议配置 4×3（m^2）或 3×3（m^2）两种房屋类型。

15.3 新建基站建站原则

物理意义上新增一个站点被定义为新建基站，工程中新建基站根据基站的覆盖目的不同，又可以细分为容量站和覆盖站两种类型。

15.3.1 容量站建设原则

容量站以满足频率规划要求、小区分裂为主，对高话务小区（单小区预测话务超过 30Erl 的小区）应首先分析话务量的来源，分析话务量来源时要搞清楚话务量是来源于原有基站的覆盖主区域，还是由于原有宏基站下带的直放站扩大了覆盖面积从而导致的话务量迅速增长。对于第二种情况，即下带直放站带来的话务量增长，可考虑将直放站更换为微蜂窝或宏蜂窝基站；而对于原覆盖区域内的话务增长，可考虑在原有机房内建设 GSM-1800MHz 小区或是在原有机房附近新建 GSM-1800MHz 基站。

GSM-1800MHz 基站的建设需要结合周边站点综合考虑，若周边站点话务较小，可考虑在周边站点增加小区或调整周边基站主覆盖区域来分担高话务小区的话务负担。对于个别高话务小区，若基站没有下带直放站，可考虑将高话务小区改建为 GSM-900MHz/GSM-1800MHz 双频小区（共站新建 1800MHz），以提高基站容量，减小新建基站的成本。GSM-1800MHz 基站尽量形成连续覆盖，部分高话务密集区可考虑通过增加室内覆盖或新建部分街道站来分担室外宏站容量压力。

若周边基站密度较小或配置较低，在满足频率规划的前提下可考虑将这些基站扩容至大配置或在其附近新建 GSM-900MHz 站点用以解决话务量过大的问题。

15.3.2 覆盖站建设原则

覆盖站的主要功能用于解决覆盖盲区内的信号覆盖。由于我国正处于城镇化的高速发展阶段，许多城市与城市之间修建了大量的高速公路及高速铁路，为了保证用户在乘坐汽车或火车的时候也能够接入到移动通信网络中，在这些新修的高速公路及高速铁路沿线上需要新建大量的覆盖站点用于解决这些区域内的网络覆盖。

由于在高速公路和铁路附近建站存在选址困难，建设难度大、投入资金高等问题，所以高速公路和铁路的覆盖应首先考虑在现网已有基站上进行优化调整，如增加大功率载波、多载波放大器、增加小区（含拆除功分器）、更换天线以及在有条件的情况下提升天线挂高等手段解决。

另一方面，在各个城市内部，新修楼盘、新修道路、城市改建、扩建等项目的开展带来了人口居住场所的变迁，用户所到之处也应该是移动通信网络覆盖之处，为了解决这些新建楼盘、道路的网络覆盖，也需要加快新建覆盖站点的建设步伐。

15.3.3　雷暴区域划分原则

新建站点应充分考虑站点所在区域的"雷电活动区"，了解所在区域内的平均雷暴日天数，根据年平均雷暴日的数量，将雷电活动区分为少雷区、中雷区、多雷区和强雷区，一般划分标准如下：

（1）少雷区为一年平均雷暴日不超过 25 天的地区。

（2）中雷区为一年平均雷暴日在 26 ～ 40 天的地区。

（3）多雷区为一年平均雷暴日在 41 ～ 90 天的地区。

（4）强雷区为一年平均雷暴日超过 90 天的地区。

新建基站应尽量将基站建设在少雷区域内。

15.3.4　站址选择原则

通信机房是通信系统的核心部分，每个通信机房的工程质量直接影响到整个通信系统的稳定可靠，也影响到通信网络的布局合理性和经济有效性。因此，通信机房的选址应首先满足通信网络规划和通信技术的要求，并结合水文、地质、地震、交通、城市规划等因素进行综合比较后选定。在选址时还应注意以下问题：

（1）参照附近基站的话务分布情况，对需覆盖区域进行话务量的分布预测，将基站设置在真正有话务需求的地点。

（2）新选机房宜选择在待覆盖区域中心位置，避免主要话务区处于小区边沿，天线高度建议高出覆盖区域平均建筑高度 10 米左右，在覆盖目标区域的方向应无明显阻挡（近距离的遮挡对基站的覆盖范围影响很大，遮挡物的背面会出现阴影，造成覆盖盲区），站点位置相对高度区间在 15 米至 35 米之间。

（3）基站站址在目标覆盖区内尽可能以蜂窝状规则分布，以利于优化。

（4）在组网方式上应以宏蜂窝基站为基础，微蜂窝基站、射频拉远、直放站、室内外分布系统作为有力补充。

（5）主要话务区域内的基站应当按照高负荷目标进行配置，机架数量、天线数量、开关电源容量和蓄电池容量都应以高标准进行配备，保证站址相对稳定，尽量避免将基站选择在待拆迁区域内，载频应根据周边基站配置及其话务量综合考虑后进行配置。

（6）应综合考虑其他如广播电视系统、非本运营商的移动通信系统的干扰因素，当修建位置出现其他有干扰的通信系统时，需要保证系统间的空间隔离。选定地址前应测试覆盖效果或测试目标位置周围其他运营商的信号覆盖情况以作参考。

（7）基站站址不宜选择在易燃、易爆建筑物场所附近，如加油站、加气站等。

（8）基站站址不宜选择在生产过程中散发有害气体、多烟雾、粉尘、有害物质的工业企业附近。

（9）基站站址宜选择在地形平坦、地质良好的地段，应避开断层、地坡边缘和有可能塌方、滑坡和有开采价值的地下矿藏或古迹遗址的地方，选择在不易受洪水淹灌的地区。

15.4　　新建基站天面勘察要求

不同于共址基站的天面勘察，新建基站的天面勘察有着特殊的要求，具体为：

（1）新建基站首先应确定站址合理性，必须与无线仿真负责人员（或片区负责人）现场确认拟选站点的经纬度、方位角，天线挂高等相关信息。

（2）充分了解该站点建站目的，将该站点划分为覆盖站或是容量站，需要详细记录各个扇区覆盖方向上环境（地形、地物、地貌）。

（3）记录各个扇区覆盖方向上阻挡情况。

（4）记录天面上其他运营商的天线，或是其他对本通信系统会造成干扰的具体位置。

（5）精确记录本期天线安装位置，安装方式，天线选型，天线改造情况，天线挂高，天线方向角，与其他天线的隔离距离。

（6）为打消居民对通信基站辐射的顾虑，现场需要与网优人员确定天线的美化方式。

（7）详细记录 GPS 安装位置。

（8）根据现场情况，选择室外光缆和电缆使用的保护方式，选择使用走线架、走线槽或是 PVC 管，记录新增走线架、走线槽或 PVC 管的安装位置，同时估算长度。

（9）绘制室外天馈施工草图，包括塔桅位置、馈线路由（室外走线架及爬梯）、共址塔桅、主要障碍物等，尺寸应尽可能详细，如屋顶的楼梯间、水箱、太阳能热水器、女儿墙等位置及尺寸（含高度信息）、梁或承重墙的位置、机房的相对位置等信息。

（10）照相：首先应拍摄基站天线所在建筑的照片，明确天线安装地点。其次还要记录天面具体情况，在安装天线的位置进行拍照，包括新增天线安装位置、天面附近环境等内容。其中，在进行天面附近环境拍照时，为更加详细地记录现场情况，要求以 0 度为起始角度，每隔 45 度拍摄一张照片，共 8 张照片。同时对主要覆盖进行单独拍照。

15.5　　基站配套电源配置原则

15.5.1　电源系统配置基本原则

新建宏基站均需配置 1 套交直流供电系统，分别由 1 台交流配电箱（屏）、1 套 –48V 高频开关组合电源（含交流配电单元、高频开关整流模块、监控模块、直流配电单元）和 2 组（或 1 组）阀控式蓄电池组组成。

室外一体化开关电源的设计

新建宏基站要求引入一路不小于三类的市电电源。站内交流负荷应根据各基站的实际情况按 10kW ～ 25kW 考虑，基站交流负荷容量计算参考如表 15-2 所示。

表 15-2　基站交流负荷容量估算表

	GSM-9TRX	GSM-18TRX	LTE-9TRX	LTE-18TRX	备注
空调	2500W（1台3匹）	2500W（1台3匹）	5000W（1台3匹）	5000W（1台3匹）	机房面积大于35平米时，按照实际空调配置计算功耗
照明+其他	500W	500W	500W	500W	含传输和监控负荷
主设备	1200W	1400W	3440W	8110W	2G设备按3.5A/TRX，48V，考虑开关效率90%
电池	3840W	3840W	6400W	6400W	300Ah×2 或 500Ah×2，考虑开关效率90%
合计交流容量	8.04kW	8.24kW	15.34kW	20.01kW	

在交流负荷方面，新建宏基站交流负荷容量计算参考以下方法：

（1）交流配电箱的容量按远期负荷考虑，输入开关要求为100A，站内的电力计量表根据当地供电部门的要求安装。

（2）新建基站的宏蜂窝无线设备、传输设备和监控设备的功耗值根据设备的参数说明按实际情况进行计算。

（3）新建宏基站蓄电池组的后备时间应结合基站重要性、市电可靠性、运维能力、机房条件等因素给予确定，建议如下表 15-3 所示。

表 15-3　新建宏基站蓄电池组的后备时间建议表

基站场景	蓄电池组后备时间要求
市区基站	≥ 3h
城郊及乡镇基站	≥ 5h

（4）新建宏基站宜配置 2 组蓄电池，机房条件受限或后备时间要求较小的基站可配置 1 组蓄电池。

（5）新建宏基站高频开关组合电源机架容量均按 600A 配置，整流模块容量按实际负荷配置，整流模块数按 n+1 冗余方式配置。

（6）新建宏基站地线系统应采用联合接地方式，即工作接地、保护接地、防雷接地共设一组接地体的接地方式。在机房内应至少设置 1 个地线排。

（7）新建宏基站内电源电缆均应采用非延燃聚氯乙烯绝缘及护套软电缆。

（8）对于无专用机房或机房条件受限的小型基站，条件许可的情况下尽量采用直流 –48V 电源供电。

15.5.2　外市电引入

工程新建站外市电引入根据建设性质分为以下三类：

（1）对于话务量密集的城区，外市电引入不少于 30kW。

（2）对于话务较集中地区，外市电引入不少于 20kW。

（3）对于农村站点，外市电引入不少于 15kW。

（4）对于微基站，外市电引入不小于 5kW。

15.5.3　室内不间断供电系统

（1）开关电源。

工程新建站点原则上全部采用 –48V 直流供电系统，开关电源配置原则如下：

$$N=CEILING((I1+I2)/I3,1)+1$$

其中：

N：整流器模块数（个），计算结果向上取整

I1：基站满配时最大运行电流（A）I1=W/V

W：直流耗电量

V：直流电压

I2：浮充时蓄电池补充电流（A）

$$I2=C×N×Q$$

C：充电系数，取值范围 0.1 至 0.2，一般工程按照 0.1 计算

N：蓄电池配置组数

Q：单组蓄电池容量

I3：单个整流器最大支持电流（A），新建基站按照 50A 计算

1：备份整流器模块

工程中常见的室内开关电源配置主要有 –48V/200A、–48V/250A、–48V/300A 几种方式。

（2）蓄电池。

一般通信基站均选用 3 类供电系统，根据规定放电时长取定为 10 小时，新建站蓄电池的配置原则为：

$$Q \geq \frac{KIT}{\eta[1+\alpha(t-25)]}$$

其中：

Q：蓄电池容量（Ah）

K：安全系数，取 1.25

I：负荷电流（A）

T：放电小时数（h），见表 15-4

η：放电容量系数，见表 15-5

t：实际电池所在地最低环境温度数值，所在地有采暖设备时，按 15° 考虑，无采

暖设备时，按 5° 考虑

α：电池温度系数（1/℃），当放电小时率 ≥ 10 时，取 $\alpha=0.006$；当 10> 放电小时率 ≥ 1 时，取 a=0.008；当放电小时率 <1 时，取 $\alpha=0.01$

表 15-4　市电类别与蓄电池放电时间表

市电类别	每组蓄电池的放电时间（小时）
1 类	1 ～ 2
2 类	2 ～ 3
3 类	8 ～ 10
4 类	16 ～ 20

表 15-5　蓄电池容量系数表

电池放电小时数（h）	0.5	1	2	3	4	6	8	10	≥ 20
放电终止电压（V）	1.70	1.75	1.75	1.80	1.80	1.80	1.80	1.80	1.80	1.80	≥ 1.85
放电容量系数	0.45	0.4	0.55	0.45	0.61	0.75	0.79	0.88	0.94	1.00	1.00

新建基站中常见的蓄电池组选配原则为 –48V/300Ah×2 和 –48V/500×2 两种配置。

15.5.4　室外不间断供电系统

虽然新建基站的设备一般都是安置在通信机房内，但天线与 RRU 一般都是采用室外安装方式，当 RRU 与基站之间距离较远时，不能将 RRU 连接到室内机房的开关电源进行取电，这种情况下，需采用室外不间断供电系统对 RRU 进行供电。

工程中常见的室外型开关电源有 –48V/120A（内置 –48V/200Ah 电池组）或 –48V/30A 两种配置。

15.5.5　空调系统

为了保证通信机房内所有设备的安全运行，新建机房还必须配置室内空调，配置原则为：

（1）根据无线设备和传输设备对机房环境的要求，基站室内温度范围为 10℃～30℃，湿度范围为 15% ～ 80%。夏季空调室内计算温度为 28℃，计算相对湿度为 50%。

（2）基站的设备散热量包括无线设备的室内部分散热量、传输和监控设备散热量、电源设备散热量（无线设备的室内部分散热量、传输和监控设备散热量与其功率相同，电源设备散热量为其功率的 10%）。

（3）考虑到通信设备扩容的需要，基站空调机应根据远期的设备散热量配置。

（4）严寒地区、寒冷地区的基站宜选择热泵型空调机，夏热冬冷地区、夏热冬暖地区和温和地区的基站，宜选择冷风型空调机。此外，为了降低空调运行成本，可根据当地室外空气环境情况选择基站节能型设备（包括基站智能通风节能系统、智能换热节能系统、一体化节能型空调机或其他类型的节能空调设备）。

（5）空调机应满足基站监控系统的要求，采用智能空调监控接口。

对于一般的通信机房，空调的推荐配置为一台功率为 3P 的冷风型空调机，部分有房间分隔或房间过大时考虑可考虑配置 2 台，配置参考表 15-6。

表 15-6　机房空调类型选配建议表

机房面积（m^2）	无线设备的载频配置（N：个）	空调机配置	空调机类型
A≤15	N≤6	2HP 机 1 台	冷风型舒适性空调机
	7≤N≤18	3HP 机 1 台	
	19≤N≤36	5HP 机 1 台	
15<A≤25	N≤12	3HP 机 1 台或 2HP 机 2 台	
	13≤N≤36	5HP 机 1 台或 3HP 机 2 台	
25<A≤35	N≤6	3HP 机 1 台或 2HP 机 2 台	
	7≤N≤24	5HP 机 1 台或 3HP 机 2 台	
	25≤N≤36	5HP 机 2 台	

15.6　项目实施

15.6.1　项目描述

在某运营商某期 4G 网络建设工程中，为解决渝北区光华中学新校区的 4G 网络覆盖，拟在此学校新校区内建设 4G 移动通信基站一个。光华中学新校区楼宇分布图如图 15-1 所示，处于学校正中位置的是学校教学楼。在教学楼东北方向是学校图书馆，综合楼和学生宿舍分别位于教学楼的东南和正西方向。在此校区内新建基站主要为了解决宿舍、教学楼、图书馆及综合楼的信号覆盖。

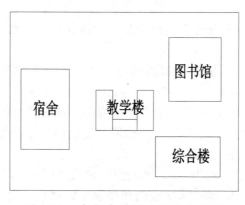

图 15-1　光华中学校内楼宇分布图

经过现场勘察及分析，四栋楼宇均满足机房安装及天线安装的工程要求。由于教学楼位于整个覆盖区域的中心，将教学楼选择为基站建设点，可以实现对其他几栋楼宇的完全覆盖，覆盖效果最为理想，经与校方协商后确定，将在教学楼六楼顶新建通信机房一个，并在此楼面上安装 4G 通信系统的天线。现场勘察后采集到的数据见表 15-7。

表 15-7　现场勘察记录表

中国移动通信集团 XX 分公司 _____		LTE 网络扩容 _____		工程勘察记录表
分公司	渝北	配合人员	王 XX	勘察日期：2016 年 7 月 18 日
基站名称	渝北光华中学	基站地址	重庆市渝北区鸳鸯镇光华中学	杆、塔类型 / 高度：附墙型通信杆 /3 米
经度：106.25956		纬度：29.62387	站点类型：新建	方向角：45°/130°/270°
机房类型	自建活动板房	自建房尺寸	4×5	下倾角：4°/4°/4°
设备类型：华为 BBU3900		小区配置：2/2/2	天线挂高：18	天线类型：LTE 定向天线增益 15.5dBi
开关电源容量配置：300A		电池：500Ah*2	用电类型：-48V	外市电类型 380V
传输方式		PTN		市电容量：20kW
上端站：无		下端站：无		雷电活动区：少
共建共享情况：暂无其他运营商提出共建共享需求				
覆盖区域描述（类型）	A 小区：光华中学图书馆及周边道路	其他运营商覆盖情况	备选站点上无其他运营商机房及天线	
	B 小区：光华中学综合楼及周边道路			
	C 小区：光华中学宿舍及周边道路			
备选站址 1	光华中学教学楼楼顶	经度：106.25956　纬度：29.62387		
备选站址 2	光华中学图书馆楼楼顶	经度：106.25939　纬度：29.62362		
备选站址 3	光华中学综合楼楼顶	经度：106.259525 纬度：29.62316		
勘察人员 / 日期	张 XX　2016.7.18	分公司负责人 / 日期：王 XX 2016.7.18		

15.6.2　项目实施

本项目建设类型属于新建基站，与共址基站建设不同的是，本机房内没有任何通信设备和电源设备，所有设备的材料都需要进行统一设计。一般情况下，通信机房内

项目 15

主要设备可以分为无线设备、传输设备和电源设备。本次新建项目将从以上三个部分进行详细分析和设计。

机房走线架的设计

1. 无线设计

工程中一般将 BBU、RRU 和天线以及它们的附属设备划分为无线设备。BBU 需要安装在综合柜内，所以在本基站的设计中，首先应在室内增加一个无线综合柜用于安装无线主设备 BBU。RRU 和天线均安装在室外，所以在机房设计时暂不涉及，具体将在天面设计中进行讲述。同时，安装 BBU 之后还必须要在设计中体现 BBU 连接线缆的各种走线路由，所以在无线设计中，不仅要对 BBU 的安装位置和方式进行设计，同时还需要设计室内水平走线架和垂直走线架，并标示清楚与 BBU 相关的线缆布放路由。

图 15-2 为本基站的无线设备布置设计图，图中加粗设备表示此设备是在本分册设计下新增，虚线设备表示为其他分册设计预留位置。此设计图主要讲述无线主设备 BBU 的安装位置及安装方式。由于 BBU 需要安装在室内无线综合柜中，所以在设计中新增了一架无线综合柜。此外，机房内设备均要有接地保护，所以在本设计中，同时还设计新增两块保护地排，分别为室内总地排和室内馈线接地排。其中，室内总地排用于设备的保护接地，室内馈线接地排属于预置地排，本次工程中不会使用到，但后期若在此基站中新增 GSM 柜式设备，在馈线转接处，会用到此地排。

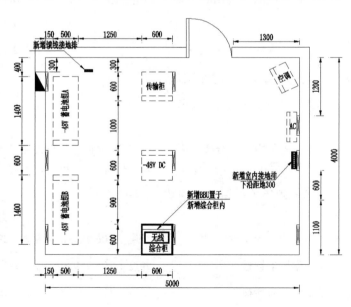

图 15-2　光华中学基站无线设备布置示意图

室内水平走线架和垂直走线架的设计如图 15-3 所示。由于本基站是新建基站，按照工程规范，还应新增室内水平及垂直走线架。其中，水平走线架用于线缆的水平走线，垂直走线架不仅用于线缆的垂直走线，同时还起到支撑水平走线架的作用。图中，加粗方框代表新增水平走线架。由于此图是俯视平面图，从这个角度看不到垂直走线架的具体安装方式，图中用数字进行了代替，图中①至⑩处分别表示在此处新增垂直走线架一根。BBU 到室内开关电源取电、BBU 与综合柜的接地线、BBU 到传输设备及 BBU 到 RRU 之间的连接线缆设计在此设计中完成。

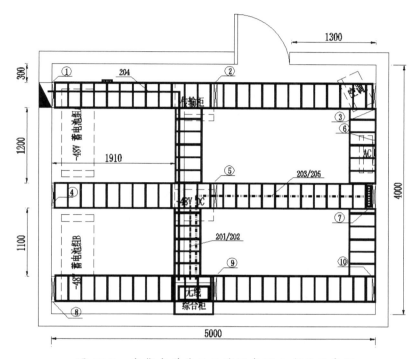

图 15-3 光华中学基站无线设备路由布放示意图

为了区别不同的线缆，根据工程标准，设计图中将不同的线缆的线型进行了区分，并同时进行了编号，如 204 代表 BBU 到 RRU 之间的光缆。由于连接室内开关电源正负极与 BBU 正负极的线缆所走路由均相同，所以 201 和 202 两条线进行了归一处理。203 和 205 分别代表从室内总地排至 BBU 和无线综合柜间的接地线缆，而 BBU 又是安装在无线综合柜内，所以此处也同样进行了归一处理。每种线缆的具体编号和长度见表 15-8。其中，线缆长度 = 水平长度 + 垂直长度 + 工程预留量。

表 15-8 无线册设计线缆使用表

线缆编号	线缆路由		线型	长度
	线缆起	线缆止		
201	BBU	室内开关电源正极	RVVZ-1*10	5
202	BBU	室内开关电源负极	RVVZ-1*10	5
203	BBU	室内总地排	RVVZ-1*16	6
204	BBU	RRU	光纤	240
205	无线综合柜	室内总地排	RVVZ-1*16	7

2. 电源设计

在完成室内无线设备的设计之后，还需要对室内的电源设备进行设计。电源设备主要为机房内的其他设备的正常运行提供电力支撑。通信机房内的电源设备一般包括外市电源、室内交流配电箱、室内开关电源、蓄电池组等设备。外市电指从外部取电至机房室内交流配电箱，保证了机房内的电源供给。到达交流配电箱的电流仍然是交流电，而机房内大多数通信设备的正常工作电都是 –48V 直流电，所以机房内还需要将交流配电箱中 220V/380V 的交流电转换为直流电。交流电转换为直流电的操作由室内开关电源完成，室内开关电源从交流配电箱取电，通过室内开关电源的振流模块振流之后，即可将交流电转换为通信设备所需的工作电压进行输出。

此外，在进行新建通信机房设计时还应该注意后备电力的保障。通信机房内的电力保障方式分为两种。一种是当外市电断电后，用柴油发电机进行发电，将发电机的输出端与室内交流配电箱的输入端相连，保证机房内有持续电力输入。另外一种方式是在机房内配备蓄电池，当外市电断电之后，由蓄电池直接将 –48V 的直流电流输入到室内开关电源，保证通信设备的正常运行。发电机能耗高，搬运不方便，供电效果也不如蓄电池理想，现在的工程中一般采用所有机房配置蓄电池，区域范围内配置发电机的方式来保证机房电源的不间断供应。本基站的设计不考虑发电机的设计，仅针对蓄电池进行设计。

上述电力设备和通信设备在工作过程中会产生大量的热量，同时通信机房一般都是密闭空间，大量热量无法传递到外部。为了避免室内温度过高对设备产生损害，在机房室内设计时还应考虑安装空调用于降温。新建基站电源册设计如图 15-4 所示。

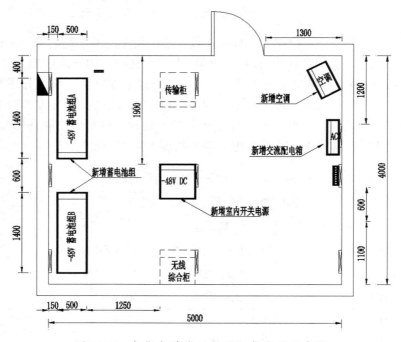

图 15-4　光华中学基站电源设备布置示意图

　　室内电源系统之间也需要进行正确的连线才能保证电源系统的正常运行，电源系统间常见的连线有：室内开关电源到交流配电箱之间，蓄电池组之间，蓄电池组至开关电源之间，交流配电箱至空调之间，以及各个设备的接地保护线，具体的线缆布放路由设计图如图 15-5 所示。

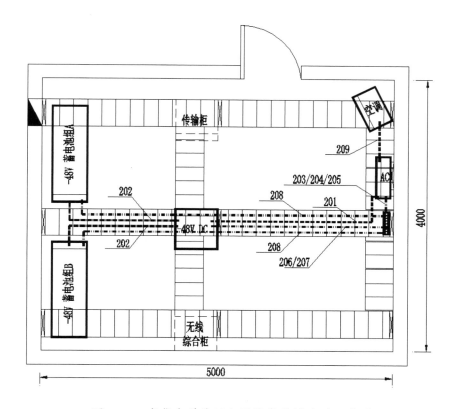

图 15-5　光华中学基站电源设备线缆布放示意图

　　为了避免混淆不同的线缆类型，本设计也同样遵从设计规范，通过设计不同的线缆线型，将不同的线缆进行区分。归一化操作与无线册中的操作一致。在进行电源册设计时所使用到的线缆长度，以及线缆连接方式和规格型号见表 15-9。

表 15-9　电源册设计线缆使用表

编号	导线路由		规格尺寸	条数	每条长	总长
	起	止				
201	交流箱	组合开关电源	RVVZ-4X25mm²	1	6	6
202	组合开关电源	蓄电池组（-）和（+）	RVVZ-1X95mm²	4	5	20
203	交流箱保护地排	室内总地排	RVVZ-1X35mm²	1	3	3
204	交流箱外壳接地	室内总地排	RVVZ-1X35mm²	1	3	3

编号	导线路由		规格尺寸	条数	每条长	总长
	起	止				
205	交流箱防雷模块	室内总地排	RVVZ-1X70mm^2	1	3	3
206	组合开关电源工作地线排	室内总地排	RVVZ-1X35mm^2	1	6	6
207	组合开关电源保护地线排	室内总地排	RVVZ-1X70mm^2	1	6	6
208	电池铁架接地线	室内总地排	RVVZ-1X16mm^2	1	7	7
209	空调	交流箱	RVVZ-5X4mm^2	1	3	3

3. 传输设计

在移动通信网络中，每一个通信机房只是彼此独立的个体节点，要实现整个通信网络的正常通信，还需要将这些机房连接进来，连接的设备一般为 PTN、路由器等。而在移动通信基站中，一般采用 PTN 作为传输承载设备，本次新建基站的完整设计还应包含机房内 PTN 设备的设计。PTN 设备的子架面板如图 15-6 所示，其中每种子架的配置说明见表 15-10。

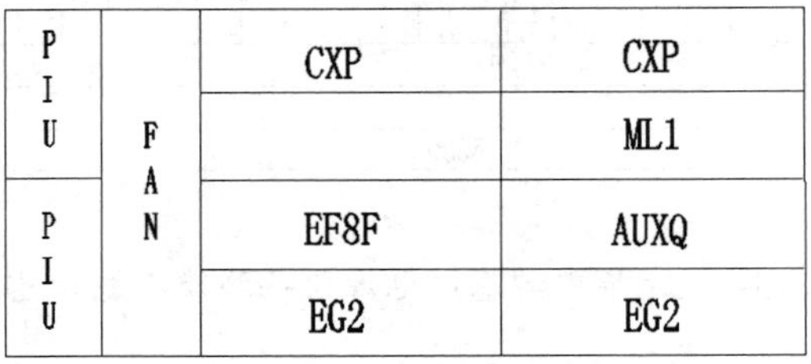

P I U		CXP	CXP
	F A N		ML1
P I U		EF8F	AUXQ
		EG2	EG2

图 15-6　PTN950 设备子架面板图

表 15-10　PTN950 配置说明

序号	板名	说明
1	EG2	2 路 GE 业务处理
2	EG2	2 路 GE 业务处理
3	EF8F	8 路 FE 业务处理板（光口）
4	AUXQ	辅助板，带 4 路 FE 业务接口
5	--	--
6	ML1	16 路 E1 业务处理板（75Ω）
7	CXP	主控、交换、时钟合一
8	CXP	主控、交换、时钟合一

PTN 在工程上的安装和 BBU 很类似，两种设备都需要安装在综合柜内。用于安装 BBU 的综合柜一般称为无线综合柜，用于安装 PTN 和 ODF 架的综合柜称为传输综合柜。无线综合柜和传输综合柜在外观上一模一样，仅是从它们在使用功能上的不同进行划分。

在机房空间较小、无法安装新柜的情况下，两种设备可以共用同一个综合柜。本项目机房空间较大，且考虑到为后期网络扩容留出充足的专用空间，本次设计将根据专业用途的划分，单独新增一个传输综合柜，用于安装 PTN 设备。PTN 及传输综合柜的设计如图 15-7 所示。

图 15-7　光华中学基站传输设备布置示意图

PTN 设备所涉及到的主要线缆包括：PTN 到 BBU 之间的光纤（网线）、PTN 到开关电源取电的电缆以及 PTN 的工作保护接口到室内总地排之间的电缆。同时，本设计中还新增了一个传输综合柜，传输综合柜也需要进行接地保护。本基站在传输册的设计如图 15-8 所示。

传输系统的用电设计较为特别。在开关电源内一般有两排取电端，一排称为一次下电，另外一排称为二次下电。当出现停电时，二次下电端提供的后续电源供给时间更长。为保证整个通信网络的正常运行，无线设备在开关电源内取电时一般接一次下电端，传输设备一般接二次下电端，PTN 到开关电源的取电方式如图 15-9 所示。

PTN 安装之后所涉及到的线缆类型、线缆连接方式及线缆使用情况如表 15-11 所示。

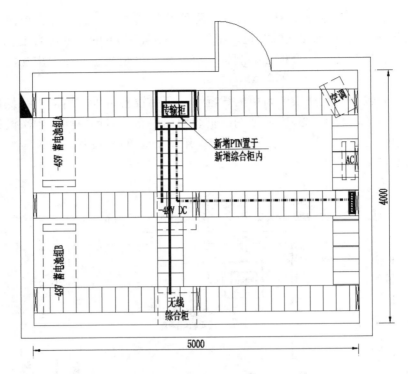

图 15-8　光华中学基站传输设备线缆布放示意图

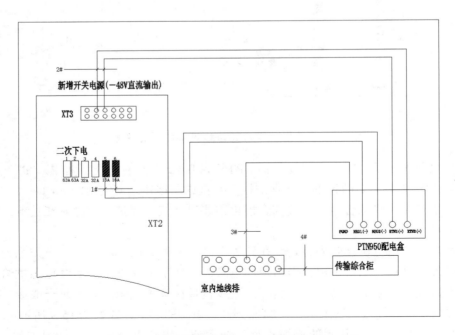

图 15-9　光华中学基站 PTN 设备上电说明图

表 15-11　电源册设计线缆使用表

序号	用途	规格型号	数量	长度	备注
1#	开关电源 −48V 直流端子至 PTN950（一主一备）	16mm²	2	4	厂家提供
2#	开关电源工作地至 PTN950（一主一备）	16mm²	2	4	
3#	PTN950 保护地端子至保护地线排	16mm²	1	6	
4#	传输综合柜保护地端子至保护地线排	16mm²	1	6	

4. 天面设计

根据图 15-1 及勘察情况记录表，此项目的天面选择在处于覆盖目标范围正中心的教学楼顶上，可以实现对目标覆盖区域的全覆盖。天线安装在楼顶的安装方式一般有附墙型安装和锚固型安装两种。根据勘察情况记录表中的信息，此楼房顶楼的女儿墙符合通信工程安装标准，所以选择天线抱杆为附墙型安装方式。

从覆盖角度出发，主覆盖区域 1 图书馆位于基站的东北方向，此方向上安装附墙型天线抱杆，天线安装在抱杆之上，保证此天线的最强辐射方向朝向东北方，即可实现目标区域 1 的 4G 信号覆盖，经现场勘察，此天线与正北方向夹角约为 45°，故小区 1 的方位角选定为 45°。

主覆盖区域 2 综合楼位于教学楼的东南方向，为保证此区域的信号覆盖，只须将第二根天线的最强辐射方向朝向教学楼的东南方，覆盖区域 2 的 4G 信号同样可以解决。根据以上分析及现场具体环境，将小区 2 方位角选定为 135°。

主覆盖区域 3 宿舍位于教学楼的正西方向，根据上述思路，将小区 3 方位角选定为 270°。

本次工程覆盖的区域是校园，主要针对的用户群体是学生群体。学生群体在使用移动网络时的特点是用户在小范围内集中，如在宿舍里或是教室里，同一个范围内同时使用网络的用户数量较多，在遇到这种类型区域的信号覆盖时，一般是采用密集站点的思路进行解决。即建设多个基站，缩短小区半径，保证小区能对小范围内的用户提供优质服务。缩短小区半径的最直接方式就是加大小区下倾角，所以本基站的下倾角分别设置为 6°、6°、7°。

RRU 的建设方式与共址建设中的方式一致。即将 RRU 安装在与天线不超过 3 米的地方，用室外 3 米成品跳线进行连接，结合本站特点，将 RRU 安装在附墙型 3 米抱杆的下方。同时，从室内开关电源引出电源线连接至 RRU，以供 RRU 用电。

本项目的 GPS 安装要求也与共址基站 GPS 的安装要求一致，靠南方安装，同时上方不能有任何遮挡物，结合本工程项目的具体情况，将 GPS 的安装位置定位于机房房顶。设计如图 15-10 所示。

由于本次基站设计是全新设计，除开上述无线设备、电源设备、传输设备和天馈设备之外，同时还需要新增其他附属设备及耗材，如馈线窗、铜鼻子等，具体使用情况如表 15-12 所示。

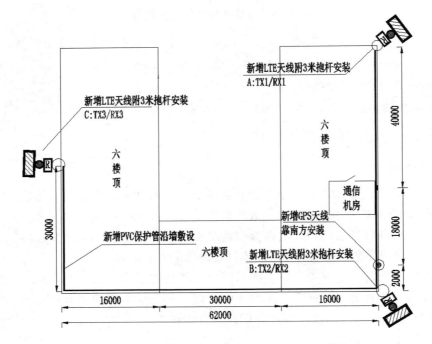

图 15-10　光华中学基站天线设备安装示意图

表 15-12　其余主要材料清单

名称	数量	单位	规格	名称	数量	单位	规格
通信杆	3	根	屋面 3 米附墙		12	个	DT-10
12 孔馈窗	1	个	4 大孔，3 小孔		14	个	DT-16
防火板	1	平方		铜鼻子	8	个	DT-25
防火胶泥	15	斤			12	个	DT-35
扎带	4	包	黑色		4	个	DT-70
	7	包	白色		10	个	DT-95
室内走线架	45	米			2	卷	黑
空调	1	台	3 匹	绝缘胶带	2	卷	红
交流配电箱	1	台	380V/200A		2	卷	蓝
开关电源	1	台	−48V/600A		2	卷	黄
蓄电池	2	组	−48V/500Ah	绝缘子	6	个	
热镀锌扁铁	30	米		综合柜	2	个	
室内总地排	1	块		PVC 管	160	米	φ75
室内天馈地排	1	块		波纹管	25	米	φ75
室外天馈地排	1	块		电源标签	10	张	

在某运营商某期 4G 网络扩容工程中，根据网络规划结果，需要在幸福园小区新建
4G 通信基站一个。幸福园小区内建筑物分布如图 15-11 所示。

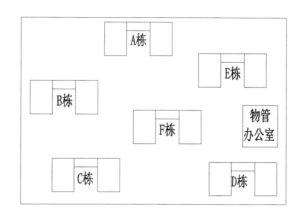

图 15-11　幸福园小区建筑分布图

小区内共有住宿楼宇 6 栋，每栋楼高均为 12 层。经与小区物管办公室工作人员协商，
工作人员允许在此区域内任意一栋楼宇上安装天线，但出于楼房承重的考虑，物业方
不允许运营商在楼顶上建设通信机房。经协商，物管工作人员同意将物管办公楼一楼
一间空闲房间租用给运营商作为通信设备安装机房。机房所在物管办公室的楼层分布
图如图 15-12 所示。

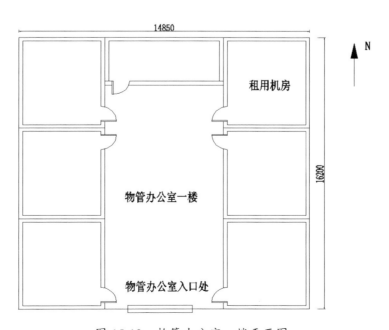

图 15-12　物管办公室一楼平面图

此机房长为 5m，宽为 4m，占地面积为 20m²，满足通信机房的安装要求，平面图如图 15-13 所示。经过现场勘察，建设方与设计方一致认为将天线安装于 F 栋楼顶，覆盖效果最为理想。故决定将此通信基站机房建设于物管办公楼，天线安装于 F 栋楼顶，物管办公楼与 F 栋之间水平距离约为 70m，垂直距离约为 36m，此基站建设方式确定为新建拉远。

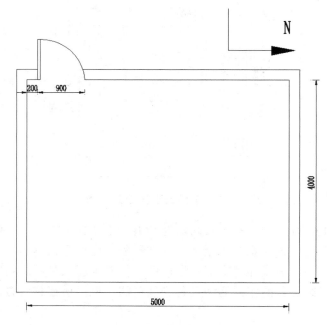

图 15-13　待建机房平面图

F 栋楼楼高为 12 层，经现场勘察，F 栋楼的俯视平面图及建筑尺寸如图 15-14 所示。

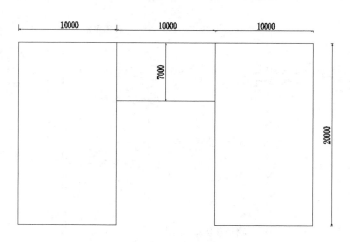

图 15-14　幸福园小区 F 栋平面图

请根据以上项目背景，完成此基站的设计工作。

【拓展训练】

在某运营商某期 LTE 网络扩容工程中，根据网络统一规划，需要完成先锋大道及前进大道两条道路的 LTE 网络覆盖。项目现场情况如图 15-15 所示，先锋大道与前进大道呈十字交叉，两条道路交汇中心有一中心转盘。

经与该市市政管理部门沟通，市政管理部门愿意提供两条道路交汇中心的绿化转盘用以安装天线，但要求运营商安装后的天线要与四周环境保持协调。经到现场勘察后发现，先锋大道与前进大道均为双向四车道马路，两条道路的交汇中心转盘占地面积接近 $500m^2$，转盘基本呈圆形分布，半径约为 12m。

根据市政部门对天线安装后与四周环境协调的要求，设计人员提出两种选择方案。一是在转盘中心新修一根美化灯杆，将天线安装在美化灯杆上。第二种解决方案是在转盘中心安装美化树，将天线安装在美化树内，经市政部门与运营商和设计人员协商，最终确定使用美化灯杆的方式，不仅能完成两条道路的信号覆盖，同时与美化树的方式比较起来，美化灯杆与四周的环境更为协调。

为方便管理，市政管理部门允许在距离转盘约 1.5km 外的位置修建通信专用机房。故此站的建设方式可选择为新建拉远，即在市政部门指定位置处新建一个通信基站，在中心转盘处新建一根美化灯杆，系统天线及 RRU 安装在美化灯杆内，BBU 与 RRU 之间用光缆进行连接，光缆沿专用通信管道进行敷设。

覆盖区域与天面位置如图 15-15 所示，由于先锋大道由东向西段目前修建建筑较少，只有极少量用户接入到移动通信网，故建设此基站的主要覆盖区域可划分为 3 个子覆盖区域。覆盖区域 1：中心转盘至前进大道北向；覆盖区域 2：中心转盘至先锋大道东向；覆盖区域 3：中心转盘至前进大道南向。

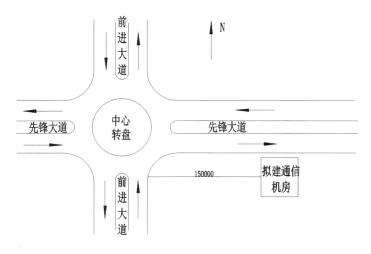

图 15-15　机房与天面地理位置示意图

请根据上述项目背景，完成此基站的无线设计。

项目 16
WLAN 无线局域网覆盖工程设计

【知识目标】   了解 WLAN 网络的基本概念，知晓 WLAN 和 WiFi 的区别，掌握无线局域网的技术要求。能分析 WLAN 网络常见网络架构，掌握系统设计原则。熟悉 WLAN 机房工艺，了解机房内电源供电要求和设备的安装要求。

【能力目标】   能够区分 WLAN 和 WiFi；能独立绘制 WLAN 网络的网络结构，能对覆盖现场的用户需求进行分析，针对覆盖现场的具体环境进行网络规模的预估，能针对具体覆盖场景正确布置 AP，能独立做出正确的频点设置及网络数据配置。

16.1 WLAN 概述

16.1.1 WLAN 基本概念

随着 Internet 应用及移动互联网的迅速发展，笔记本电脑、智能手机等移动智能终端使用量日益增长，用户对无线局域网 WLAN 的需求也急剧增加。

无线局域网 WLAN 是一种极为便利的数据高速传输系统。WLAN 技术的出现弥补了有线局域网络的不足之处，达到了网络延伸的目的。

WLAN 是利用无线通信技术在一定的局部范围内建立的网络，是计算机网络与无线通信技术相结合的产物，它以无线多址信道作为传输媒介，提供传统有线局域网的功能，能够使用户真正实现随时、随地的宽带网络接入。

WLAN 在很多应用领域具有独特的优势，让广大用户享受到更便利、更安全的网络服务。近年来，全球范围内无线局域网的数量急剧增加，成为网络发展的必然趋势。

WLAN 技术利用射频技术进行数据转发和传送，使用 ISM 无线电广播频段通信。在频率占用方面，WLAN 的 802.11a 标准使用 5GHz 频段，支持的最大速度为 54Mb/s，而 802.11b 和 802.11g 标准使用 2.4GHz 频段，分别支持最大 11Mb/s 和 54Mb/s 的速度。

16.1.2 WLAN 的优点

（1）组网灵活。

WLAN 拥有许多不同的配置方式，能够根据不同的现实情况需求进行不同的配置方式选择，实现灵活组网。WLAN 不仅能够让几个用户接入到小型局域网，同时也可以为同时拥有上千用户的网络提供优质的网络服务。

（2）安装方便。

在传统有线网络的建设过程中，受到现场环境限制，工程自身特点等因素的影响，线缆施工的施工周期相对来说是整个网络工程中耗时最长的一部分。在施工过程时，可能还需要破墙掘地、穿线架管，部分工程甚至还涉及到合同谈判、法律纠纷等问题。而 WLAN 最大的优势就是减少甚至是免除了复杂的线缆施工。在 WLAN 网络的接入部分，只需要安装一个或多个接入点 AP 设备，就可保证覆盖区域的信号覆盖。

（3）使用灵活。

在有线局域网中，网络终端设备的安装位置往往会受网络信息点安装位置的限制。如家用电脑一般都安装在调制解调器或路由器旁边。在家庭网络中，如果使用传统的有线接入方式，多个电脑想要同时接入互联网可能会需要重新进行线缆布放。而对于 WLAN 来说，用户可以在无线网络的信号覆盖区域内的任何一个位置接入网络，不再受到地理位置上的限制。

16.1.3　WLAN 与 WiFi 的区别

一般情况下，使用电脑无线上网时，无线网络连接处一般显示的是 WLAN，而在生活中用户使用手机或是平板电脑连接网络时一般都称为连接 WiFi。都是通过无线连接的方式上网，却出现了两个不同的名字，而两种上网方式之间也有着具体的区别。

WLAN 是无线局域网络，是一种数据传输系统。它利用射频技术进行数据的传输，实现无网线、无距离限制的通畅网络。WLAN 使用 ISM 无线电广播频段通信。

WiFi 中文直译名为无线保真技术，是基于 IEEE 802.11 系列标准的无线网络通信技术品牌，目的是改善基于 IEEE 802.11 标准的无线网络产品之间的互通性，由 WiFi 联盟所持有。自从实行 IEEE 802.11b 以来，无线网络取得了长足的进步，因此基于此技术的产品也逐渐多了起来，解决各厂商产品之间的兼容性问题就显得非常必要。简单来说 WiFi 就是一种无线联网的技术，属于在办公室和家庭中使用的短距离无线技术。

两者的主要区别首先体现在从属关系上。WiFi 是无线局域网联盟的一个商标，该商标仅保障使用该商标的产品间可以合作。因为 WiFi 主要采用 802.11b 协议，因此习惯用 WiFi 来称呼 802.11b 协议。在从属关系上，WiFi 可以理解为是 WLAN 的一个标准，WiFi 包含于 WLAN 中，属于采用 WLAN 协议中的一项新技术。其次，两者的无线信号覆盖范围也有较大区别。WiFi 的覆盖范围可达约 90 米左右，而 WLAN 的天线最大覆盖距离甚至可以达到 2km。

16.1.4　WLAN 应用场景

无线局域网为学校、医院、酒店及各大企事业单位提供高速的无线接入能力，以满足各类用户对文本、语音以及多媒体通信业务的需求。对于许多企业来说，相对于固定办公的建设成本，移动办公所必需的基础网络设施和终端设备的投资，在某种程度上已相差无几。而随着产品、技术和市场的逐渐成熟，移动办公所带来的成本优势将不仅仅局限在缩减办公空间和减少支出等方面，还将更多地体现在提高工作效率、提升企业形象和增强企业文化等诸多环节。总体来说，WLAN 的主要应用场景可以细分为以下几个部分。

（1）家庭应用场景。

将 AP 安装于小区内部，或者直接将 AP 部署安装在用户住宅或者楼道内，可以实现对家庭用户室内网络信号的覆盖。在家庭应用场景下，用户相对分散，AP 数量要求较多，AP 与 AC 间可通过运营商的专线网络如 PTN、PON 等进行互联。家庭用户在互联网类型一般为在线音乐、视频等的观看和下载，这些业务均属于高带宽业务，导致了平均在线占用带宽通常比较高。

（2）政企应用场景。

政府或企业自建网络为内部提供 WiFi 覆盖。和普通室内覆盖应用不同的是，政企应用一般要要求较高的安全和认证功能。除了超大型企业外，一般情况下此类网络的网络规模不算太大，只为几十到几百个 AP 的规模。AP 和 AC 间通常是通过内部局域网进行连接，对于大型企业和政府部门，也可能租用运营商传输网络实现 AP 和 AC 互联。

在政企客户应用业务中，通常以无线办公、内部资料传送、视频监控等高带宽业务为主。由于企业规模的扩大、业务的增长，网络的扩展和升级也是不能回避的，在进行此类网络组网时，还应注意关注新业务、新技术的使用和网络扩容的统一。

（3）公用应用场景。

由运营商通过自建或租用 WLAN 网络在公共场合为公众提供 WiFi 覆盖。此类应用一般包括普通公共区域室内覆盖和公共区域室外覆盖应用。面向公众的区域，多为城市热点，具有区域分散，用户密度大的特点，需要实现对网络的精细管控，组网较为复杂。同时，由于区域较为分散，用户可能从一个覆盖区域走向另外一个覆盖区域，此时就要涉及到漫游。WLAN 用户能够漫游是提升用户业务体验的一个重要衡量指标，网络规划和建设时必须要考虑用户的漫游功能。

16.1.5　WLAN 技术要求

无线局域网主要支持高带宽、突发性的数据业务，在室内使用时还面临多径衰落以及其他无线网络间信号干扰等问题。WLAN 网络的实现需要满足以下各种衡量指标。

（1）有效性：为了满足局域网业务量的需要，无线局域网的数据传输速率至少应该在 1Mb/s 以上。

（2）可靠性：无线局域网在误码率、丢包率、网络延时、认证成功率上都要有足够的保证。

（3）保密性：信息不能随意泄露给非授权用户，无线局域网必须采用高效的措施以提高通信保密和数据安全性能。

（4）移动性：支持全移动网络或半移动网络，支持用户在不同网络中的自由切换。

（5）安全性：布置无线局域网时应充分考虑电磁辐射对人体及周边环境的影响。

（6）兼容性：对于室内使用的无线局域网，应尽可能使其跟现有的有线局域网相互兼容。

16.2　WLAN 网络结构

WLAN 网络目前已经广泛应用在生活中的各个场景，WLAN 网络的建设也是各大运营商网络工程中的重要组成部分，WLAN 网络的组网方式也极为灵活，可以根据覆盖现场的具体情况选择不同的网络架构模式，本书仅针对 WLAN 网络组网时最常用的结构进行讨论。典型 WLAN 网络结构如图 16-1 所示。

虽然 WLAN 网络的结构不尽相同，但其中一些网元在不同的结构中均是网络的重要组成，不可缺少。WLAN 网络核心网元主要包括以下组成部分：宽带远程接入服务器 BRAS、接入控制器 AC 和无线接入点 AP。

宽带远程接入服务器 BRAS 是一种新型接入网关，主要面向宽带网络的应用，它是宽带接入网和核心网之间的桥梁，提供基本的接入手段和宽带接入网的管理功能。同时能实现多种业务的汇聚与转发，满足不同用户对传输容量和带宽利用率的要求，因此是宽带用户接入的核心设备。

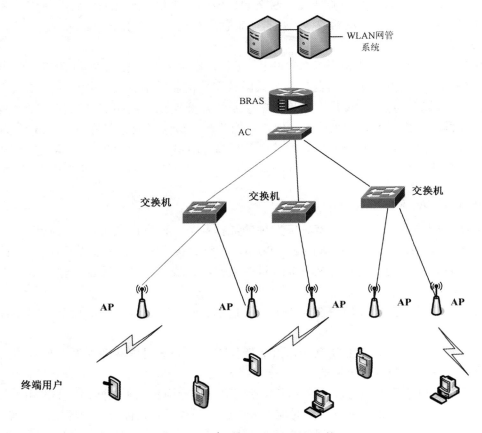

图 16-1　典型 WLAN 网络结构

　　宽带接入服务器主要有两个方面功能，一是网络承载功能。负责终结用户的 PPPoE 连接、汇聚用户的流量功能；第二是控制实现功能，与认证系统、计费系统和客户管理系统及服务策略控制系统相配合实现用户接入的认证、计费和管理功能。在某些网络组网中，也可以将 BRAS 集成到 AC 中。

　　接入控制器 AC 是无线局域网的接入控制管理设备，主要功能是把来自不同无线接入点的数据进行汇聚并接入到 Internet 中，同时完成无线接入点设备的配置管理、漫游管理、网管代理、无线用户的认证、管理及宽带访问、安全等控制功能。

　　无线接入点 AP 是 WLAN 网络的核心。是 WLAN 网络与传统有线宽带网络的最大区别，是移动用户接入互联网络的接入点，主要安装于大楼内部、家庭内部及室外环境，覆盖距离可从几十米到几百米。工程中一般将 AP 分为胖 AP 和瘦 AP 两种类型。胖 AP 可以自行完成接入、认证及管理的功能，即是将 AC 的功能下放到 AP 上，所以在使用胖 AP 时可以不配置 AC。瘦 AP 是将胖 AP 物理层以上的功能转移到网络中的 AC 设备上才能得以实现。瘦 AP 连接 AC 后通过 DHCP 服务器自动获取 AC 地址，然后在 AC 上下载配置信息，这样做就不需要对每个 AP 进行单独的设定，实现即插即用。

16.3 　WLAN 系统设计原则

由于可以实现以更高的速率、更便捷的方式接入到互联网，WLAN 技术在现在已经成为很多用户在接入网络时的首选方式。各大运营商也在积极部署自己的 WLAN 网络，在无线宽带局域网建设的过程中，总体上需要注意以下问题：

16.3.1　总体原则

（1）系统设计应基于现有的城域数据网，原则上不再单独进行组网，建网时不宜改变现有城域网的网络拓扑结构。

（2）系统接入点的设计应以覆盖热点区域为主，包括机场、饭店、写字楼、大型会展中心、大型商场、大型交易市场、部分医院、部分高校等场所。

（3）系统应尽量利用原有的传输资源，应优先选用 PON 或 LAN 接入；若无 PON 或 LAN 资源，宜采用 ADSL2+ 接入方式。

（4）系统业务的认证、计费系统宜采用集中后台方式。

16.3.2　组网原则

（1）无线局域网应采用统一集采的室内分布型、室内放装型和集中控制型设备进行组网。

（2）集中控制型设备组网一般由客户通过无线终端接入 AP，再由 AP 接入访问控制器 AC，最后由 AC 分别接入认证服务器和 Internet。

（3）AC 应实现管理 AP、对客户终端实现接入控制、采集计费信息等功能。

（4）无线局域网应能支持 AAA 协议，实现对用户的认证、授权和计费。

（5）无线局域网可采用自治式、集中式等组网方式。

16.3.3　组网方式

（1）自治式组网由胖 AP 构成，网络结构简单。

（2）在接入点少、用户量少、网络结构简单的情况下，宜采用自治式组网方式。

（3）集中式组网由瘦 AP 和 AC 构成。

（4）集中式组网架构的层次清晰，瘦 AP 通过 AC 进行统一配置和管理。

（5）在接入点多，用户量大，同时用户分布较广的组网情况下，宜采用集中式组网方式。

16.4 　WLAN 的规划

前期调研和规划是网络规划的基础，是获得规划输入参数的过程。调研阶段需与运营商进行良好沟通，以确定准确的覆盖目标、网络设计容量以及网络的预期质量。

WLAN 网络规划流程可以分为以下几个步骤：调研及勘查、覆盖设计、频率规划、容量规划、网络优化几个步骤。

通过调研了解客户需求，明确网络覆盖目标、应用背景，分析用户对象群及数量、业务特征等；并对 WLAN 覆盖现场进行勘查，获得现场环境参数、传输及点位等资源情况。在此基础上制定合理的 WLAN 网络规划总体原则和策略。

覆盖设计阶段首先确定 WLAN 网络的覆盖方式，即采用室内还是室外覆盖方式、单独建设还是与移动通信网络合路等。确定覆盖方式之后根据现场环境参数进行链路预算，在此基础上初步确定 AP 点位及数量。在有条件的情况下，进行 WLAN 仿真，预测规划效果，并根据仿真结果进行调整，直到各项参数达到目标值。覆盖设计之后根据前面确定的 AP 点位及数量进行合理频率规划，规避频率干扰，力求将干扰降到最小。若频点始终无法合理规划，需重新调整 AP 的点位及数量。然后根据用户需求进行容量规划。容量规划与频率规划是相互关联又相互制约的，提升容量将增大干扰，降低干扰又会减少网络容量，容量规划的目的就是找到容量和干扰整体最优的结合点。最后，在 WLAN 网络建成之后，进行实际的测试，做相应的优化调整，使网络性能达到最优。

WLAN 网络规划的几个步骤之间是相互关联、不可分割的，进行实际规划设计时应综合考虑这几方面，这样才能减少网络规划往复次数，并使最终的 WLAN 网络性能接近最优。

16.5　系统设计

16.5.1　选点与规划

在进行 WLAN 网络的选点时，首先应保证网络的建设要满足业务覆盖需求和热点需求。其次，公众无线局域网的建设要以业务需求、经济效益为导向，并以一定的前瞻性选择热点。

16.5.2　覆盖规划

WLAN 系统的覆盖规划应主要考虑为保证 AP 无线信号的有效覆盖，对 AP 天线进行选址与相关配置。通常有综合分布式系统和独立 AP 覆盖方式，设计时应根据覆盖场点的实际情况进行选择。对于有多个 WLAN 网络存在的区域，AP 的布放应尽量避免频率的干扰，扩容增加的 AP 可以通过扫频的方法检测原有 AP 的频率再进行频率设计。

一般情况下室内天线接口处的输出功率的最大值为 20dBm，在用户数较多，AP 数量较多的区域，可以通过降低发射功率来减少覆盖范围，以达到减少同频干扰的目的。覆盖方案设计中选择 AP 时，应综合考虑设备性能、系统整体成本、维护成本、系统间干扰等因素。

16.5.3　频率规划与干扰控制

在一个 AP 覆盖区内直序扩频技术最多可以提供 3 个不重叠的信道同时工作。考虑到制式的兼容性，相邻区域频点配置时宜选用 1、6、11 信道。频点配置时首先应对目标区域现场进行频率检测，对于覆盖区域内已有 AP 采用的信道，应尽量避免采用。对于室外区域干扰宜采用调整（定向）天线方向角，避免天线主瓣对准干扰源的方式或调整功率。对于室内区域存在多套室内覆盖系统的情况，应充分考虑其他通信系统使用的频段，设计时预留必要的保护频带，以满足干扰保护比的要求。室外 AP 覆盖区频点配置时，为了实现 AP 的有效覆盖，避免信道间的相互干扰，在信道分配时宜引入移动通信系统的蜂窝覆盖原理。对信道进行复用。室内 AP 覆盖区频点配置时应充分利用建筑物内部结构，从平层和相邻楼层的角度尽量避免每一个 AP 所覆盖的区域对横向和纵向相邻区域可能存在的干扰。

系统设计时应注意避免干扰源的影响。WLAN 规划设计时结合现场勘察和测试之后，应指定覆盖区域的每个 AP 的工作频率，不宜考虑 AP 自动频率调整功能，以防止频率的频繁调整导致用户无法接入。

16.5.4 无线网络服务质量指标

（1）覆盖指标。

对有业务需求的楼层和区域进行覆盖。覆盖指标：目标覆盖区域内 95% 以上的位置，接收信号电平 ≥ –75dBm。其中对重点目标覆盖区域的覆盖电平指标：重点区域内 95% 以上的位置，接收信号电信 ≥ –70dBm。

（2）信号质量。

目标覆盖区域内 95% 以上位置，用户终端接收到的下行信号 S/N 值 >10dB。

（3）速率指标。

在目标覆盖区内，单用户接入最大下行业务速率 ≥ AP 上联中继带宽的 90%。

（4）信号外泄。

室内 WLAN 信号泄露到室外 10m 处的强度不高于 –75dBm。

16.5.5 系统设计要求和步骤

系统覆盖设计总体要求要满足《环境电磁波卫生标准》（GB9175—1988）对微波辐射的要求。满足 WLAN 无线网络服务质量指标。

在系统设计阶段，宜遵从下述设计步骤：

（1）确定 WLAN 网络覆盖系统的建设目标；

（2）确定 WLAN 网络覆盖系统初始方案；

（3）用户数测算；

（4）频率规划和干扰分析；

（5）链路预算；

（6）无线模拟测试；

（7）调整 WLAN 覆盖系统方案；

（8）确定最终方案。

系统设计文件所包含的内容如表 16-1 所示。

表 16-1　系统设计文件清单

编号	名称	编号	名称
1	热点覆盖区域工程概况	2	WLAN 系统组网方式
3	模拟测试结果	4	信号分布系统链路计算
5	信号源设置方案	6	频道配置方案
7	AP 管理地址规划	8	ESSID 配置
9	合路可行性分析	10	设备选型及性能说明
11	安装说明	12	供电系统方案

16.5.6　室内覆盖设计

系统室内覆盖采用新建（改造）综合分布系统或室内独立 AP 放装方式进行覆盖。已有室内分布系统的楼宇，宜改造原有系统，引入 WLAN 信号合路覆盖。设计应遵循以下原则：

室内综合分布系统应做到结构简单，工程实施容易，不影响目标建筑物原有的结构和装修。

室内无线综合分布系统应具有良好的兼容性和可扩充性，应满足 CDMA、PHS、WLAN 等系统接入要求。

目标覆盖区域内应避免与室外信号之间过多的切换和干扰、避免对室外 AP 布局造成过多的调整。

系统拓扑结构应易于拓展与组合，便于后续改造引入移动业务、增加 AP 等。

应根据链路预算和原室内分布系统结构，合理选择合路点的安装位置，在满足 WLAN 覆盖 / 容量要求的前提下，尽量减少合路节点。

室内分布系统信源 AP 安装位置应满足便于调测、维护和散热的需要，设备周围的净空要求按设备的相关规范执行。

室内分布系统信源 AP 供电宜采用本地供电方式。

对于覆盖面积小且布放线缆传输困难的热点区域，宜采用多 AP 直接覆盖热点区域，AP 可视现场环境外置挂放或内置于吊顶中。吊顶中安装应注意满足维护需要。

对于已有分布系统需合路 WLAN 的，应确认现有系统对 WLAN 频段的兼容性：若原系统不支持该频段，应进行改造。

16.5.7　天线及 AP 选型和应用

天线的数量由覆盖范围及信号强度指标决定，预设计勘察阶段，可用 AP 作为测试信号源来测试信号覆盖状况。设计时不宜考虑用功率放大器增加输出电平。室内天线接口处的输出功率不得大于 20dBm。

室内分布型 AP 设备和室内放装型 AP 设备属于自治式组网方式，集中控制型 AP 设备属于集中式组网方式。室内分布型 AP 设备对于建筑面积较大、用户分布较广且已建有多系统合用的室内分布系统的场合，如大型办公楼、商住楼、酒店、宾馆、机场、车站等场景较适用，该类型设备接入室内分布系统作为 WLAN 系统的信号源，以实现对室内 WLAN 信号的覆盖。

16.6　机房工艺及电源、传输要求

16.6.1　局、站址选择

AC 设备应安装在数据机房，数据机房宜设置在周围用户相对集中且具有专用机房的通信楼内。AC 上联的交换机或路由器应安装在机房内，选址应在管线出入方便、靠近弱电井道的地方。机房内不宜有排水管道、煤气管、电力管线等与通信无关的管线穿越。机房不宜设置在地下室和地下车库，机房周边严禁堆放易燃易爆等危险品。AP 设备安装位置应便于工程施工和运行维护，要求做好防尘、防水、安全、防盗措施，并保持通风良好，保持环境清洁。

16.6.2　核心机房工艺要求

核心机房是指 AC 设备及其上联交换机或路由器所在的机房，设计应符合 YD 5003—2005《电信专用房屋设计规范》的有关规定。机房设计的面积应结合工程远期发展需要留有发展余地，为后期扩容做好准备。机房的平面布置应合理，设备排列整齐、便于维护，属于不同网络的设备布置之间应有一定的分割，应尽量提高建设面积的有效利用率，同时考虑工程远期发展需要适当预留设备扩容位置。机房内设备的安装必须采取相应的抗震加固措施，并符合有关的抗震规范。

此外，机房内还应注意温度和温度的调节，温、湿度的具体要求如下：

温度：10℃～28℃，温度变化率小于 5℃/h；

相对湿度：20%～80%，不结露、霜。

在机房洁净度方面，要求灰尘粒子不能是导电的、铁磁性的和腐蚀性的；直径大于 0.5μm 的灰尘粒子浓度小于 3500 粒/升；直径大于 5μm 的灰尘粒子浓度小于 30 粒/升。

在机房噪声、电磁干扰、静电干扰方面，要求在一般情况下，机房内的背景噪声不宜大于 68dB；机房内的电场强度，不应大于 120dB（μV/m），磁场强度不应大于 400A/m；有关静电干扰方面的要求，应符合 YD/T 754—95《通信机房静电防护通则》的要求。

机房照明方式采用一般照明，要求水平面（距地 0.8m）照度为 200～500LX，直立面（距地 1.4m）照度为 30～50LX。工作区内一般照明的均匀度（最低照度与平均照度之比）不宜小于 0.7。非工作区的照度不宜低于工作区平均照度的 1/5。

16.7　电源供电要求

16.7.1　核心设备供电设计要求

交流 220V，所用的交流用电必须经由 UPS 供电系统或逆变器供电系统提供。电压：220V 单相/380V 三相，允许变化范围为 +5%～ -10%；频率：50Hz 变化小于 5%；电源波形：正弦波畸变不大于 3%。核心设备也可以采用 -48V 直流供电，电压波动范围

–57V ～ –40V。核心层设备的电源分配设备的负荷应结合工程发展需要留有余地。同时，核心层设备的电源设计应满足《通信局站电源系统总技术要求》和《通信电源设备安装设计规范》的相关规定。

16.7.2　AP 设备供电方式

AP 供电采用 POE 和本地供电两种方式。在供电可靠且不受用户用电习惯影响的情况下，优先采用本地供电，否则采用带 POE 功能的以太网交换机进行供电，对于大功率 AP 应采用本地供电。

（1）POE 供电。

如果上层交换机为以太网供电交换机，则不需增加 POE 供电模块，直接用网线对 AP 设备进行远端供电。如果上层交换机为普通交换机，则需增加 POE 供电模块，对 AP 进行供电。原则上不串接 POE 供电器。

（2）本地供电。

AP、交换机等供电要有保证，避免和照明用电等混用。AP 采用交流供电，电源要求为 220V±10V，50Hz±2.5Hz 波形失真小于 5%。

16.7.3　AP 传输方式

优先采用有线传输方式作为 AP 回传，仅在无法采用有线方式或存在很大困难时使用无线桥接方式进行传输。采用无线桥接回传数据时，桥接跳数不应超过两跳。

16.7.4　设备的防雷接地要求

AP 设备应进行接地，机房的接地设计应符合《通信局（站）接地设计暂行技术规定（综合楼部分）》的要求。

16.7.5　机房消防安全要求

机房的电源线与信号线的孔洞、管道应分开设置，机房内的走线除设备的特殊要求外，一律采用不封闭走线架。交流线应采用绝燃材料加护套。机房建筑材料要采用非易燃或阻燃材料。主机房要同时设计安装消防报警系统。施工中要把电力线与信号线分架分孔洞敷设。必须同槽同孔敷设的或交叉的要采取可靠的隔离措施。机房设备的排水管不能与电源线同槽敷设或交叉穿越。确实必须同槽或交叉的要采取可靠的防渗漏防潮措施。机房空调隔热层不能采用易燃和可燃材料。施工完毕应将竖井和孔洞按防火封堵要求处理。

16.8　安装要求

16.8.1　工程布线

原则上线缆走向应严格按照设计方案，室内布线必须保证不能破坏已有的室内装璜，并尽量采用暗线，主要是在房间顶棚内、弱电井内、已有的线槽内走线，少量的明线争取采用扣槽走线。安装时应注意：

（1）走线在天花板吊顶上方。

（2）走线应根据实地情况，合理布线，安装牢固。

（3）在线缆走道上的信号线、地线和电源线应分开布放，间距应为 150 ～ 200mm，馈线走线严禁与高压、强电、消防管道一起走线。

（4）线缆在线缆走道的第一根横铁上应绑扎或用尼龙锁紧扣卡固，绑扎线或绑扎带的间隔均匀且相互平行，松紧适度，不得勒伤线缆。

（5）馈线需要弯曲布放时，要求弯曲角保持圆滑，其弯曲半径（1/2 馈线）不能超过如下弯曲半径：210mm（多次弯曲）、125mm（单次弯曲）。

（6）馈线走线尽可能不要交叉，保证走线的美观，并便于今后系统的维护。

（7）线缆必须是整条线料，外皮完整，中间严禁有接头和急弯处。

（8）五类线缆终接后，应有余量。交接间、设备间五类线缆预留长度宜为 0.5 ～ 1.0 米，工作区为 10 ～ 30mm。

（9）室外穿放的网线应采用有防水功能的五类线。

16.8.2 无源器件的连接

在进行无源器件的连接时，必须将无源器件的连接口拧紧，保证器件连接损耗最小。此外，无源器件接头处必须用防水胶带包扎，以免水汽渗入或其他物质腐蚀。同时还应注意无源器件必须采用扎带或馈线卡等进行可靠固定。

16.8.3 设备安装

如果 AP 明挂在墙壁上，要求悬挂高度合适（不宜太低，以低于天花板半米至一米范围为佳），同时使用有 PoE 供电终端模块的设备，需要在 AP 设备边合理安排其位置。AP 设备要固定稳妥，接线排列整齐美观。

如果 AP 安装在弱电井内，则需做好防尘、防水、安全措施，并保持通风良好、通气孔畅通，保持工作环境清洁无灰尘；如果 AP 安装在天花板上，必须用固定架固定住，不允许悬空放置。

AP 安装位置必须保证无强电、强磁和强腐蚀性设备的干扰，安装位置便于馈线、电源线、地线的布线。

如果 AP 安装位置的四周有特殊物品，如微波炉、无绳电话等干扰源，建议 AP 至少离开此类干扰源 2 ～ 3 米。

PoE 远程供电电源端设备如果安装在弱电井中，要求采用托板或支撑架加固，并采用必要的防尘措施。

PoE 远程供电电源端设备如安装在天花板内，要求设备安置稳固，确保安装环境符合设备运行要求、保证电源引入的安全可靠。

所有设备安装到位后，将设备的地线和标准大地接通，特别是远程以太网供电设备的接地。

为容纳室外天线，天线杆（抱杆）必须满足以下要求：搭设的抱杆必须要结实，能抗天气侵蚀，不能使用腐蚀性的材料如电镀或不锈钢管；一般抱杆的典型直径应该在 35mm 至 45mm 之间，常用 40mm 直径。抱杆必须足够高以使得天线可以安装在至少超过屋顶 1.5m 的地方。如果屋顶是金属的，天线的高度至少应为超过屋顶 3m；抱杆或墙上托架上不应有任何东西以免与天线发生电连接，如油漆。

室外 AP 设备可以安装到抱杆上，也可以安装在墙上。天线一般建议安装在抱杆上，便于调节方向并减少周围介质的干扰。

天线抱杆、设备和天线的直接接地非常重要。室外型 AP 安装时需要安装避雷器。

安装在抱杆上的天线，按照工程规划方案的要求进行方向、角度的调整，使无线信号的主波束能够对准覆盖目标。

室外型 AP 设备必须防水。

16.8.4　电源线与地线的安装

新增交换机安装处必须有 220V 交流电源并备插座。电源线必须采用整段材料，中间不能有接头。AP 采用不小于 $4mm^2$ 的接地线与建筑物接地线连接。

POE 设备采用不小于 $8mm^2$ 的接地线与建筑物接地线连接。综合机柜设备采用不小于 $16mm^2$ 的接地线与建筑物接地线连接。接地线必须采用整段材料，中间不能有接头。

16.8.5　标签

每个设备和每根电缆的两端都要贴上标签，方便以后的管理和维护，标签粘贴在设备、器材正面可视的地方。对设备器件的标识需注明设备名称、编号和楼层号，对线缆的标识需表明线缆走向，标签上需有运营商标识。

16.8.6　热点覆盖标识

在热点覆盖区域入口需有醒目的无线宽带（WLAN）信号已覆盖的 LOGO 标识；覆盖区域内至少间隔 60m 需设置热点 LOGO 标识；根据不同热点场所的环境特点，LOGO 标识应具有多种形式，如挂壁、桌面标签等。

16.9　项目实施

16.9.1　需求分析

在重庆某运营商某期工程中，市场人员收集到来自江北戴斯酒店工作人员的请求覆盖申请，勘察人员与配合人员来到戴斯酒店，与酒店方工作人员进行沟通后得知酒店方的网络需求如下。

为更好地向酒店客户提供高质量的服务，吸引更多客户到酒店入住，通过更加丰富的渠道向客户介绍酒店产品，展示现代化酒店风采，酒店方考虑在酒店内部署

WLAN 无线网络,为客户提供无线网络服务。

此酒店原有客房分布在大楼 1 至 6 楼,原有客房在前期工程中已完成 WLAN 覆盖。现因市场发展需求,酒店方将原空置的 7 至 8 楼重新装修作为客房使用,目前这两层楼处于信号盲区,无任何信号覆盖。

酒店方希望在完成 WLAN 网络覆盖之后,客户可以通过自带的笔记本电脑、智能终端(平板电脑、智能手机等)接入 WLAN,方便客户现场体验网上酒店及手机酒店等业务。业务需求范围包括:

网上业务办理:客户在入注酒店时注册并获得免费 WiFi 账户,供客户浏览酒店推出的服务,如早餐、桑拿等。

新业务推广:用户进入 WLAN 覆盖区域,在使用 WLAN 业务时可以定时向用户客户端推送酒店相关新业务及促销信息。

网上冲浪:用户通过接入 WLAN 进行受限制的网上冲浪、邮件处理等。

无线办公:通过 iPad 等无线终端,随时随地为客户提供业务咨询、业务办理、无线办公等服务。

用户认证:接入 WLAN 的用户需要进行相关认证,确保网络安全。

无线安全:业务隔离、用户隔离、入侵防御等。

在得到酒店方提出的覆盖需求后,结合网络部网络规划方案,勘察人员对现场进行了勘察。初步勘察后填写的《勘察情况记录表》,如表 16-2 所示。

表 16-2   勘察情况记录表

勘察人员	王某某	配合人员	李某某
经度	106.25986	纬度	29.65311
勘察日期	2016-7-29	站点类型	室内覆盖
站点名称	江北戴斯酒店 7-8 楼	需求等级	紧急
基站类型	802.11g	详细地址	江北区黄金大道 185 号戴斯酒店
覆盖场景	酒店	其他运营商覆盖情况	无覆盖
覆盖面积	3000m²	覆盖现状	无覆盖
是否新增机房	否	覆盖方式	全覆盖
现场覆盖情况	经对该区域现场信号进行实地测试,该建筑物东北方向有一室外宏站,靠近宏站方向信号场强为 –68dBm 左右,其他区域室外接收场强为 –82dBm 左右,但客房室内及客房间过道内信号场强勘测值为 –107dBm 左右,基本无信号覆盖,对该区域内进行优化调整的方式无法解决信号覆盖问题。		
需求描述	酒店共有 8 层,1~6 层在早期工程中已进行覆盖,此次工程新增覆盖范围为酒店 7 至 8 楼所有客房,覆盖面积约为 3000m²。		
初步拟订方案	为保证该区域内用户对网络的正常使用,建议对酒店 7 至 8 楼新建分布系统进行网络覆盖。该酒店 14 楼已安装汇聚交换机一台,且剩余端口较多,7 楼和 8 楼弱电井内空间足够,建议在这两层楼房的弱电井内新增接入交换机,利旧原有汇聚交换机。每间客房需要新增 1 个 AP,两层楼房共需 60 个 AP。		

16.9.2 现场情况

经现场勘察得知，酒店所处楼宇建筑物总面积约为 30000m²，此次需要覆盖的 7 至 8 楼总面积约为 3500m²，7 楼与 8 楼装修风格、隔断、房屋分布情况完全一致。每层楼房均有客房 30 间，每间客房形状、大小不一。最大客房室内面积约为 50m²，最小客房室内面积约为 22m²，平均每间客户的大小约为 28m²。酒店方要求每间客房都要进行 WLAN 信号覆盖，保证用户在客房每个角落都可以使用无线信号。酒店 7 楼平面图如图 16-2 所示。

图 16-2　戴斯酒店 7/8 楼平面图

通过现场勘察得知，为了完成酒店 1～6 楼的 WLAN 信号覆盖，前期工程已经在 14 楼设备间安装了一台 24 口汇聚交换机，且此交换机预留了大量扩容端口。所以本次工程可以考虑利旧 14 楼的汇聚交换机，只需要在待覆盖楼层新增接入交换机，将接入交换机直连到汇聚交换机即可，新增接入交换机初步选定安装于酒店 7 楼和 8 楼的弱电井内。由于前期工程只进行了 1～6 楼的室内覆盖，7 楼和 8 楼没有分布系统，所以本期工程采用新建分布系统的方式。综合考虑容量和覆盖需求，采用面板式 AP 进行建设。

16.9.3 组网结构

本次工程新增 24 口接入交换机 3 台，其中一台安装于戴斯酒店 7 楼弱电井内，剩余两台均安装在酒店 8 楼弱电井内。利旧 14 楼原有 24 口汇聚交换机 1 台。交换机通过光缆接入人和 S9255 汇聚交换机。本次工程网络组织结构设计图如图 16-3 所示。

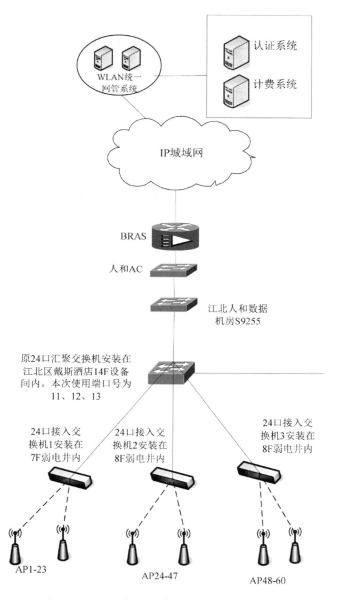

图 16-3 江北戴斯酒店 WLAN_ 网络拓扑图

16.9.4 AP 覆盖设计

本次工程共新增 60 台面板式 AP，分别安装在酒店 7 至 8 楼的每个客房内。其中，1 至 23 号 AP 上接接入交换机 1，24 至 47 号 AP 上接接入交换机 2，48 至 60 号 AP 上接接入交换机 3。AP 及交换机安装位置如图 16-4 所示。

图 16-4　江北戴斯酒店 WLAN 工程 AP 覆盖设计图

本次工程所使用到的主要设备如表 16-3 所示。

表 16-3　使用设备清单表

序号	热点名称	新增设备			新增交换机		
		100mwAP	面板式 AP	室外 AP	8 口 POE	24 口 POE	24 口汇聚
1	7F		30			1	
2	8F		30			2	
	合计		60			3	

16.9.5　频点规划原则

为避免邻近 AP 之间的无线信号相互干扰，在网络建设中还应对每个 AP 的频点进行统一规划。

在我国可用于建设 WLAN 网络的频段范围有：

（1）2.4GHz 频段范围：2400MHz ～ 2483.5MHz

（2）5.8GHz 频段范围：5725MHz ～ 5850MHz

由于覆盖区域内没有其他运营商的无线信号干扰，故本次工程拟采用 2.4GHz 频段。

WLAN 网络工作在 2.4 ～ 2.4835 频段，工作频率带宽为 83.5MHz，划分为 14 个子频道，每个子频道带宽为 22MHz。子频道分配如图 16-5 所示。

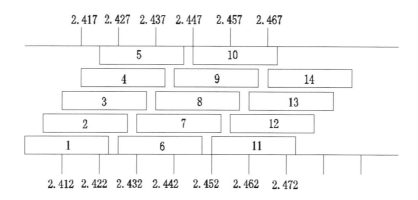

图 16-5　WLAN 网络子频道分配图

我国采用兼容北美和欧洲频段标准的方式，支持前 13 信道，13 个信道的标号及所用中心频率的情况见表 16-4。

表 16-4　信道与中心频率划分关系

信道	中心频率（MHz）	信道	中心频率（MHz）
1	2412	8	2447
2	2417	9	2452
3	2422	10	2457
4	2427	11	2462
5	2432	12	2467
6	2437	13	2472
7	2442	14	2484

在同一覆盖区域多个信道同时工作的情况下，为保证信道之间不相互干扰，要求两个信道的中心频率间隔不能低于 25MHz。因此从上图可以看出，在一个蜂窝区内，直序扩频技术最多可以提供 3 个不重叠的频道同时工作。本次组网拟采用 1、6、11 三个独立信道。其中需要注意的是，在分配频点时，要结合酒店的客房分布情况，尽量保证分配给某间客房的频点与相邻客房的频点不同,避免出现同频干扰。结合现场情况，本次工程频点分配表如表 16-5 所示。

项目
16

表 16-5　江北戴斯酒店 WLAN 工程频点分配表

AP 编号	使用信道	AP 编号	使用信道	AP 编号	使用信道
1	1	11	6	21	11
2	6	12	11	22	1
3	11	13	1	23	6
4	1	14	6	24	11
5	6	15	11	25	6
6	11	16	1	26	11
7	1	17	6	27	1
8	6	18	11	28	6
9	11	19	1	29	11
10	1	20	6	30	1

　　结合 AP 及交换机安装，以及频点分配，本次设计的分布图如图 16-6 所示。

图 16-6　江北戴斯酒店 WLAN 工程设计图

16.9.6 认证、计费方式

WLAN 用户可通过 PPPoE 与 DHCP+Web 方式进行网络接入认证，实现对互联网的访问。宽带接入服务器（Bras）终结用户连接请求、汇聚用户的流量，并与认证系统、计费系统相配合实现用户接入的统一认证、计费和管理功能。

16.9.7 网络数据配置

（1）VLAN 划分。

VLAN 的业务 VLAN 分为二段，外层为 1400 ~ 1499（公众用 1400 ~ 1449，校园用 1450 ~ 1499），一个外层可多个热点共用，内层业务 VLAN 为 1000 ~ 3999，网管 VLAN 从 900 ~ 999（AP 的管理 VLAN 以接入交换机为单位，交换机管理 VLAN 统一使用 999），2 ~ 899 预留。在开通业务分配 VLAN 时，都是采用 QinQ 的方式，每个 AP 或网管均对应双层 VLAN，如表 16-6 所示。

表 16-6 VLAN 划分

业务类型		QinQ					用户容量	备注
		外层 Q			内层 Q			
WLAN	WLAN 公众	1400	~	1449	1000	~	3999	150000	WLAN
	WLAN 公众网管	1400	~	1449	900	~	999	5000	WLAN 网管
	WLAN 校园	1450	~	1499	1000	~	3999	150000	WLAN
	WLAN 校园网管	1450	~	1499	900	~	999	5000	WLAN 网管

（2）IP 地址规划原则。

用户业务地址：由 Bras 分配，地址池大小根据用户量进行动态调整。

AP 管理地址：使用规划的私网地址段，如表 16-7 所示。

表 16-7 AP 管理地址划分

区县	IP 地址分配（C 类）	地址分配	容量（个）	备注
江北	64	11.1.0.0 ~ 11.1.63.255	16192	

交换机管理地址：使用规划的私网地址段，如表 16-8 所示。

表 16-8 交换机管理地址划分

区县	IP 地址分配（C 类）	地址分配	容量（个）	备注
江北	4	11.254.14.0 ~ 11.254.17.255	1020	

（3）AC 端口规划。

如表 16-9 所示。

表 16-9　AC 端口规划

AC 名称	AC 厂家	总容量	已占用端口数	本次规划端口数
人和 AC	华三	3072	1188	60

【同步训练】

在重庆某运营商某期工程中，市场人员收集到来自江池建设银行工作人员的请求覆盖申请，勘察人员与配合人员来到江池建设银行，与银行方工作人员进行沟通后得知银行方的网络需求如下。

为更好地向银行客户提供高质量的服务，通过更加丰富的渠道向客户介绍银行产品，同时也为了用户更方便地使用手机银行、网上银行等新型业务，银行方考虑在内部署 WLAN 无线网络，为客户提供无线网络服务。

结合网络部网络规划方案，勘察人员对现场进行了勘察。初步勘察后填写的勘察情况记录表，如表 16-10 所示，现场建筑分布情况见图 16-7。

表 16-10　勘察情况记录表

勘察人员	刘某某	配合人员	赵某某
经度	106.23258	纬度	29.47261
勘察日期	2016-8-28	站点类型	室内覆盖
站点名称	江池建设银行	需求等级	紧急
基站类型	802.11g	详细地址	江南区江池大道 6 号中国建设银行营业部
覆盖场景	银行	其他运营商覆盖情况	无覆盖
覆盖面积	700m^2	覆盖现状	无覆盖
是否新增机房	否	覆盖方式	全覆盖
现场覆盖情况	经对该区域现场信号进行实地测试，区域内信号覆盖均值为 –112dBm，基本无信号覆盖，对该区域内进行优化调整的方式无法解决信号覆盖问题。		
需求描述	银行所在楼房共有 24 层，本期只覆盖 1 层中国建设银行营业部。营业部内主要由大厅、ATM 机组、服务台、办公室、VIP 室等构成。此次工程新增覆盖面积约为 700m^2。		
初步拟订方案	为保证该区域内用户对网络的正常使用，建议对银行营业部新建分布系统进行网络覆盖。该银行所在楼宇 12 楼已安装汇聚交换机一台，且剩余端口较多，2 楼弱电井内空间足够安装接入交换机，建议在 2 楼的弱电井内新增接入交换机，利旧原有汇聚交换机。		

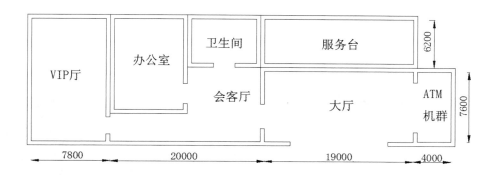

图 16-7 江池建设银行建筑平面图

请根据上述项目背景，完成此银行的 WLAN 覆盖工程的设计工作。

【拓展训练】

利用表 16-1，对学校某栋教学楼或宿舍楼进行现场勘察，假设在教学楼或宿舍楼内暂无 WLAN 信号覆盖的前提下，完成此教学楼或宿舍楼的 WLAN 信号覆盖（BRAS、AC 及汇聚交换机的设计可根据现场具体情况进行假设，接入交换机可假设安装在楼宇内的弱电井中）。

项目 17
FTTH 接入工程设计

【知识目标】 了解 FTTH 的概念及功能组划分。熟悉 GPON 组网的网络结构，了解 OLT、ODN、ONU 的功能。掌握 ODN 组网原则，熟悉 FTTH 工程的勘察设计、设备的安装和线缆布放要求，掌握设备供电及接地的要求。

【能力目标】 能正确区分 FTTB、FTTC、FTTO 及 FTTH 的不同，熟练使用各种勘察工具，独立完成 FTTH 工程的勘察。能够填写 FTTH 接入现场情况勘察记录表。灵活掌握 FTTH 设备的电源供电原则，正确做出设备接地的设计。能够根据 OLT 设备的具体情况，进行分光器数量配置。能够做出合理的外线、内线光缆布放设计，能够根据施工现场情况估算用户数量，并根据预估用户数规划光交箱数量及规格，并在此基础上正确做出 ONU 的数量配置。

17.1 FTTH 简介

17.1.1 FTTH 定义

　　FTTx 是新一代的光纤用户接入网，用于连接电信运营商和终端用户，终端用户可以通过 FTTx 系列中的某一种方式接入到运营商提供的网络中。FTTx 网络可以是有源光纤网络，也可以是无源光网络。有源光纤网络的建网花费相对较高，同时，在现实情况下用户接入网中所占比例也比较少，所以现在的网络采用有源光纤网络的数量并不高，通常使用的 FFTx 网络应用的都是无源光纤网络。FTTx 主要包含了 FTTH、FTTO、FTTB、FTTC 等几个主要构成单元，其含义如表 17-1 所示。

表 17-1　FTTx 成员组列表

简写	英文释义	含义
FTTH	Fiber To The Home	光纤到户
FTTO	Fiber To The Office	光纤到办公室
FTTB	Fiber To The Building	光纤到大楼
FTTC	Fiber To The Curb	光纤到路边

　　在 FTTx 系列中，由于 FTTH 是直接将光纤接入到用户家中，用户在使用网络时能独享一根光纤，不用与其他用户抢占网络资源，所以目前 FTTH 已经成为各大运营商进行宽带网络建设的首选方式。

　　FTTH 的直译意思为光纤到户，简单来说就是通过一根光纤直接将家庭用户接入到网络中。具体来讲，FTTH 是指将光网络单元 ONU 安装在距离家庭用户或企业用户所在房屋较近的地方，如楼层中的弱电井内。不但能提供更大的接入带宽资源，同时还能增强网络对数据格式、速率和协议的透明性，放宽了网络对环境条件和供电的要求，简化了宽带网络的维护和安装。

17.1.2 FTTH 功能组划分

　　FTTH 可划分为五个基本功能组：业务接口功能、用户业务接口功能、核心功能、传送功能和网络管理功能。

　　业务接口功能将特定 SNI 定义的要求与外部公共承载体、驻地内容载体等适配，以便处理，并进行相关管理功能（包括认证、计费等）的信息处理。

　　用户业务接口功能将特定 UNI 的要求适配到核心功能和管理功能。

　　核心功能位于用户业务接口功能和业务接口功能之间，适配各个用户业务接口承载体要求或业务接口承载体要求进入公共传送承载体。包括协议处理、业务疏导和用于传送的复用功能。

传送功能为公共承载体的传送提供通道和传输媒质适配，如复用、交叉连接、物理媒质、管理等功能。

网络管理功能对其用户业务接口功能、业务接口功能、核心功能和传送功能进行指配、操作和管理，如配置和控制、故障检测、故障指示、使用信息和性能数据采集等。

17.1.3 FTTH 的优势

FTTH 目前已经成为各大运营商组建宽带网络的主要方式，主要是由于 FTTH 具有以下优点：

（1）FTTH 是无源光纤网络，从整个网络结构上来说，除了局端和用户端需要电源的直接供电，处于局端和用户端之间的承载部分基本上可以实现以无源的方式进行数据传输，不但降低了能源损耗，同时还方便了网络施工。

（2）与 xDSL 接入方式相比较，基于光纤的 FTTH 能够节约大量的铜缆资源，建网成本相对较低。同时，xDSL 在进行数据传输时，难以避免电磁干扰带来的网络性能下降，而无源光纤网络却可以避免这类问题的出现。

（3）FTTH 能够提供更高速的宽带处理能力，由于用户是独自一户享受一根光纤资源，从而避免了和其他用户抢占资源的局面出现，提升了用户在使用宽带网络时的舒适体验感。

（4）由于数据业务都是通过光纤进行传送，所以网络的误码率、误信率、丢包率等重要衡量指标均得到大幅改善，网络质量得到更进一步的提高。

17.2　GPON 简介

17.2.1 GPON 定义

GPON 直译为吉比特无源光网络。GPON 是全业务接入网联盟研究确定提交国际电联标准化部门讨论通过的关于 GPON 的协议。

GPON 技术是基于 ITU-TG.9817.x 标准的最新一代宽带无源光综合接入标准，具有高效率、高带宽、覆盖范围广、用户接口丰富等众多优点，被大多数运营商视为实现接入网业务宽带化，综合化改造的理想技术。GPON 的主要技术特点是采用最新的"通用成帧协议 GFP"，实现对各种业务数据流的通用成帧规程封装。GPON 的帧结构是在各种用户信号原有格式的基础上进行封装，因此能够高效、通用而又简单地支持所有各种业务。

17.2.2 GPON 网络组成

GPON 系统通常由局侧的 OLT、用户侧的 ONU 和 ODN 组成，一般采用点到多点的网络结构。其中，ODN 由单模光纤和光分路器、光连接器等无源光器件组成，为 OLT 和 ONU 之间的物理连接提供光传输媒质。当采用第三波长提供 CATV 等业务时，

ODN 中也包括用于分波合波的 WDM 器件。

图 17-1 为 GPON 网络结构示意图。用户终端通过用户侧接口 UNI 连接到 FTTH，FTTH 可以通过业务节点接口 SNI 连接到业务节点 SN。

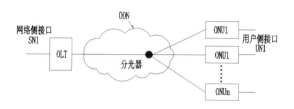

图 17-1　GPON 网络结构

无源光网络系统中的 OLT 是一个多业务提供平台，不仅支持 IP 业务，同时还支持 TDM 业务。一般情况下将 OLT 安装在城域网边缘或社区接入网出口。OLT 除了提供业务汇聚，同时还能实现集中网络的统一管理。不仅可以监测、管理设备及端口，还可以进行业务开通和用户状态监测。此外还能够根据用户不同的 QoS 要求进行动态带宽分配。GPON 系统支持多种业务模式，适应不同工作环境，能为用户提供 FTTx 系列解决方案。

光网络单元 ONU 分为有源光网络单元和无源光网络单元。工程中习惯把装有包括光接收机、上行光发射机、多个桥接放大器网络监控的设备称为光节点。GPON 使用光纤连接到 OLT，然后再通过 OLT 连接到 ONU。ONU 能够提供数据传递、IPTV 和语音等业务。

ODN 是在接入光缆网络主干、配线层面的基础上向引入层面进行不同程度的延伸。传统的 ODN 主要包括中心机房配线子系统、主干光缆子系统、配线光缆子系统。FTTH 的引入，通过在不同光节点设置光分路器，使得 FTTH 网络对主干、配线层光缆的需求与其他接入方式也有所不同。随着 FTTH 技术的发展，ODN 在接入光缆网络主干、配线层面的基础上向引入层面进行不同程度的延伸。FTTx 的 ODN 扩展了配线光缆子系统，增加了引入光缆子系统和光纤终端子系统，完成了光纤入户的功能。因此 FTTx 的 ODN 组成包括以下几个子系统：中心机房配线子系统、主干光缆配线子系统、配线光缆子系统、引入光缆子系统、光纤终端子系统。

光分路器又称分光器或无源分光器。是光纤链路中的重要设备，具有多个输入端和多个输出端。光分路器按分光原理可以分为熔融拉锥型和平面波导型两种。

熔融拉锥法就是将两根或两根的光纤除去涂覆层，并借助工具将光纤紧靠在一起，在高温加热下光纤熔融，同时将熔融之后的光纤向两侧拉伸，最终在加热区形成双锥体形式的特殊波导结构，通过控制光纤扭转的角度和拉伸的长度，可得到不同的分光比例。常见的分光比例有 1:8、1:16、1:32、1:64。最后把拉锥区用固化胶固化在石英基片上并插入到不锈铜管内，形成光分路器。由于固化胶的热膨胀系数与石英基片、不锈钢管的不一致，在环境温度变化时热胀冷缩的程度就会不一致，所以用这种工艺生产的光分路器容易损坏，尤其是将光分路安装在野外时，损坏的情况更为严重。如果网络接入用户过多，单个分路器无法满足要求时，可以使用二层分路器的方式进行解决。即一个一级分光器下挂多个二级分路器实现多用户的接入。

平面波导型分路器一般采用半导体工艺，如光刻、腐蚀、显影等技术进行制作。光波导阵列位于芯片的上表面，分路功能则集成在芯片上，在芯片两端分别耦合输入端及输出端的多通道光纤阵列，最后进行封装形成平面波导型分路器。

对于 FTTH 网络，一般采用一级或者是多级分光，对于一级分光通常将分光器放置在配线光缆子系统中。需要进行多级分光时，则是将分光器分布在中心机房配线子系统的 ODF 架或者主干光缆配线子系统的光交接箱以及配线光缆子系统中，其中最后一级分光器一般放置在配线光缆子系统中。

网络单元中，ONU 负责与 OLT 之间的信息互通，对于 FTTH 应用，ONU 设置在住宅用户处，可通过内置用户网络接口的方式为用户提供以太网 /IP 业务、TDM 数专线业务、VoIP 业务或 CATV，即业界经常提到的"三网融合"，可将电信语音业务、互联网业务和广电电视业务合三为一，共同使用 GPON 网络进行承载。GPON 系统的 ONU/ONT 可放置在交接箱、楼宇 / 分线盒、公司 / 办公室和家庭等不同的位置，形成 FTTB、FTTC、FTTO 和 FTTH 等不同的网络结构。本项目将结合实际的项目背景，讲述 OLT、分光器和 ONU 的具体设计方案。

17.2.3 GPON 网络性能

GPON 系统的 ODN 采用 GB/T 9771—2000 规定的单模光纤，上下行采用单纤双向传输方式。GPON 系统采用单纤双向传输方式时，上下行分别使用不同的波长，其中上行应使用 1260nm ～ 1360nm 波长（标称 1310nm），下行使用 1480nm ～ 1500nm 波长（标称 1490nm）。当使用第三波长提供 CATV 业务时，应使用 1540nm ～ 1560nm 波长（标称 1550nm）。GPON 系统应支持 B+ 类 ODN，即应支持 OLT 和 ONU 之间 13 ～ 28dB 的光衰减范围。

相对于其他的 PON 标准而言，GPON 标准提供了前所未有的高带宽，下行速率高达 2.5Gb/s。提供 QoS 的全业务保障，能同时承载 ATM 信元和 GEM 帧，有更好的服务等级，支持 QoS 保证和全业务接入。

17.2.4 GPON 的特点和应用优势

（1）容量大：高下行比特率，下行可达 2.5Gb/s。通过内置的 CWDM 模块可扩展到 10Gb/s。

（2）传输效率高：与 APON 和 EPON 技术相比，具有更少的字节开销和更高的传输效率，1.25G 的传输带宽需求情况下 GPON 的传输效率达 93%，而 EPON 约为 49%。

（3）保护功能完善：GPON 为运营商驱动协议，内置的光交换模块实现双纤保护或环路保护，保护切换时间小于 30ms，保障业务稳定可靠。

（4）良好的业务 QoS 保障：GPON 采用标准的 GFP 封装协议，可以为 TDM 业务分配固定传送帧字节，相比 APON 和 EPON 采用 E1 仿真的方式为 TDM 业务提供了完全的 QoS 保障。

17.3 ODN 组网原则

17.3.1 ODN 设计原则

网络组网应根据用户性质、用户密度的分布情况、地理环境、管道资源、原有光缆的容量以及宽带光纤接入系统建设方式等多种因素综合考虑，选择合适的结构和配纤方式。注意 ODN 应安全可靠，向下逐步延伸至通信业务最终用户。

同时还应关注 ODN 的容量分配问题，站在网络发展规划的基础上，从长远出发，综合考虑远期业务需求和网络技术的发展趋势，根据综合情况确定建设规模。此外，还应注意同一路由上的光缆容量应综合考虑，不宜分散设置多条小芯数光缆。至于光缆的芯数，则可按照终期需求进行配置，同时留出足够冗余，便于后期扩容。如新建 ODN 涉及到新建光缆线路时，还应考虑共建共享的其他电信企业的容量需求。

在 ODN 的拓扑结构上，应首先分析终端用户的归属类别。若终端用户为普通用户或一般商业客户，在进行 ODN 的拓扑组网时宜采用树型拓扑结构。针对终端用户为专线用户、重要用户以及可靠性要求较高的用户的情况，线路组网时可采用具有保护功能的拓扑结构。

17.3.2 光缆网络配纤方式

在进行光缆网络配纤时，需要注意以下问题：

（1）ODN 覆盖区域内可选用树形递减直接配纤方式、树形递减交接配纤方式、树形无递减交接配纤方式或环形无递减交接配纤方式。

（2）选择配纤方式应有利于减少光纤线路的活动连接点数量。

（3）选用交接配线宜采用一级交接配线及固定交接区。

（4）ODN 覆盖范围内用户分布比较稳定的区域，宜采用树形递减直接配纤方式。

（5）对管道资源不足、用户分区预测困难的区域可采用树形递减或树形无递减配纤方式。

（6）连接普通用户的光缆线路宜采用树形递减直接配纤或树形递减交接配纤方式。

（7）连接重要用户、业务节点上联和互联的线路，可采用环形无递减交接配纤方式。

17.3.3 光分路器的选型及设置

在 ODN 组网时，光分路器的选择也至关重要。从类型上说，光分路器宜采用全带宽型和均匀分光型的平面波导型光分路器。在进行端口类型选择时，不仅需要考虑维护管理的方便，同时还要尽量减少连接点的数量。当光分路器安装点的光缆成端不配置适配器时，宜选用适配器型（含插头和适配器）的光分路器。当光分路器安装点的光缆成端配置适配器时，宜选用尾纤型（含插头）光分路器。在需要减少活动连接器数量时，可选择熔接型光分路器。

光分路器的位置设置应综合考虑光缆投资、PON 口及光分路器端口使用效率、便于维护、网络优化改造和技术升级改造等因素。同时应结合 ODN 网设计和用户规模进行配置，以满足近期需求为基础，兼顾中远期业务发展的需要；应预留光分路器的安装位置，便于今后扩容。此外，还应根据 PON 系统支持的最大光分路数、可传输距离、带宽规划以及用户的规模和分布密集度等因素综合考虑，确定 ODN 采用的最大光分路比。一般情况下适宜采用一级分光方式，必要时可采用二级分光方式，二级分光级联后总的光分路比应不大于 PON 系统允许的最大光分路比。

17.3.4　光分路器的安装

光分路器安装位置应根据 ODN 的应用模式和用户分布的实际情况选择适当的地点。FTTH 应用模式主要包含新建低层、多层和高层建筑三种模式，在不同的模式下，光分路器安装位置的选择也不尽相同。

高层建筑宜采用相对集中设置的一级分光方式，必要时可采用二级分光。采用一级分光方式时，光分路器宜安装在建造物的设备间或接线间中的光缆配线设施内。采用二级分光方式时，在建造物的设备间或接线间中的光缆配线设施内安装第一级光分路器，在楼层竖井光缆配线设施内安装第二级光分路器。

低层、多层建筑可采用一级或二级分光方式。采用一级分光方式时，光分路器集中安装在小区设备间 / 配线间或室外光缆交接箱内。采用二级分光方式时，第一级光分路器宜安装在小区机房内或小区室外光缆交接箱内，第二级光分路器可安装在小区光缆交接箱内或楼道光缆分纤箱内。

17.4　FTTH 工程勘察设计

现场勘察时必须准确详细记录 FTTH 建设覆盖的住户数，如按单元或按拟设分纤盒覆盖范围标注住户数等。同时标明安装详细地址（含小区名称、楼宇栋号、单元号、楼层号等），设计时需附分纤盒安装标准地址及覆盖住户范围等信息。另外，还需注意记录清楚小区分纤箱、分纤盒等是安装在室内还是安装在室外，是壁挂安装或壁嵌安装还是杆上安装等信息。

勘察时必须查明引接主干光缆交接箱的生产厂家（涉及扩盘，必须查明）及其主干纤芯的使用、空余、长度（对环型光纤交换箱要求分 A、B 端，以做光功率预算用）等情况。此外，还需要提供端到端放号能力，为此设计需要指定占用的主干纤芯芯序、配线纤芯芯序及引入纤芯芯序等，即要求示意主干光缆交接箱、小区分纤箱面板图。特别注意利旧工程小区分纤箱或无跳接光缆交接箱进行接引入光缆至楼阁分光分纤盒建设时，必须查明上联主干光缆交接箱及该小区分纤箱纤芯使用的主干、配缆长度等。

勘察时要求对原有分纤箱内容使用情况进行拍照，同时对新建分纤箱（盒）的安装位置进行拍照并编号。要求勘察小区归属的 OLT 机房内 GPON 设备 PON 口配置及使用、生产厂家等情况，若 OLT 设备无 PON 口资源使用时，需要与相关人员核实在其他项目上是否有扩容需求，该项目是否已立项实施。必须查明现有 OLT 设备能否扩板以及新增 OLT 设备在机房的安装位置等，同时考虑机房 ODF 至 OLT 的跳纤类型及布放长度。设计要求作出机房平面图、OLT 机架立面图、尾纤走线图及标明本期 PON 口占用情况。

新建小区涉及管道建设时，设计人员应主动建议由分公司协调开发商新建，特别注意核实新建小区内部管道与小区外部主干管道是否已衔接好，若未衔接，则应补建衔接管道。对开发商已建管道的小区，应首先通过物业或开发商取得小区内容管道分布图，再进行实地勘察。

新建小区和旧小区勘察的区别。在旧小区勘察时一定要详细记录原有入户线缆的情况，利用相机将入户线缆和入户管道拍摄下来；假如用户有五类线入户，不能再穿放皮线光缆的情况下，可与建设单位沟通后采用 FTTB 的建设模式。

与 FTTH 工程施工相关的线路路由（含附挂的光缆、电缆路由及利旧管道路由）无论新建还是扩建，均要求采用测量工具实地勘测，对利旧架空（墙壁）线路需记录清楚现有吊线程式、质量等情况；对利旧管道，尽可能摸清现有管孔情况（如管孔有无错位、能否全程贯通、有无空余管孔或子管利用等），需要做好人孔、手孔管道占孔记录。涉及需要做安全保护措施的，如架空光缆与电力线平等或交叉，其净距达不到安全要求时，需要做三线交叉保护，需记录清楚保护位置、长度等。

对于农村地区的 FTTH 建设，勘察时要注意原有杆路是否有吊线，杆路有无质量问题。如有跳接点和多个跳接点的时候需要核实是否有上联纤芯，上联纤芯的长度。农村地区的项目还应注意新建杆路时可能会存在赔补费、二次抬杆费，如遇立杆不能挖太深的情况，还要注意石护墩的材料与人工费用的支出。

FTTH 工程的主要勘察内容包括以下几个重要组成部分。

（1）OLT 机房的勘察：利用 GPS 进行定位，记录经纬度。同时记录机房名及详细地址，测量并绘制现场机房图，记录 OLT 设备的型号、槽位使用及空闲情况、端口使用及空闲情况。同时绘制 ODF 架面板图，记录 ODF 架到本次需建设项目间的光缆资源现状，最后对机房及设备全面拍照。此部分的操作是为了确定本次新建项目是否需对 OLT 设备扩容，以及是否需要新建一级配线光缆及 ODF 成端。

（2）OLT 至一级配线光缆的查勘：此部分勘察特指 ODF 架至建设项目光交之间光缆线路查勘察，首先应整理清楚本期工程在此段线路上需要利旧或新建光缆的段落，了解并确定具体的敷设方式（架空、管道、直埋、墙壁、光交、接头等），然后逐段进行查勘测量，并绘制光缆线路路由草图，同时将对引上、直埋、跨路、跨河、新建、杆号、光交等进行拍照。

（3）二级配线光缆的勘察：指建设现场一级光分箱至用户接入二级光分箱之间光缆线路查勘察，首先勘察建设现场附近光缆交接箱的配置（至 OLT 剩余纤芯数、一级分光器型号及数量、可熔接二级配线光缆芯数）；接下来继续勘察原有杆路的路由，并绘制光缆路由草图（含住户分布图，同时将对引上、直埋、跨路、跨河、新建、杆号、光交、门牌号等进行拍照）；对住户集中点（10 户以上）设置二级光分箱，可参考原电缆分线盒位置，对零星分散住户处设置光缆分纤箱（至二级光分箱 200 米以上的）；原有杆路未到达的可进行延伸式新建，根据房屋特点及协调难度适当规划墙壁光缆；二级光分箱（24 ～ 72 芯）原则上采用室外防水型，以墙壁式为主，需按要求做好防雷接地，安装二级光分箱必须进行 GPS 定位。

（4）PON 口、一级分光、二级分光的规划：根据现场勘察情况，结合网络规划结果及用户数预测等参数，对 PON 口和一级分光器、二级分光器做好数量规划。如一级分光器为 1:8，二级分光器为 1:8（OLT 至二级分光点距离应小于 20km，否则会因衰减过大无法开通业务），则此网络中最大可接入户数为 64 户。若一级分光器为 1:8，二级分光器为 1:16（OLT 至二级分光点距离应小于 10km），最大可接入户数为 128 户。此外，如果一级分光器为 1:8，二级分光器为 1:32（OLT 至二级分光点距离应小于 10km），可接入户数为 256 户以上。传输距离及分光比决定了每个 PON 可承载的宽带用户数，原则上以节约 PON 资源为主。

（5）光缆芯数的确定：光缆芯数是根据 PON 口需求数来确定的，一般情况下是取 PON 口需求数的 2 倍以上进行计取，平原采用 G.652 GYTA 单模光纤，山区原则上采用 G.652 GYTS 单模光纤或 G.652 GYTA53 单模光纤。

17.5　设备安装和线缆布放

17.5.1　设备安装位置选择

GPON 网络在接入层面需要安装的主要设备有 OLT 和 ONT。OLT 设备安装位置的选择应符合一定的原则。若覆盖区域面积较大，同时接入用户较多，这种情况下的综合业务接入局（站），可独立设置 OLT 设备机房，同时注意该机房尽量靠近光缆配线室。对于一般业务节点机楼，OLT 设备可与其他传输设备安装在同一传输机房，若机房空间足够，满足机柜安装需求，则可以设置 PON 系统的 OLT 设备机列。当需要将 OLT 下移设置时，PON 系统的 OLT 设备适宜安装在住宅小区或楼宇的通信设备间，这种情况下可考虑在小区内租用满足安装条件的民房，同时应综合考虑业务上联的传输系统设备安装位置。若 OLT 设备是安装在新建局房时，应考虑与其他运营企业实现共建共享。

ONT 设备的安装位置的选择同样需要符合相关要求。现在很多住宅小区在修建房屋时，会在用户家中预留家庭布线系统汇聚点，在 FTTH 应用模式下，ONT 适宜安装在用户智能终端盒或用户家庭布线系统汇聚点。若现场条件不满足将入户光缆引入到住房内时，可以选择将 ONT 安装在楼层的弱电竖井内，或是将 ONT 安装在就近的综合配线箱或配线柜内。

17.5.2　机房平面布置与设备排列

在进行 OLT 设备机房平面布局时，应将近期项目和远期规划充分结合起来，既要考虑安装的机柜便于后期维护，同时又要考虑设备排列适宜远期发展。此外，布置设备时还应考虑到尽量缩短各种设备之间的布线距离，减少路由迂回和避免线缆交叉。设备的排列应便于维护、施工和扩容。同时，还应适当考虑机房的整齐性和美观性，有效提高机房面积的利用率。

OLT 设备及远端室内的设备在进行排列时应注意楼面平均承重负载问题。若楼面平均承重负载满足要求，则应最大限度地利用机房有效空间，采用面对面的单面排列方式、面对背的单面排列方式或背靠背的双面排列方式。同时需保证 OLT 设备排列在同一列内或相对集中，ODF 架需要单独成列或相对集中，大容量接入机楼可单独设置MODF 配线室。至于 PON 系统远端室内机架高度的选择，则应根据机房的净高以及走线需求综合决定。

在非电信专用房屋内安装通信设备时，必须根据需安装的设备类型、重量、尺寸及设备排列方式等因素对楼面平均承重负载进行核算，若设计人员无法给出精确的核算数值，可向专业的承重检测单位提出申请，若楼面平均承重负载不满足要求，则必须根据专业人士的建议，采取加固措施。

17.5.3　OLT 设备安装设计

在 OLT 机房内，为便于前期安装和后期维护，机房的走线方式宜采用上走线方式。机房内铁架的高度应根据机房空间的净高和设备的机架高度综合考虑确定，铁架的安装应符合 YD/T5026《通信机房铁架安装设计标准》的相关技术要求。若机房的抗震烈度为 6 烈度及 6 烈度以上，在安装铁架时则必须采取抗震加固措施。铁架和机架加固方式应符合 YD5059《电信设备安装抗震设计规范》中的相关要求。为方便将线缆引入室内，楼板或墙上一般都会开挖孔洞，当线缆布放完成后，应使用防火板、防水胶泥、防火胶泥等阻燃材料密封预留孔洞。

17.5.4　ONU 设备安装设计

楼道宽带接入用综合配线箱/机柜的安装应避免安装在潮湿、高温、强磁场干扰源的地方。应远离自来水阀门、燃气阀门、暖气阀门、消防喷淋设施等。应根据建筑物实际的安装条件，选择合适的安装位置保证 ONT/ONU 设备安全、稳定运行。

引电时应注意交流电源的引接应采用单相三线制电源插座，电源插座的容量必须满足用电设备的要求。

在建筑物的公共部位安装综合配线箱/机柜时，应选择远离窗口、门的地方，确保综合配线箱/机柜不受阳光直晒，避免雨淋的情况出现，应选择安全可靠、便于施工维护的地方。壁挂式综合配线箱/机柜的安装高度宜不低于 1.2m，在特殊环境下，若安装现场条件不能满足上述要求时，也至少保证综合配线箱/机柜下沿距地面距离不小于0.3m。采用室外机柜安装 ONU 设备时，安装要求应符合 YD/T5186《通信系统用室外机柜安装设计规定》的相关规定。

17.5.5　布线要求

机房内的交流电源线、直流电源线、通信线缆应按不同路由分开布放。通信电缆与电力电缆相互之间距离不小于 50mm。布线距离应保持整齐，且需要综合考虑本期工程缆线的布施不会影响今后扩容时设备的安装及线缆的布放。布放的线缆应具有足够的机械强度和阻燃性能，应保持线缆完整，对于同类型的线缆，在线缆中间不能出现接头。此外，布线电缆选择应满足传输速率、衰耗、特性阻抗、串音防卫度和耐压等指标的要求。

光纤连接线应沿专用的槽道布放，与其他通信线共用槽道或沿走线架布放时应采取保护措施，如外加 PVC 管或波纹管进行保护。应避免跨越机房布放光纤连接线的情况的出现，机房之间有光纤连接需求时宜采用带光纤连接器的光缆。

同轴电缆线对的外导体或高频对称电缆线对的屏蔽层宜在输出口接地。

告警信号线宜选用音频塑料线，网管系统的通信电缆应根据传送信号速率选用对应型号、规格的线缆。

17.6　供电与接地要求

17.6.1　供电要求

ONU 设备的引电方式适宜采用就近引入交流 220V 市电。为保证在断电时 ONU 设备也能正常工作，可根据工程实际需要配置相应的后备供电系统。在引入市电时，市电交流 220V 电源的电压取值应在 200V ～ 240V 之间。交流电源线实际载流量应不超过电源线标称载流量的 50%。若需安装交流电表，电表箱的安装位置应以安全和方便抄表为原则，同时应保证电表箱的安装符合当地供电部门的要求。

若 OLT 设备是安装在远端机房，此时应引入三相五线制电源，电源负荷等级为一级。并应在便于移动油机驳接处设置移动油机备用电源转接盒。

OLT 设备采用直流 –48V 基础电源进行供电。室内给 OLT 进行直流供电的开关电源的输入电压允许变动范围为 –40 至 –57V，超出此范围内的电压输入均会对设备造成不同程度的损伤。机房内可采用主干母线供电方式或电源分支柜方式。直流供电系统应结合机房原有的供电方式，采用树干式或按列辐射方式馈电，在列内通过列头柜分熔丝按架辐射至各机架。不得使用两只小负荷熔丝并联代替大负荷熔丝，熔丝连接必须做到专线专用。

机房内开关电源的熔丝的规格和数量应按机列满配置的需求进行配置。应根据机架内设备满配置耗电量的 1.2 至 2 倍来核算列柜每个二级熔丝的容量。同时应保证在带电情况下更换列柜二级熔丝时，不能影响列柜中其他电源系统的正常工作。

17.6.2　接地要求

OLT 机房内的接地系统应采用等电位连接。可采用网状、星形或网状与星形混合接地结构。设备工作地线应采用汇流条树干式"T"接至列头柜，或由电源分支柜引接至列头柜，列内通过列头地线排辐射至各机架。机架保护地线宜采用铜芯电力电缆从电力室地线排或适当接地点直接引接至列头柜，或由电源分支柜地线排引接至列头柜，列内采用树干式"T"，接至各机架。

在接入网点或小型通信站内，光缆金属加强芯和金属护层应在分线盒内可靠接地，并应采用横截面积不小于 16mm² 的多股铜线就近引到站内总接地排上。在通信大楼内的光缆金属加强芯和金属护层应在 ODF 架内与接地排连接，并应采用截面积不小于 16mm² 的多股铜线就近引到 OLT 所在楼层接地排上。当离接地排较远时，可就近从 OLT 机房内楼柱主钢筋引出接地端子作为光缆的接地点。

ONU 箱体及远端机房的接地则根据 ONU 安装位置的不同对应不同的要求。若 ONU 安装在新建公共建筑物、办公大楼内时，宜利用建筑物的建筑地网进行接地。若 ONU 是安装在民用建筑物内，可利用建筑物梁、柱的主钢筋做接地引接点。当无地网可利用、建筑物结构质量较差时，应靠近建筑简易地网接地。

17.7　项目实施

17.7.1　项目背景

重庆市江津区新建了一幢住宅小区锦绣花园，小区开发商在小区修建过程中向某运营商提出了覆盖申请，希望运营商能在楼房修建完成之前完成小区内的光纤宽带信号覆盖。

勘察人员与分公司负责人一同前往该小区，对小区情况进行了初步勘察，形成的勘察记录表如表 17-2 所示。

表 17-2　FTTH 工程现场勘察情况记录表

勘察人员	王某某	配合人员	李某某
经度	106.24387	纬度	28.11386
勘察日期	2016-6-19	站点类型	室内覆盖
小区地址	重庆市江津区金阳大道 15 号	需求等级	紧急
小区楼宇数量	3 栋	楼宇高度	25/18/18
每层住户数	7	覆盖现状	无覆盖
新建线路长度	约 1100 米	新建管道长度	0
最近光交距离	约 40 米	是否新增机房	否
上联 OLT 机房	江津客车站基站	覆盖方式	全覆盖
OLT 剩余 PON 口	0	OLT 扩容	是
扩容槽位	12	占用端口	0，1，2

现场情况	该小区为新建小区，施工方在修建楼宇时已预留通信用管道。小区共三栋楼宇，其中 1 号楼高为 25 层，2 号楼和 3 号楼高均为 18 层，除 1 层用做商铺外，其余每层住户数均为 7 户。每层楼房都留有弱电井，满足通信设备安装要求，经现场勘察确认，其他运营商暂时没有对此小区进行宽带网络覆盖
初步拟订方案	在距离小区正门西南方向约 40 米处，前期工程已在此位置安装一个光交接箱，光交内剩余端口充足，满足本期扩容要求。光交上联 OLT 安装于江津客车站基站内。OLT 已没有剩余端口，但 12 号槽位暂时空置，可考虑在 12 号槽位上增加 GPON 单板。光纤引入小区在 1 栋车库处新建 96 芯一级光交，由于 1 栋楼层较高，用户较多，可考虑分别引两根 12 芯纤至 1 栋，下接二级分光器分别完成 1 至 12 楼及 13 至 25 楼的网络覆盖。由于 2 栋和 3 栋均只有 18 层楼，用户数相对较少，可考虑引 48 芯光缆下接二级分光器分别完成 2 栋和 3 栋的网络覆盖

小区楼宇分布图如图 17-2 所示。

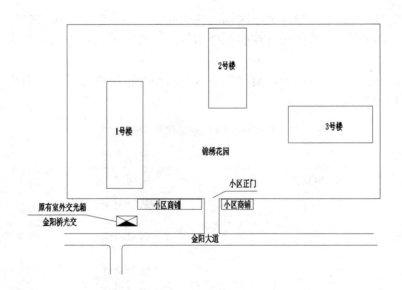

图 17-2　锦绣花园小区建筑分布平面图

FTTH 设计一般分为外线设计及内线设计两个部分。外线设计主要解决小区外光交箱到小区新增光交之间的线路设计。内线设计主要关注小区内增光交及 ONU、二级分光器之间的设计。

17.7.2　外线设计

狭义的外线设计只涉及小区外光交箱到小区内新增光交之间的线路设计。广义的外线设计还应包括光交上联机房，即 OLT 设备的设计。通过现场资料查询得知金阳桥光交上联站为江津客车站基站，勘察人员进入基站勘察后采集到如下信息。

（1）江津客车站基站内已有 OLT 设备一套，产品型号为 MA5680T，华为设备。

（2）安装 OLT 设备的旁边机柜中安装有 ODF 架，且剩余端口充足。

（3）MA5680T 设备已无 PON 接口，但 12 至 15 槽位处于空闲状态。

江津客车站基站机房内设备布置图如图 17-3 所示。

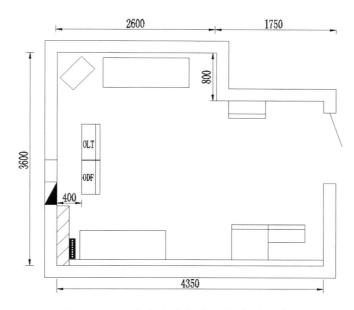

图 17-3　江津客车站机房设备布置示意图

通过现场条件分析，虽然 OLT 设备已经没有多余的 PON 接口，但由于 12 至 15 槽位仍处于空闲状态，本次设计只需在 12 槽位处新增一块 GPON 单板即可。设计图如图 17-4 所示。

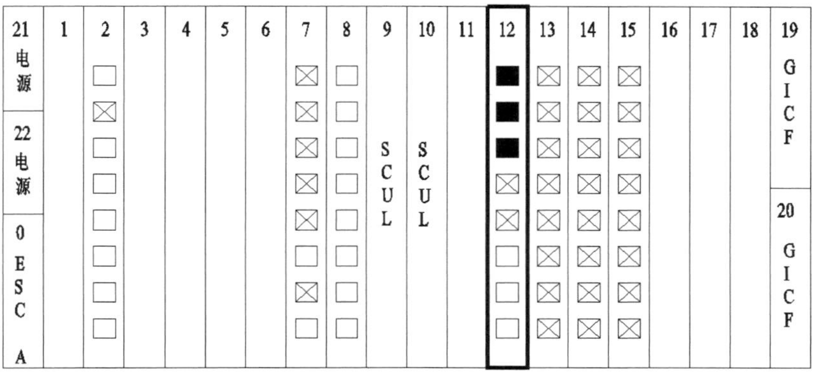

图 17-4　OLT 设备面板设计图（MA5680T）

其中,粗线框表示为本期新增单板。黑色框表示为本期占用端口,编号分别为 0、1、2。根据 MA5680T 设备的属性,其一个 GPON 端口可下挂 64 户用户,本期工程中小区总用户数为 408 户,考虑运营商网络覆盖率约为 38%,总共需要解决约 155 户用户的网络需求。故需要占用 3 个 GPON 端口。

完成了 OLT 到光交之间的设计之后,下一步还要继续解决外线设计的最后一部分。即从金阳桥光交到小区内新增光交之间的线路设计,金阳桥光交与锦绣花园小区地理位置如图 17-2 所示。光交位于小区正门西南方向,直线距离为 40 米左右。此光交规格为 576 芯,目前剩余端口数较多,满足本期网络扩容要求,本次工程拟使用 B 面中 D盘 1 ～ 12 芯至锦绣小区内新建光交。占用情况如图 17-5 所示。

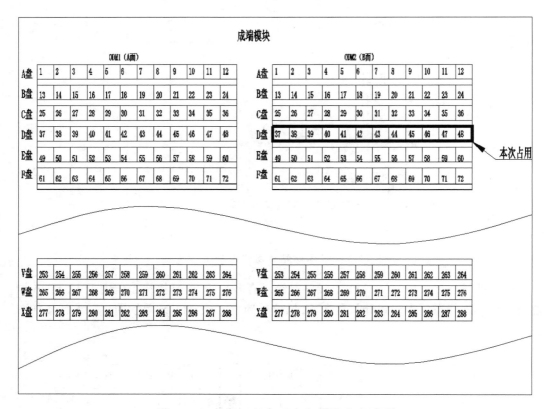

图 17-5　本期工程占用金阳桥光交示意图

经现场勘察发现,楼宇施工方在小区正门至原有光交之间已经提前敷设了通信管道,此处可直接利旧,具体路由从光交正东方向出发,布放 95 米长光缆,再改由正北方向,即朝着小区正门方向,布放 30 米光缆直达小区 –1 楼车库。–1 楼车库多处地点满足壁挂式光交安装条件,从节约线缆、布线合理的角度出发,选择将壁挂式光交安装在 1栋楼车库出入口。因车库内已安装消防及排风桥架,故此处可利旧原有桥架,长度为110 米。设计图如图 17-6 所示。

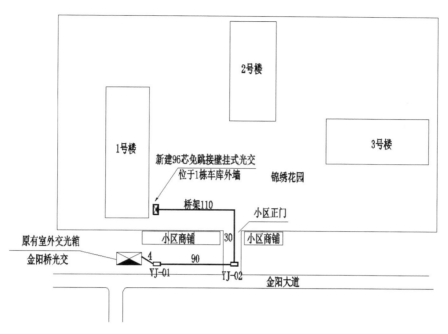

图 17-6 锦绣花园小区 FTTH 外线路由图

17.7.3 内线设计

小区共有 3 栋住房建筑，其中 1 栋楼高 25 层，2 号和 3 号楼高均为 18 层，除每栋楼的一楼外，其他每层楼住户数均为 7 户，每栋建筑的一楼均为小区内商铺，经现场勘察，确定 1 号楼的住户数为 170 户，2 号楼与 3 号楼的住户数均为 119 户，小区内总住户数为 408 户。同时，每层楼均配备有弱电井，目前电井内空间充足，满足通信设备安装要求。小区内通信网络建设条件较为理想。目前已确定在 1 号楼车库出入口旁新建 96 芯壁挂式光交，由于 1 号楼用户数较多，可考虑用两根 12 芯光缆分别解决 1 号楼 1 至 13 楼及 14 至 25 楼的网络覆盖。如 1 号楼 1 至 4 楼，总计用户数为 23 户，可考虑引入 12 芯光缆，在 3 楼弱电井安装分光器，将 1 至 3 号芯成端分别连接三个 1:8 的二级分光器，一共可解决 24 户住户的网络覆盖。剩余 4 至 12 号芯沿弱电井继续往上敷设，在 6 楼弱电井内将 4 至 6 号芯成端分别连接三个 1:8 的二级分光器，用以解决 5 至 7 楼的用户网络覆盖。依此类推，7 至 9 芯安在 9 楼弱电井内连接分光器，覆盖 8 至 10 楼。剩余的 10 至 12 芯布放至 12 楼弱电井用于解决 11 至 13 楼的网络覆盖。同时引入另外一根 12 芯的光缆，每隔三层楼用其中三根芯成端连接三个 1:8 的二级分光器，解决剩余楼层的网络覆盖问题。2、3 号楼设计思路与 1 号楼基本类似，但是由于 2、3 号楼与 1 号楼之间在地理上具有一定的距离，所以可以考虑在 2、3 号楼附近安装一个接头盒，方便布线及安装。锦绣花园小区的内线路由设计图如图 17-7 所示。

此路由设计图对应的网络拓扑图如图 17-8 至图 17-10 所示。

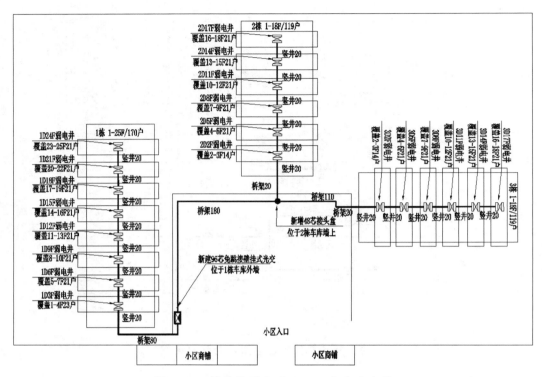

图 17-7　锦绣花园小区 FTTH 内线路由图

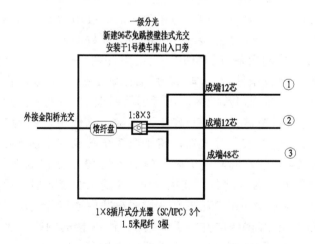

图 17-8　锦绣花园小区 FTTH 工程网络拓扑图（1）

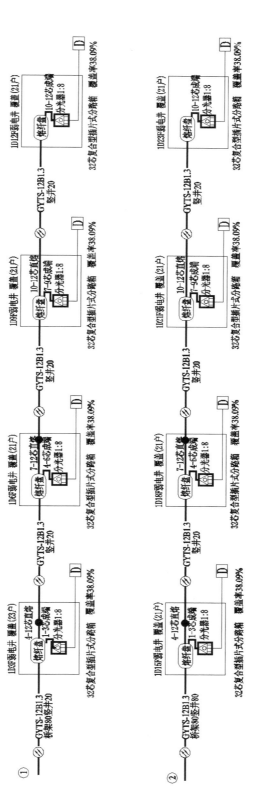

图 17-9 锦绣花园小区 FTTH 工程网络拓扑图 (2)

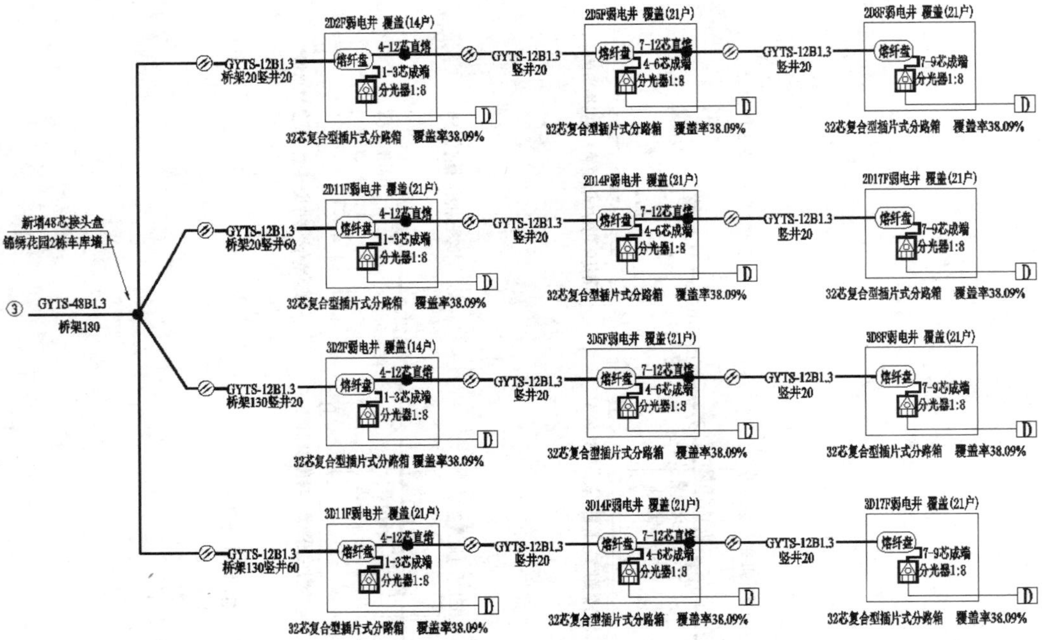

图 17-10　锦绣花园小区 FTTH 工程拓扑图（3）

关于上图中复合型插片式分路箱的图例说明如图 17-11 所示。

最上方的地址说明了分路箱具体安装的位置。矩形线框表示分路箱。直熔纤芯指本端纤芯不与尾纤连接，直接与对端纤芯进行熔接。光缆指直熔纤芯出分路箱时的形式，以光缆的形式往下继续布放。成端纤芯指纤芯与尾纤相连，或是纤芯直接与尾端设备相连，在本设计中，指与分光器进行相连。1:8 分光器指分光器的输入端为

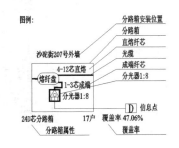

图 17-11　复合型插片式分路箱图例

1 根光纤所承载的信号，经过此分光器后，输出端将此路信号分为 8 路信号进行输出，分光器还有其他规格如 1:64、1:32。信息点一般指 GPON 网络中的 ONU 设备，ONU 用于连接用户终端如电脑、智能手机、电视机、电话等。覆盖率是指由于每个小区都有三家运营商同时入驻，用户可以自由选择使用哪一家运营商的网络，以电信公司为例，如果某层楼房的住户数为 10 户，其中有 4 户用户选择了使用电信公司的网络，则电信公司的网络在此层楼房的覆盖率就为 40%。分路箱左下角的文字则是标明了分路箱的基本属性。

此设计中涉及的主要材料如表 17-3 所示，路由跳纤表见表 17-4，内线光缆设计规模及外线光缆设计规模分别见表 17-5 及表 17-6。

表 17-3　主要材料清单

物料名称	单位	数量
1:8 光分路器，插片式	套	23
48 芯接头盒	个	1
96 芯壁挂式免跳接光交	个	1
华为 PON 接口板	个	1

表 17-4　路由跳纤表

光路跳接路由	跳通芯数	汇聚设备型号	是否新增 PON 口板	数量	是否新增 PON 设备	本次占用端口描述
江津客车站基站 - 新建 96 芯壁挂式免跳接光交	3	MA5680T	是	1	否	12 槽位 0～2 口

表 17-5　锦绣花园小区 FTTH 工程内线光缆设计规模表

小区名称	光缆芯数	设计长度	桥架（m）	竖井（m）	路由长度（m）	预留（m）	缆长（m）
锦绣花园	12D	1130	460	540	1000	130	1150
锦绣花园	48D	203	180		180	23	250

表 17-6　锦绣花园小区 FTTH 工程外线光缆设计规模表

小区名称	新建光缆段落（小区-上端）	12D（m）	设计长度	管道布缆（m）	桥架（m）	路由长度（m）	预留（m）	缆长（m）
锦绣花园	锦绣花园 - 江津客车站 OLT	300	264	124	110	234	30	300

【同步训练】

对学校某幢宿舍楼进行现场勘察，假设在此宿舍楼内暂无宽带信号覆盖的前提下，完成此教学楼的 FTTH 接入工程设计（只需要完成从光交箱引入后的设计，可以不用考虑 OLT 和光交箱的具体设计）。

【拓展训练】

重庆市江津区新建了一幢住宅小区——世纪城，小区开发商在小区修建过程中向某运营商提出了覆盖申请，希望运营商能在楼房修建完成之前完成小区内的光纤宽带信号覆盖。勘察人员与分公司负责人一同前往该小区，对小区情况进行了初步勘察，形成的勘察记录表如表 17-7 所示。

表 17-7　FTTH 工程现场勘察情况记录表

勘察人员	王某某	配合人员	李某某
经度	106.34564	纬度	28.12578
勘察日期	2016-8-18	站点类型	室内覆盖
小区地址	重庆市江津区新城大道 15 号	需求等级	紧急
小区楼宇数量	4 栋	楼宇高度	24/24/24/24
每层住户数	6	覆盖现状	无覆盖
覆盖方式	全覆盖	是否新增机房	否
上联 OLT 机房	江津农贸市场基站	占用端口	0，1，2
OLT 剩余 PON 口	3	OLT 扩容	否
现场情况	该小区为新建小区，施工方在修建楼宇时已预留通信用管道。且通信管道均修建在小区四周绿化带内。小区共四栋楼宇，每层楼高均为 24 层。每层住户数均为 6 户。每层楼房都留有弱电井，满足通信设备安装要求，经现场勘察确认，其他运营商暂时没有对此小区进行宽带网络覆盖。在进入小区正门正西方，位于 C 号楼西南方的绿化带内有一个正在使用中的光交箱，光交箱内剩余端口充足，满足本期扩容要求。光交上联 OLT 安装于江津农贸市场基站内，OLT 剩余端口充足，满足本期扩容需求		

现场情况如图 17-12 所示。请根据上述项目背景，结合本项目中所述知识，完成此小区的 FTTH 设计（由于上联 OLT 满足扩容需求，所以不用进行 OLT 的方案设计）。

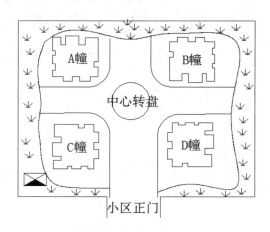

图 17-12　世纪城小区建筑分布平面图

项目 18
管道线路设计

【知识目标】　　　掌握承载网的定义，熟悉构成承载网的交换机、路由器、PTN、OTN 等主要设备的设备属性，能区分承载网的各种网络结构图。对承载网的分层结构有所了解。熟悉线路工程的分类，了解线路工程的设计原则和路由选择原则。知道管道网的构成，了解管道规划的总体原则和勘察设计规范。

【能力目标】　　　能利用交换机、路由器、PTN、OTN 等主要设备，根据网络拓扑结构的不同，进行承载网组网。根据网络层次的区别，对承载网进行正确的层次划分。能根据施工现场实际情况，正确选择线路敷设方式。掌握线路工程中设备选型原则，同时能对线路工程进行合理的路由规划。能独立进行管道工程的勘察设计，能正确计算管道容量、段长、深度，并能合理安排管组间的排列组合。能正确区分传输设备、传输线路及传输管道的不同。

18.1 承载网的构成

18.1.1 承载网的定位

承载网一般位于接入网与核心网之间，在网络中用于传送各种语音和数据业务，通常以光纤作为传输媒介。承载网的范围非常广泛，根据传送业务的类型不同，同一个运营商可能同时拥有多个承载网。如 3G 承载网、4G 承载网、IPTV 承载网等。

图 18-1 是最简易的 LTE 通信网络结构示意图。图中，基站到终端用户之间通过无线电波进行通信，而核心网到基站之前则通过一条直线进行数据传递，这根直线在此处代表光纤，在其他网络结构中，可能还代表双绞线、同轴电缆等。在一般的通信网络结构中，连接两个网元设备时，通常是用一根直线简易化地代表承载网，但在实际组网工程中，承载网却并不只是简单地只由一根线缆构成。

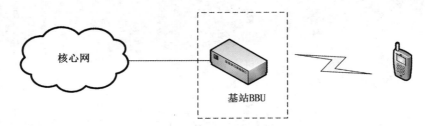

图 18-1　LTE 网络简易结构图

现实工程中的承载网如图 18-2 所示，一般来说，承载网设备主要可以分为数通设备和传输设备两类。

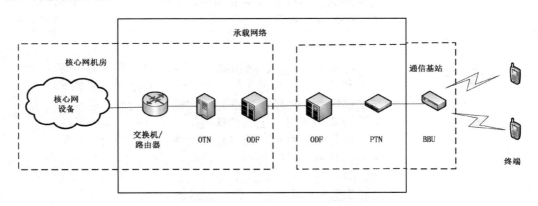

图 18-2　LTE 网络组网结构图

数通设备基于 IP 及相关技术设计，负责建立业务传送路径并保障传送的可靠性，典型的设备有路由器、交换机。

传输设备在物理层面上负责设备之间远距离、大容量的光传输设备，较为典型的传输设备有 OTN。此外最为常见的传输设备是 PTN，PTN 结合了数通设备和传统传输设备的特点，可透明传送 IP、TDM 等业务。

一般情况下，还可以将由路由器、交换机组成的网络划分为 IP 承载网，而将由 OTN 组建的网络划分为光传输网络。图 18-2 是一张典型的 LTE 通信网，详细地阐明图 18-1 中简化掉的承载网，从图中可以看出，承载网不仅包含了光纤，同时还有交换机、路由器、OTN、ODF 架、PTN 等设备。

18.1.2 承载网的主要设备

1. 数通设备

交换机是一种用于电（光）信号转发的网络设备。交换机工作于 OSI 参考模型的第二层，即数据链路层。它可以为任意两个网络节点间提供独享的信号通道。交换机内部的 CPU 会在每个端口成功连接时，通过将 MAC 地址和端口对应，形成一张 MAC 表。在以后的信息转发过程中，发往某个固定 MAC 地址的数据包将仅送往其对应的端口，而不会广播到其他所有的端口。因此交换机可用于划分数据链路层广播，即冲突域；但它却不能划分网络层广播，即广播域。最常见的交换机是以太网交换机。其他的还有电话语音交换机、光纤交换机等。同时还可以根据工作位置的不同，将交换机划分为广域网交换机和局域网交换机。

路由器是连接因特网中各局域网、广域网的设备，它会根据信道的情况自动选择和设定路由，以最佳路径，按前后顺序发送信号。路由器能够使各种骨干网内部互联、骨干网间互联和骨干网与互联网互联互通，是互联网运行的必要保障。路由器通过路由决定数据的转发，转发策略则称为路由选择。作为不同网络之间互联的枢纽，路由器系统构成了基于 TCP/IP 的国际互联网络 Internet 的主体脉络，也可以说路由器构成了 Internet 的骨架。路由器的可靠性直接影响着网络的质量。

虽然同样都是用于转发数据，但是路由器和交换机之间却有着一定的区别。主要区别就是交换机工作在 OSI 参考模型第二层（数据链路层），而路由则是工作在第三层，即网络层。这一区别决定了路由和交换机在转发信息的过程中需使用不同的控制信息，所以说两者实现各自功能的方式是不同的。

路由交换机也称为三层交换机，是具有路由能力的交换机。它既能像路由器一样根据路由表进行数据包的转发，也能像二层交换机一样根据 MAC 地址表来实现网络内的数据交换。路由交换机的主要功能是完成大型网络的数据快速转发。路由器与路由交换机间的对比如表 18-1 所示。

表 18-1　路由器与路由交换机间对比

	路由器	路由交换机
主要功能	路由转发 访问控制 流量策略	快速转发
网络位置	网络出口、核心层	网络汇聚层
接口数量	少	多

路由交换机的优势在于转发速度快，同时支持的接口数量较多。由于以上两点原因，路由交换机一般使用于网络的汇聚层，实现大量接入汇聚和大流量的网内数据交换。

路由器的优势则在于强大的路由能力和丰富的业务功能。它适合安装在网络出口处，实现与网络间的互联，同时承担路由计算、网络保护、流量规划等任务。由于去往外部网络的 IP 地址随时改变，所以要求路由器具有强大的处理能力进行新的路由查询和计算。

2. 传输设备

光传送网 OTN 是以波分复用技术为基础，在光层组织网络的传送网。OTN 的主要优点是完全向后兼容，它可以建立在现有的 SDH 管理功能基础上，不仅可以让通信协议完全透明，而且还为 WDM 提供端到端的连接和组网服务，OTN 概念涵盖了光层和电层两层网络，其技术继承了 SDH 和 WDM 的双重优势。

PTN 是一种以分组作为传送单位，承载电信级以太网业务为主，兼容 TDM、ATM 等业务的综合传送技术。PTN 支持多种基于分组交换业务的双向点对点连接通道，具有适合各种粗细颗粒业务、端到端的组网能力，提供了更加适合于 IP 业务特性的"柔性"传输管道。同时，PTN 具有丰富的保护方式，遇到网络故障时能够实现基于 50ms 的电信级业务保护，实现业务保护和恢复。PTN 还继承了 SDH 技术的操作、管理和维护机制，能保证网络具备保护切换、错误检测和通道监控能力。此外，PTN 完成了与 IP、MPLS 等多种方式的互连互通，无缝承载核心 IP 业务。网管系统可以控制连接信道的建立和设置，实现了业务 QoS 的区分和保证。

OTN 是光传送网，是从传统的波分技术演进而来，主要加入了智能光交换功能，可以通过数据配置实现光交叉而不用人为跳纤。大大提升了波分设备的可维护性和组网的灵活性。同时，新的 OTN 网络也在逐渐向更大带宽、更大颗粒、更强保护演进。

PTN 是包传送网，是传送网与数据网融合的产物。可实现环状组网和保护。是电信级的数据网络（传统的数据网无法达到电信级要求）。PTN 的传送带宽较 OTN 要小。一般 PTN 最大群路带宽为 10Gb/s，OTN 单波 10Gb/s，群路则可达 400Gb/s ～ 1600Gb/s。

光纤配线架 ODF 用于光纤通信系统中局端主干光缆的成端和分配，可方便地实现光纤线路的连接、分配和调度。集熔接与配线于一体，可安装于 19 寸标准机架上，能支持全正面化操作。同时，ODF 可安装 FC、SC、ST 和 LC 等多种适配器，光缆和尾纤均具有 2m 以上的盘储空间。

3. 连接线缆

承载网的范围不仅包括上述设备，同时还包括了连接这些设备时所用到的各种光缆、线缆。常见的线缆有光纤、双绞线、同轴电缆等。

光纤全称为光导纤维，由直径约为 0.1mm 的细玻璃丝构成。微细的光纤封装在塑料护套中，使得光纤在弯曲时不会由于外力过大而导致断裂。通常情况下，在光纤的发射端一般使用发光二极管 LED 或一束激光将光脉冲传送至光纤，而处于光纤另一端的接收装置则使用光敏元件用于检测脉冲。光纤虽然纤细，但却具有把光封闭在其中并沿轴向进行传播的导波结构。相对于电在电线传导的损耗比，光在光导纤维中的传输损耗比要低得多，所以光纤被视为长距离传输的最佳载体。

光纤通信的传输频带宽，通信容量大，如果采用波分复用技术，一根光纤就能提供超过上千 Gb/s 的传输带宽。此外，相对于电信号传送的方式，光信号的损耗较低，且不受电磁干扰。

按照光纤的传输模式，可以将光纤分为单模光纤和多模光纤。

单模光纤：单模光纤的外皮一般为黄色，使用的光波长为 1310nm 和 1550nm。单模光纤只允许一束光穿过光纤，因为只存在一种模态，所以不会发生模色散。在传递数据时，单模光纤能够提供更高的质量保证，传输距离能达到几十甚至上百公里，所以一般将单模光纤用在远距离传输中。

多模光纤：多模光纤的外皮一般为橘色，它允许多束光线同时穿过光纤。因为不同的光线进入光纤的角度不同，所以在经过一定的传输路径之后中，光线到达光纤末端的时间也不相同。由于多模光纤中有着不同的光线，所以在这类光纤中存在模色散现象。色散从一定程度上限制了多模光纤的带宽和传输距离，所以多模光纤一般用于连接物理距离相对较近的设备。

由于光纤的优点众多，目前光通信的发展也特别迅速。在大型网络间互联时，光纤已成为首选传输介质。但光纤也存在如容易折断等缺点。为了保护光纤不受损坏，一般还会在光纤的外层加上护套，加上护套之后的光纤称之为光缆，光缆内光纤的数量称为缆芯。如 96 芯光缆代表此光缆内包含 96 根光纤。

光纤在连接设备时，需要通过连接头连接到光模块，再将光模块连接到设备上对应的接口。光模块由光电子器件、功能电路和光接口等组成。光模块的主要作用就是完成光电信号之间的转换，在发送端，光模块将电信号转换为光信号，光信号通信光纤传送到接收端，接收端的光模块又将光信号转换为电信号。对于不同的光模块，连接头也不尽相同。光纤连接头一般有 SC、FC、LC 等几种类型。

双绞线一般由两根绝缘铜导线相互缠绕而成，双绞线的这种缠绕方式可以起到抵消两根线路间电磁干扰的作用，增强信号传输的安全性。在实际使用时，可以将多对双绞线包在同一个绝缘电缆套管中。典型的双绞线有 4 对的，也有将更多对双绞线放在一个电缆套管里的。一般情况下，线缆缠绕得越密，其抗干扰能力就越强。与其他传输介质相比，双绞线在传输距离、信息宽度和数据传输速度等方面均受到一定的限制，但价格便宜是其主要优势。

双绞线作为网络数据的传输介质，根据 EIT/TIA 接线标准，双绞线与 RJ45 接口连接时需要 4 根导线，两根用于发送数据，两根用于接受数据。双绞线与 RJ45 接口制作有两种标准 EIT/TIA568A 和 EIT/TIA568B。双绞线与 RJ45 接口一起制作出来的线就是平时上网时经常用到的网线。

同轴电缆常用于设备与设备之间的连接，或应用在总线型网络拓扑中。同轴电缆的中心轴线是一条铜导线，外加一层绝缘材料，这层绝缘材料由一根空心圆柱网状铜导体包裹，最外面的一层则是绝缘层。同轴电缆从用途上可分为 50Ω 基带同轴电缆和

75Ω 宽带同轴电缆（即网络同轴电缆和视频同轴电缆）两类。基带同轴电缆又分细缆和粗缆。基带同轴电缆仅仅用于数字传输，数据传输速率可达 10Mbit/s。与双绞线相比，同轴电缆的抗干扰能力强，屏蔽性能好，传输数据稳定，价格也更加便宜。

18.1.3 承载网网络拓扑结构

通信网络的拓扑结构是指网络中的每个设备连接在一起的方式。采用适当的网络连接设计，能够保证多用户间的数据传输没有延迟或是将延迟降至最小，不同的网络拓扑结构，对网络的稳定性及可靠性都有及大的影响。网络的拓扑结构一般包括以下几种：

1．星型拓扑结构

星型拓扑结构是一种以中央节点为中心，把若干外围节点连接起来的辐射式互连结构。外围节点彼此之间无连接，相互通信需要经过中心节点的转发，中心节点执行集中的通信控制策略。星型拓扑在企业网、运营商网中被广泛采用。如图 18-3 所示。

其优势为安装容易，结构简单，成本较低。在控制层面，由于任何一个站点只和中央节点相连接，因而访问控制简单，易于网络监控和管理。同时，由于中央节点对连接线路可以逐一隔离，故而可以方便地进行故障检查和定位。若外围节点发生故障，也仅仅是影响到此外围节点，对整张网络没有太大的影响。其缺点是由于中央节点需要处理下挂的每一个外围节点的信息，所以容易形成瓶颈效应，若中央节点发生故障，整张网络都处于瘫痪状态。

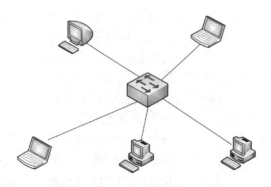

图 18-3　星型拓扑结构

2．总线型拓扑结构

总线型拓扑结构由一条公用主干线缆连接若干个节点以构成网络。由于网络中的每一个节点均连接到这根主干线缆上，所以将这根主干线缆称为总线，如图 18-4 所示。在总线型拓扑结构中，所有设备都通过相应的硬件接口直接连在总线上，任何一个节点的信息都可以沿着总线向两个不同的方向进行传送，并且能被总线中任何一个节点所接收。由于信息传送的方向是向四周进行传播，这种传播方式类似于广播电台的数据传输方式，所以总线型网络也被称为广播式网络。这种结构的特点是结构简单灵活，建网容易，使用方便。但缺点是一次仅一个端的用户发送数据，其他端的用户必须等待直到获得数据发送权。同时，主干总线对网络起到了决定性的作用，一旦主干总线发生故障，影响到的就是整张网络的正常运行。

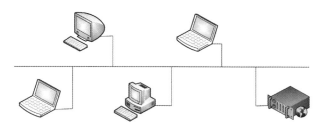

图 18-4　总线型拓扑结构

3. 环型拓扑结构

环型拓扑结构是依次将网络中的节点首尾进行相连，形成一个闭合的环形路线。如图 18-5 所示，信号顺着一个方向从一个节点传送到另外一个节点，信息在每个节点上的时延是相对固定的。当环中的各个节点或是某条链路发生故障时，信号可以顺着另外一个方向进行传送。为了提高通信效率和可靠性，在某些时候还可以采用双环组网，如图 18-5 所示，即在原有的单环上再加上另外一个环，其中一个环作为数据传输通道，另外一个环则作为保护通道。环型拓扑结构的优势在于信号是沿着环单向进行传送，时延固定，适合应用于实时性要求较高的业务，同时其可靠性较高，尤其是采用双环结构时能够有效地保障业务不间断传输。但如果要在环型拓扑结构中增加节点，则会给正在运行的业务带来延时或中断，其灵活性不够高。

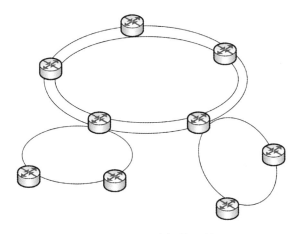

图 18-5　环型拓扑结构

4. 网状拓扑结构

网状拓扑结构也叫分布式网络结构，它是由分布在不同地点上的网络节点系统相互连接而成。网状拓扑结构通常利用冗余的设备和线路来提高网络的可靠性，因此，节点设备可以根据当前网络的信息流量有选择地将数据发往不同的线路。

网状拓扑结构的最高级组网方式是全网状结构，如图 18-6 所示，在这种网络拓扑结构中，网络中的任何两个节点之间都有直接的连接，这种结构以冗余的链路来确保网络的安全。但全网状的结构建网成本比较高，因此在实际工程中，基本较少采用。

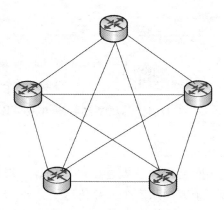

图 18-6　网状拓扑结构

5. 树型拓扑结构

树型拓扑结构是一种分级结构，这种拓扑结构在形状上就像一棵倒置的树，顶端是树的树根，树根以下带分支，每个分支还可再带子分支，如图 18-7 所示。它是总线型结构的扩展，其传输介质可有多条分支，但不形成闭合回路。树型拓扑结构具有一定容错能力，网络中的某个分支或节点发生故障不会影响另一分支节点的正常工作，任何一个节点发送的信息都可以传遍整个网络。

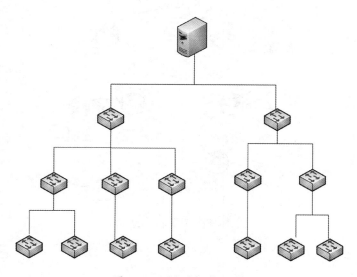

图 18-7　树型拓扑结构

树型网上的链路相对具有一定的专用性，当需要在网络中增加新的网络节点时，无须对原网做任何改动就可以进行。树型网络拓扑结构具有可靠性高、节点共享资源容易、可改善线路的信息流量分配及均衡负荷、可选择最佳路径、传输延时小等优点，但同时也存在控制和管理复杂、布线工程量大、建设成本高等缺点。

18.1.4　承载网网络分层

网络设计中，网络层次的划分极为重要，有效的网络分层能使网络中设备选择和流量规划更加合理，从而节省网络建设及维护的成本，提高网络的整体性能。一般的网络通常包括接入层、汇聚层和核心层三个部分，其构成图如图 18-8 所示。

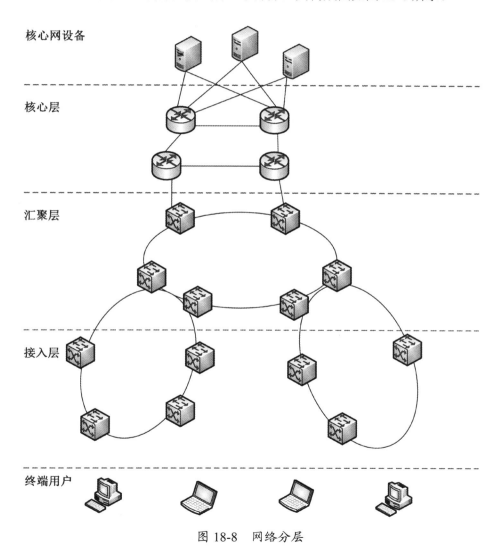

图 18-8　网络分层

接入层一般指网络中直接面向用户连接或访问的部分。接入层允许终端用户连接到网络，因此接入层的设备相对来说成本较低，但使用最为广泛。

汇聚层是多台接入层交换机的汇聚点，是核心层和接入层之间的分界点，它能够处理来自接入层设备的所有通信量，为接入层提供数据的汇聚、传输、管理和分发处理，并提供到核心层的上行链路，因此汇聚层交换机与接入层交换机相比，需要更高的性能，更少的接口和更高的交换速率。能控制和限制接入层流量访问核心层，以保障核心层的安全。

核心层是整张网络数据最终汇集的区域，由它来实现全网的互通，并承担连接外部网络的重任。核心层的功能主要是实现骨干网络之间的优化传输，骨干层设计任务的重点通常是冗余能力、可靠性和高速的传输。由于核心层是所有流量的最终承受者和汇聚者，所以对核心层的设计以及网络设备的要求十分严格。核心层设备也占据了建网投资中的主要部分，在构建核心层时需要考虑冗余设计。

18.2　线路工程

通信线路是保证信息传递的通路。目前长途干线中有线主要是用大芯数的光缆。省际及省内长途也是以光缆为主，同时也有微波、卫星电路等无线链路。通信线路网包括光缆线路及电缆线路两部分。光缆线路网是指局站内光缆终端设备到相邻局站的光缆终端设备之间的光缆径由，由光缆、管道、杆路和光纤连接及分支设备构成。电缆线路网是指局站内电缆配线架到用户侧终端设备之间的电缆径由，由主干电缆、配线电缆和用户引入线以及电缆线路的管道、杆路和分线设备、交接设备构成。

18.2.1　线路分类

1. 按照敷设方式进行分类

从敷设方式上对线路工程进行分类，可以将线路敷设方式分为直埋敷设、管道敷设、架空明线、海底敷设、水下敷设等几种分类。

（1）直埋敷设。

直埋敷设是将光缆 / 电缆直接埋设于挖掘好的光缆 / 电缆沟内的一种敷设方式。它是长途通信干线线路在农村地区采用的主要敷设方式。

敷设方法有：

机械牵引：由端头牵引机、中间牵引机及沿光缆 / 电缆沟滑轮等机械进行光缆 / 电缆的敷设。

人工抬放：以 10 ～ 15 米为间隔，一人将一盘光缆 / 电缆扛于肩上，并沿光缆 / 电缆敷设的方向行走，借助工具将光缆、电缆敷设至缆沟内。

（2）管道敷设。

管道敷设是指将光缆 / 电缆敷设安装在通信管道内的敷设方式。采用管道敷设的范围主要包括：用户线路中的主干电缆，本地网中的中继光缆和中继电缆，长途干线中进入市区部分的线路。

敷设方法有：

机械牵引：使用牵引机械将光缆／电缆引入管孔内。敷设机械主要包括端头牵引机、中间牵引机及滑轮组。

人工牵引法：利用人工牵引力将光缆／电缆引入管孔内，辅以其他工具、机具进行敷设。

（3）架空明线。

架空明线指将光缆、电缆架设在电杆上的敷设方式。在没有通信管道，且现场条件不满足直埋敷设时，可考虑采用架空敷设的方式。主要包括长途干线的临时敷设、用户线路的配线电缆和农村线路工程中的部分光缆、电缆。

支撑方式有：

吊线挂钩式：采用挂钩将光缆／电缆挂于钢绞线上的一种支撑方式。

吊线缠绕式：使用镀锌细钢线通过缠绕机具，将光缆／电缆缠绕在钢绞线上的一种支撑方式。

自承式：在制作光缆、电缆时，将一条钢绞线与光缆／电缆制作在一起，形成一个整体。当需要在电杆上敷设这类光缆／电缆时，就不需要再安装其他支撑物。

（4）海底敷设。

长途通信干线、国际通信线路穿越海洋时一般采用海底敷设的方式。由于海底情况的特殊性，在进行海底光缆／电缆敷设时，一般会采用专用的海缆进行敷设。目前我国与美国、日本等国家间的承载网连接方式都是通过海底敷设。

（5）水下敷设。

水下敷设是指在通信干线通过江河、湖泊、水库等情况时，将光缆、电缆敷设在水底下的敷设方式。

进行水下光缆、电缆敷设时，所采用的方法主要有：

拖轮布施法：将光缆、电缆搬运至放缆船上，放缆船沿着指定方向前进时，将光缆、电缆放到水中。

冲放器法：线缆施工人员在水下利用高压水枪在河底、湖底冲挖槽沟，在冲挖出来的槽沟中布放光缆、电缆，布放完之后进行掩埋保护。

挖冲机敷设法：利用专业机械的机械切削力、高压水力同时进行挖掘、布放和掩埋的工作方式。

2. 按照重要性进行分类

按照通信线路重要性的不同，可以将通信线路细分为一级线路、二级线路和三级线路等。

（1）一级线路：指首都至各省、直辖市、自治区首府，各省会、直辖市、自治区首府之间的线路和工信部指定的长途线路以及国际线路。

（2）二级线路：指各省、直辖市、自治区首府至各市、县，各市、县之间，相邻省各县市之间的线路以及通信管理局指定的长途线路。

（3）三级线路：指县级以下的通信线路。也称为本地线路或地方线路。如市内通信线路分为局间中继线路和用户线两类。而局间中继线路又包括市话局间中继线和长途、市局中继线。

若按通信线路的应用区域来划分，通信线路还可以细分为长途线路、市内线路和农村线路等。

18.2.2 设计原则

1. 光缆设计原则

光缆线路网的设计应安全可靠，由核心层向下逐步延伸至网络业务的终端用户。在进行光缆线路网的容量计算和路由选择时，应建立在网络发展规划的基础上，综合考虑远期业务需求和网络技术发展趋势，确定建设规模。需要综合考虑处于同一路由上的光缆容量，不宜分散设置多条小芯数光缆。原有多条小芯数光缆时，也不宜再增加新的小芯数光缆。干线光缆芯数的数量按照远期需求取定，本地网和接入网的芯数数量按中期需求配置，并同时预留足够冗余数量。在新建光缆线路时，应综合考虑与其他运营商进行共建共享，以达到减少投资、节约环保的目标。

在敷设光缆线路时，如果施工现场是在野外非城镇地段，则应以管道敷设或直埋方式为主，特殊情况下，省内长途光缆线路和本地光缆线路也可采用架空方式。若是在城镇地段敷设，则应以管道敷设的方式为主。对不具备管道敷设条件的地段，可采用简易塑料管道、槽道或其他适宜的敷设方式。

从美观和维护方便的角度出发，光缆线路一般不适宜采用架空敷设的方式，但在某些情况下可采用局部架空敷设方式。这些情况包括：

（1）线缆路由只能穿越峡谷、深沟、陡峻山岭等比较危险且不适宜采用管道或直埋敷设方式的地段。

（2）地表下或地平面存在其他设施，导致施工特别困难，或原有设施业主不允许新建线缆穿越或赔补费用过高的地段。

（3）出于环境保护、文物保护等特殊原因导致无法采用其他敷设方式的地段。

（4）受到其他建设规划影响，无法进行长期性建设，或建成后容易导致拆迁的地段。

（5）地表下陷、地质环境不稳定的地段。

（6）管道或直埋方式的建设费用过高，且架空方式不影响当地景观和自然环境的地段。

在跨越河流敷设光缆线路时，宜采用桥上管道、槽道或吊挂敷设方式；若无法利用桥梁通过时，其敷设方式应以线路安全稳固为前提，并结合现场情况按以下两点原则确定：①河床现场情况较为稳定的一般河流可采用定向钻孔或水底光缆的敷设方式；②河床不稳定，河底冲淤情况较为复杂，或河床土质不利于施工，无法保障水底光缆安全时，可采用架空跨越方式。

总之，光缆的选择应建立在分析用户发展数量、地域和时间的基础上，根据现场施工条件，通过选择不同配线方式、路由、网络等措施，使接入光缆网构成一个灵活度高、使用率高、安全性高、经济效益高，便于运营维护的网络。

2. 电缆设计原则

电缆线路网的建设应在不断适应局内交换设备容量的情况下，根据用户需求范围，按电缆出局方向、电缆路由或配线区，分期分批地逐步建成。在设计电缆线路网的容量和路由规划时，应建立在网络发展规划的基础上，综合考虑建成后的电缆网络不但能满足一定年限的使用需求，同时还能接续到后期工程的使用过程中。设计时应从线路网的整体性出发，尽量采用较为成熟的技术和设备，并同时综合考虑新技术新设备，以满足业务和用户的发展为目的，建成后的网络应安全灵活、经济节约。

在城区进行电缆敷设时，优先选用的方式为管道敷设方式，并逐步实现线路网的隐蔽入地。不能破坏自然环境和文物景观。与光缆敷设的方式相同，在设计电缆时不宜分散设置多条小对数电缆。原有多条小对数电缆时，也不宜再增加新的小对数电缆。

电缆线路网的配线方式应以交接配线为主，辅以少量的直通配线和自由配线方式，不宜采用复接配线。交接配线宜采用一级交接配线及固定交接区。在局站周围 500m 范围内的直接服务区，可采用直通配线或自由配线。对于原有电缆线路，如不需要过多调整改造时，可维持其原有的配线方式不变。

电缆敷设中往往还经常会面临利旧或拆移原有线缆的情况，对于原有电缆的拆移，需要进行多方确定，仅在确定有新增业务需求且无法通过调剂现有网路解决时才可进行。对原有线路设备的利用应符合下列原则：①管道式电缆不宜直接进行抽换。只有在管孔拥塞导致无法增加电缆且管道也无法扩充的情况下，才可将原有小对数电缆抽换为大对数电缆。②架空配线电缆及其他线路设备应尽量减少拆换，充分利旧。

18.2.3 选型原则

1. 选择光纤

长距离光传输网中应使用单模光纤，光纤的选择必须符合国家及行业标准和 ITU-T 相关建议的要求。光缆中光纤数量的配置应充分考虑到网络冗余要求、未来预期系统制式、传输系统数量、网络可靠性、新业务发展、光缆结构和光纤资源共享等因素。

光缆中的光纤应通过不小于 0.69Gpa 的全程张力筛选，光纤类型根据应用场合按下列原则选取。

（1）长途网光缆宜采用 G.652 或 G.655 光纤。

（2）本地网光缆宜采用 G.652 光纤。

（3）接入网光缆宜采用 G.652 光纤，当需要抗微弯光纤光缆时，宜采用 G.657 A 光纤。

2. 选择电缆

选择电缆之前应先计算电缆的容量，电缆的容量可根据用户的分布及需求，结合电缆芯数系列，在充分提高芯线使用率的基础上，选用合适容量的电缆。电缆线路网中的管道主干电缆应采用大对数电缆，以提高管道管孔的含线率。电缆线径应考虑统一环路设计，基本线径应采用 0.4mm，特殊情况下可采用 0.6mm。

3．选择光缆

光缆结构宜使用松套填充型或其他更为优良的类型。同一条光缆内应采用同一类型的光纤，要避免同一条光缆内存在不同类型光纤即混纤情况的出现。光缆线路应采用无金属线对的光缆。根据实际工程的需要，在雷害或强电危害严重地段可选用非金属构件的光缆，在蚁害严重地段可选用防蚁光缆。光缆护层结构应根据敷设地段环境、敷设方式和保护措施综合确定。光缆护层结构的选择应符合下列规定。

（1）直埋光缆：PE 内护层 + 防潮铠装层 +PE 外护层，或防潮层 +PE 内护层 + 铠装层 +PE 外护层，宜选用 GYTA53、GYTA33、GYTS、GYTY53 等结构。

（2）采用管道或硅芯管保护的光缆：防潮层 +PE 外护层，宜选用 GYTA、GYTS、GYTY53、GYFTY 等结构。

（3）架空光缆：防潮层 +PE 外护层，适宜选用 GYTA、GYTS、GYTY53、GYFTY、ADSS、OPGW 等结构。

（4）水底光缆：防潮层 +PE 内护层 + 钢丝铠装层 +PE 外护层，宜选用 GYTA33、GYTA333、GYTS333、GYTS43 等结构。

（5）局内光缆：适宜采用非延燃材料外护层。

（6）防蚁光缆：直埋光缆结构 + 防蚁外护层。

光缆的机械性能应符合表 18-2 的规定。光缆在承受短期允许拉伸力和压扁力时，光纤附加衰减应小于 0.1dB，应变小于 0.1%，拉伸力和压扁力解除后光纤应无明显残余附加衰减和应变，光缆也应无明显残余应变，护套应无目力可见开裂。光缆在承受长期允许拉伸力和压扁力时，光纤应无明显的附加衰减和应变。

表 18-2　光缆允许拉伸力和压扁力的机械性能表

光缆类型	允许拉伸力（N）		允许压扁力（N/100mm）	
	短期	长期	短期	长期
管道和非自承架空	1500	600	10	3
直埋	3000	1000	3000	1000
特殊直埋	10000	4000	5000	3000
水下（40000N）	20000	10000	5000	3000
水下（40000N）	40000	20000	8000	5000

18.2.4　路由选择原则

1．光缆路由选择

线路路由方案的选择，应以工程设计委托书和网络规划为基础，进行多种不同方案间的比较，经过多方共同认证。线路工程设计必须保证建成后的网络质量可靠，并同时结合建网经济性，施工便利性和可维护性综合考虑。

进行线路路由的选择时，应根据施工现场的地形地物，以现场建筑设施和建设规划为主要依据，并需考虑城市建设、厂矿建设、铁路、公路等有关部门发展规划的影响。

在符合总体路由走向的前提下，线路最佳敷设方式为沿靠公路或街道走线，同时尽量保证线路走线为直线方式，遇到路边设施和计划扩改地段时，应避开这些区域另外走线。通信线路路由选择应考虑建设地域内的文物保护、环境保护等情况，同时还应尽量减少对原有地面形态的破坏。此外，在进行通信线路路由选择时还应综合考虑强电影响，不宜将路由选择在容易遭受雷击、化学腐蚀严重的地段，不宜与电气化铁路、高压输电线路和其他强电磁干扰源长距离平行或过分接近。

线路路由应选择在地质稳固、地势较为平坦的地段，尽量不要将线路路由选择在崇山峻岭间，并避开可能因自然或人为因素造成危害的地段。光缆路由宜选择在地势变化不剧烈、土石方工程量较少的地方，避开滑坡、崩塌、泥石流、地震等自然灾害常发区域。应避开湖泊、沼泽、排涝蓄洪地带，虽然有专用水底光缆，但还是应尽量不要让光缆穿越水塘、沟渠，在障碍较多的地段应合理绕行，不宜强求长距离直线。

在进行跨河路由选择时，若过河地点附近存在永久性坚固桥梁，且此桥梁具备施工条件时，适宜将线路选择在桥上通过。采用水底光缆时，应选择在符合敷设水底光缆要求的地方，并应兼顾总体路由走向，不宜偏离过远。但对于河面河底形势复杂、水面较为宽阔或河上航运繁忙的大型河流现场，此时以保证水线的安全为前提，路由选择可以在局部上偏离总体路由的规划走向。在保证安全的前提条件下，可利用定向钻孔或架空等方式敷设光缆线路过河。光缆线路遇到水库时，应将路由选择在水库的上游，沿水库绕行时，敷设的高度不能低于水库的最高蓄水位。光缆线路不应在水坝上或坝基下进行敷设，若施工现场没有其他选择余地，只能在这两种地段通过时，必须报请工程主管单位和水坝主管单位，批准后才能实施。

光缆线路最好不穿过大型工厂、矿区等大型工业用地。必须在该地段通过时，应根据现场情况采取不同的有效保护措施。在城镇地区进行光缆路由选择时，应尽量利用地下管道进行敷设。此外，光缆线路不宜通过森林、果园及其他经济林区或防护林带；应尽量避开地面建筑设施、电力线缆及无法共享的通信线缆。在进行扩建光（电）缆网络时，应优先考虑在不同道路上扩增新路由，以增强网络安全保障。

2. 电缆路由的选择

电缆线路路由的选择，除光缆的路由选择原则外，还应符合城市建设主管部门的相关规定。城区内的电缆路由，宜采用管道敷设方式。在城区新建通信管道时，应与相关市政建设和地下管线规划相结合进行，尽量减少对铺装路面的破坏，以及对沿线交通和居民生活的干扰。城区内新建管道的容量、新建杆路的负载能力应提前规划，并应充分考虑利旧已有管道、杆路等资源。电缆线路不可避免穿越有化学和电气腐蚀的地区时，应采取必要的防护措施，此种情况下不宜采用金属外护套电缆。同时还应结合网络系统的整体性，将主干电缆路由与中继线路路由一并考虑，充分合理利用原有设施，确保经济灵活，并便于施工及维护。

18.3　管道工程

通信管道是指通信专用管道和市政综合性管道中的通信专用管孔，是光缆、电缆等通信线路的重要载体。与其他线路敷设形式相比，通信管道具有容量大、占用地下断面小、隐蔽安全、方便施工维护、有助于美化城市、减少光缆电缆线路直接受外力破坏、保证通信安全、便于技术管理和查询的优点。通信管道一般沿城镇主要街道和高等级公路建设，建设周期长，工程投资大。

18.3.1　管道网的构成

通信管道一般由管路、人孔和手孔组成，其中管路由若干管筒连接而成，为了便于施工和维护，管路中间构筑若干人孔或手孔，为通道变向、分支以及线缆穿放、接续和引上提供必要条件。

按照管道使用性质和分布段落，可将管道分为用户管道和局间中继管道。用户管道指从机房电缆进线室引出，穿放用户电缆的管道。按其使用要求，分为主干管道和配线管道。其中，主干管道一般采用隧道或多孔管道两种建筑形式，用来穿放400 对以上的主干电缆。而配线管道主要指主干管道的分支，用于穿放配线电缆，管道容量一般为 2 ～ 3 孔。局间中继管道是指建筑在机房之间的管道，供穿放站间中继电缆使用。

18.3.2　管道规划总体原则

管道规划要站在服务整个城市通信电缆线路系统的高度来考虑。在总体的系统分布上不仅能满足现网的使用需求，同时还必须满足今后发展需要。要做到这一点就要求在进行管道规划时，必须综合考虑管道系统的合理分布、各条路由之间的相互支援、与城市建设总体规划的配合和电缆线路系统的互相衔接等因素。在管道规划中，还需要解决对所有电缆管道路由和位置、管孔数量、管群组合和管孔排列、管道的建筑方式和人孔的选型等技术问题，通过查询准确的现网数据，确定解决这些技术问题的方法，充分体现管道网系统在规划时的经济性和合理性。

在管道系统总体目标的基础上，结合网络未来发展的实际需要，拟订出今后电缆管道扩建方案和分期建设计划，结合建设可能性的高低，对各个时期大致需要的工程投资费用和材料数量进行估算。在不同的城市，管道规划的内容也不尽相同，例如有些城市中有江河存在，在进行管道规划时需规划桥上管道，在管道规划中应对桥上管道的正桥和引桥上的管道部分阐述其确定的主要理由和技术要求。同时，管道规划还应满足以下要求：

（1）管道系统是由成千上万条管道路由组成的有机整体，所以在规划设计中首先应从整体设计的角度出发，保证管道网路简单、灵活、通融性大、地下化程度高，便于今后使用和扩建，适应能力强，符合承载网总体上（或称系统上）的实际需要。

（2）管道系统是埋在地下的长期性建筑物，因此在管道规划中必须符合长远目标。因为管道建设比较困难，同时不容易进行扩建，所以要求其建成之后能够在较长年限内均可正常工作。所以在进行规划时必须慎重考虑其路由和容量，不能频繁扩建或任意拆换和改移。保证建成后的管道能够长期有效地为光缆电缆线路的发展需要服务。

（3）管道的造价高，建设周期长，道路路面修复费用大。所以管道选线就必须做到规划合理，定位精确，避免修成之后的管道不符合要求而进行返工的现象出现。

（4）除通信运营商会建设自己的专用管道之外，城市建设、交通运输、环境保护和其他公用设施等部门都会修建属于自己的管道。所以，在进行管道规划时还应与这些部门充分交流、共同协商，一起解决设计管道路由的安全性、管道施工的可能性等问题，务必使管道规划切实可行，讲究管道工程的经济效益和社会效益。

18.3.3 管道勘察设计要求

通信管道路由设计应符合一定的要求。首先，通信管道建设路由设计应选择在有道路的地方，方便施工及维护。其次，设计管道路由应考虑管道规划的整体性，充分考虑分路建设的可能性，以满足传输网络建设和管道网路的灵活性。对于新建、改建的建筑物，楼外预埋通信管道应与建筑物的建设同步进行，并应与公共通信管道相连接。在较为宽阔的道路上，当规划道路红线之间的距离大于40m时，应当在道路两边修建通信管道或通道。当此距离小于40m时，通信管道应选择修建在用户较多的一侧，并预留过街管道。

具体来说，通信管道路由设计应符合以下几点要求：

（1）通信管道宜建在城市主要道路和住宅小区，对于城市郊区的主要公路也应建设通信管道。

（2）选择管道路由应在管道规划的基础上充分研究分路建设的可能（包括在道路两侧建设的可能）。

（3）通信管道与管道路由应远离电蚀和化学腐蚀地带。

（4）通信管道位置设计一般与道路中心线平行建设。

（5）宜选择地下、地上障碍物较少的街道。

（6）应避免在已有规划而尚未成型，或已成型但土壤未沉实的道路上，以及流砂、翻浆地带修建管道。

（7）宜建在人行道下，如在人行道无法建设，可建在慢车道下，不宜建在快车道下。

（8）通信管道宜与杆路同侧，同时通信管道应平行于道路中心线或建筑红线。

（9）通信管道位置设计一般选择远离埋设较深的其他管线边。

（10）通信管道应避免与燃气管道、高压电力电缆在同侧建设，不可避免时，通信管道与其他地下管线及建筑物的最小净距，应符合表18-3的规定。

表 18-3　通信管道、通道和其他地下管线及建筑物间的最小净距表

其他地下管线及建筑物名称		平等净距（m）	交叉净距（m）
已有建筑物		2.0	-
规划建筑物红线		1.5	-
给排水	d<300mm	0.5	0.15
	300mm ≤ d ≤ d500mm 之间	1.0	
	d>500mm	1.5	
污水、排水管		1.0	0.15
热力管		1.0	0.25
燃气管	压力≤ 300kPa（压力≤ 3kg/cm²）	1.0	0.3
	300kPa< 压力≤ 800kPa（3kg/cm²< 压力≤ 8kg/cm²）	2.0	
电力电缆	35kV 以下	0.5	0.5
	≥ 35kV	2.0	
高压铁塔基础边	>35kV	2.50	-
通信电缆（或通信管道）		0.5	0.25
通信电杆、照明杆		0.5	-
绿化	乔木	1.5	-
	灌木	1.0	-
道路边石边缘		1.0	-
铁路钢轨（或坡脚）		2.0	-
沟渠（基础底）		-	0.5
涵洞（基础底）		-	0.25
电车轨底		-	1.0
铁路轨底		-	1.5

18.3.4　路由要求

通信管道与通道适宜建在城市主要街道和住宅小区内，对于城市郊区的主要公路也应建设相应的通信管道以保证广大用户的网络需求。选择管道与通道路由时，应在管道规划的基础上充分研究分路建设的可能，包括在道路两侧建设的可能性。为保证建成后的管道能长久使用，通信管道与通道路由应远离电蚀和化学腐蚀地带。同时，为了施工方便，管道应尽量选择在地表上下障碍物均较少的街道。

此外，在确定管道与通道建筑位置时还应注意以下几个方面：

（1）若施工现场必须要在人行道下建设管道和通道时，适宜将管道和通道建设在慢车道下，不宜建设在快车道下。

（2）在高等级公路上修建通信管道时，修建位置优先级从高到低进行排序分别是：中央分隔带下、路肩及边坡和路侧隔离栅以内。

（3）管道建设位置最好与杆路建设在道路的同一侧。

（4）通信管道与通道的中心线应平行于道路中心线或建筑红线。

（5）通信管道与通道的建设位置不宜选在埋设较深的其他管线附近。

18.3.5 管道容量、段长、深度及排列组合

1. 管道容量

管道的设计容量按远期考虑取定。通信管道应按管道段落在管网中的位置及作用，并结合城市总体发展方向等因素综合考虑。各段管孔数可按表 18-4 的规定进行估算。管道容量应按远期需要和合理的管理组合形式取定，并留有一定数量的备用孔。水泥管道管群适宜组成矩形体，高度宜大于其宽度，但不宜超过一倍。塑料管、网管等则适宜组成形状整齐的群体。

表 18-4 管孔数量表

使用性质 ＼ 期别	本期	远期
用户光缆电缆管孔	根据规划的光缆电缆条数	馈线电缆管道平均每 800 线对占用 1 孔；配线电缆管道平均每 400 线对占用 1 孔
中继光缆电缆管孔	根据规划的光缆电缆条数	视需要进行估算
过路进局进站光缆电缆	根据需要进行计算	根据发展需要进行计算
租用管孔及其他	按业务预测及具体情况计算	视需要进行估算
备用管孔	2 至 3 孔	视具体情况估计

2. 管道段长

相邻人（手）孔中心间的距离叫做管道段长。管道的段长越长，建筑费用就越经济。但是由于电缆在管孔中穿放时所承受的张力随着长度增长而增加。电缆越长受到的张力也就越大，对电缆本身来说将要遭到很大损伤。为了避免这种损伤，电缆不论穿在直线管道中，抑或在弯曲管道中，其所承受的终端张力以不超过 1500kgf（f 为光电缆与管孔壁的摩擦系数）为准则。

3. 埋设深度

通信管道的埋设深度（管顶至路面）不应低于表 18-5 中的要求。若现场施工条件限制，无法满足此要求时，应采用混凝土包封或使用钢管保护。

表 18-5　通信管道埋设深度表（m）

类别	人行道下	车行道下	与电车轨道交越 （从轨道底部算起）	与铁道交越 （从轨道底部算起）
水泥管	0.7	0.8	1.0	1.5
钢管	0.5	0.6	0.8	1.2

进入人孔处的管道基础顶部距人孔基础顶部不应小于 0.4m，管道顶部距人孔上覆底部不应小于 0.3m。

4. 管孔排列组合

管道的管孔断面排列组合，通常应遵照高大于宽（高度不宜超过宽度的一倍）或成正方形的原则。这样可以减少管道基础的宽度，又可以缩小顶承受压力的面积。在定额标志中用管块"立"和"平"表示管道管孔排列组合的意义。

18.4　项目实施

18.4.1　项目背景

东湖雅苑小区位于某市市中心，小区建成于 2015 年，自从该小区业主入住以来，某运营商客服部门经常接收到来自该小区业主关于移动通信网络信号质量不理想的投诉。在客服部门将这些投诉反馈至网络维护部后，网络维护部门派出专业人员到现场进行实地信号测量。经检测，该小区大部分范围内 2G 信号接收电平均值为 –95dBm，4G 信号接收电平值均值为 –102dBm，确认该小区属于信号覆盖盲区，列入下期网络扩容工程重点覆盖范围。

在第二期的网络规划过程中，网络规划部门工作人员将此小区的覆盖加入到网络扩容工程中。经网络规划人员与设计院勘察人员现场勘察后一致确认，拟在小区内 4 号楼 22 层租用一套民房用于新建移动通信基站，完成东湖雅苑小区及其周边的橡树街、美食城等区域内的信号覆盖。在运营商市场部门负责人员与小区物业管理委员会及房主签订正式合同后，设计人员根据现场情况做出了设计方案，施工人员也很快将设备搬运至施工现场进行施工，一个月后，此基站正式入网。

然而，就在基站入网运行不到两周时间内，部分小区业主以基站的电磁辐射会对危害身体健康为由，强行进入此机房内，肆意破坏在网通信设备。运维部门立即进入该小区进行协商，并向业主进行电磁辐射相关知识的讲解，但仍然有少数业主坚持要求运营商拆除此基站。最后运营商被迫将此基站进行拆迁。且此后被小区业主委员会告知，此小区内任何位置均不能修建通信基站及信号发射装置。

为保证小区内部分业主能正常使用移动通信网络，结合这个区域的特殊情况，经运营商、设计单位和施工单位多次商讨决定，在小区正西侧，与东湖雅苑小区相距约40 米处新建美化灯杆一根，用于解决附近的橡树街、美食城及东湖雅苑小区部分区域的信号覆盖。

在工程中，新建美化灯杆仅用于安装移动通信系统的天线和 RRU 单元，上联 BBU 则需要安装在通信机房内。无线专业勘察人员将此美化灯杆精确安装位置数据发送给传输专业勘察人员。传输专业勘察人员在得到此数据后，首先通过现网数据进行查询，拟订了三个在网基站作为安装 BBU 的备选基站。随后带上勘察工具，到现场进行仔细勘察，结合路由布放合理、施工便利、经济节约等因素综合考虑，最终确定将飞腾公司办公楼楼内的移动通信基站作为本次工程的上端站。现场情况如图 18-9 所示。

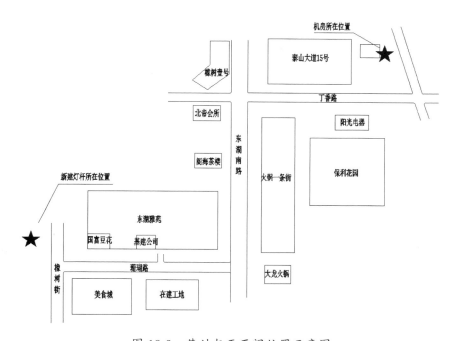

图 18-9　基站与天面间位置示意图

本工程的建设方式选择为新建老站拉远，即在飞腾公司已有通信基站内新建主设备 BBU，在东湖雅苑小区旁新建美化灯杆，射频单元 RRU 及天线安装于美化灯杆内，BBU 与 RRU 之间通过光纤进行连接。

BBU、RRU、美化灯杆及天线的设计在前期项目中已经进行过详细的讲述，本项目中不再展开，本项目仅关注从飞腾公司基站至新增美化灯杆间的光缆布置问题。

18.4.2　管道线路设计

通常一个基站的设计可以根据专业的不同划分为无线设计、传输设计和电源设计，如项目 15 中所述。但在传输设计中，往往还会根据负责内容的不同将传输专业继续划分为三个子专业，分别为传输设备设计、传输线路设计和传输管道设计。其中，传输设备主要负责机房内的 PTN 设计，而线路设计主要关注的是本机房与非本机房内其他设备之间光缆、电缆的设计。管道设计则主要负责为线路设计提供敷设管道、管孔支持。本项目的传输设计也同样细分为这三个子专业设计。但由于机房内安装 PTN 的传输设备设计已经在项目 15 中进行过讲述，所以本项目设计重点只关注其中的线路和管道设计。机房内线缆连接示意图如图 18-10 所示。

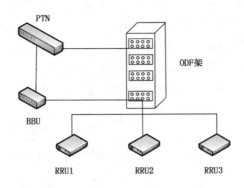

图 18-10 机房内线缆连接示意图

本项目中所涉及到的管线设计主要是由 BBU 连接到 RRU 之间的光缆。为保证天线接收到的信号能顺利传回到 BBU 进行处理，同时 BBU 可以将来自核心网的数据传送至天线，在 BBU 和 RRU 之间需要用光纤进行连接。但由于本站 BBU 与 RRU 之间距离太过于遥远，所以本站选用如下方式进行光纤连接：从 BBU 的 TX0/RX0、TX1/RX1、TX2/RX2 分别放置一根光纤，在机房内将这些光纤的尾端引入到 ODF 架成端，成端后的光缆沿本次设计的路由布放至安装美化灯杆处，并在美化灯杆旁安装光纤终端盒。为给后期网络扩容工程做出预留，本期工程将采用一根 24 芯光缆，占用其中 6 芯光纤，分别用于连接 BBU 到三个 RRU。光缆敷设至美化灯杆处后，再将光缆中的光纤分别连接至光纤终端盒，最终连接到对应的室外 RRU 单元。

根据图 18-9 可知连接点间并不适合采用架空明线的方式，经现场勘察得知，运营商已在前期工程中在飞腾公司办公楼东侧留有通信专用通道，此井编号为 7 号。沿 7 号自编井往南向，穿过丁香路约 80 米处有编号为 HTL-25 的双盖手孔，再沿东向，可通过 HTL-24 号双盖手孔和 HTL-23 号双盖手孔到达丁香路与东湖南路交接处的 HTL-22 号人孔。此部分的线路设计图如图 18-11 所示。

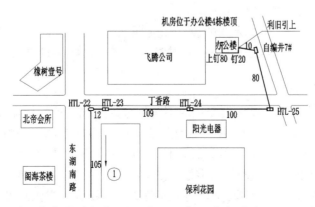

图 18-11 东湖雅苑灯杆至飞腾公司办公楼光缆线路路由图（1）

沿着南向，即顺着东湖南路往下，通过 HTL-21 号人孔可到达位于大龙火锅旁的 HTL-20 号人孔。在东湖南路的对面，可到达 6 自编井，沿北向穿过珊瑚路，可达 5 号自编井。再往西方，沿着珊瑚路，依次经过 4 号、3 号和 2 号自编井，可沿原有管道直到 1 号自编井。此部分的线路设计如图 18-12 所示。

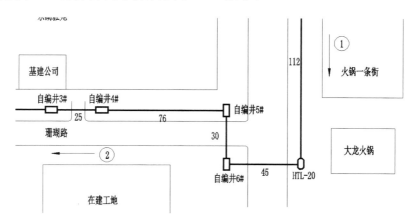

图 18-12　东湖雅苑灯杆至飞腾公司办公楼光缆线路路由图（2）

新增美化灯杆位于 1 号自编井正西方向。横穿过橡树街，可达到新建灯杆所处的斜坡上，但前期工程并未在附近位置建有通信管道。且市政部门严禁在此道路上布放架空明线，故本期工程拟在橡树街开挖路面，布放 2 蜂钢管，并在斜坡下方，即橡树街街道边新建单盖手孔便于后期维护，新建单盖手孔编号为 DH-01。新建单盖手孔至新建美化灯杆之间为斜坡，不方便进行路面开挖，故从新建单盖手孔 DH-01 至新建美化灯杆之间的光缆布放方式为直埋，光缆外套 PVC 管进行保护。为了给新建 RRU 室外单元进行供电，电源专业设计人员会在灯杆旁新增室外一体化开关电源，光缆引至此处后，将接入光纤终端盒，为保护光纤终端盒，可考虑将终端盒装置在开关电源内。光纤沿着灯杆下方预埋管道引入到灯杆杆筒内，沿杆筒向上走线连接至 RRU。此部分的线路、管道设计如图 18-13 所示。

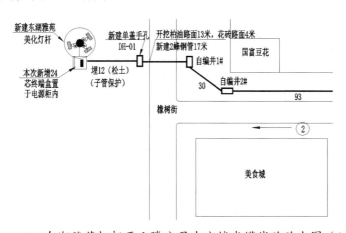

图 18-13　东湖雅苑灯杆至飞腾公司办公楼光缆线路路由图（3）

本期工程除 1 号自编井至新建单盖手孔 DH-01 之间为新增管道外，其余部分均为利旧原有管道，在利旧原有管道时会涉及到占用管孔问题，本工程中占用管孔情况如图 18-14 所示。

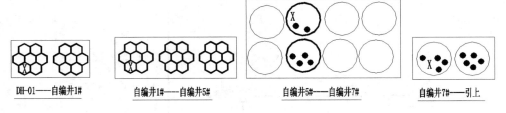

图 18-14　本期工程占用管孔情况

其中，蜂管或圆管加粗代表此管仅为本运营商所用。X 代表本期工程占用管孔，实心小圆代表现有网络对管孔的占用情况。

本期工程主要使用的材料如表 18-6 所示。

表 18-6　本期工程主要材料表清单

材料	规格	单位	数量
电缆托架	60cm	根	4
积水罐	积水罐（带盖子）	个	1
多孔涂塑钢管	多孔涂塑钢管（φ114/32×7，壁厚 4mm）	米	35
电缆托架穿钉	M16	副	8
拉力环	拉力环 V 型 340mm×16mm	个	2
涂多孔涂塑钢管直接头	涂多孔涂塑钢管直接头（φ114/32×7，壁厚 4mm）	个	6
光缆	24 芯	米	1063

【同步训练】

请在学校中进行实地勘察，任意选定两幢相隔有一定距离的楼宇。假设其中一栋中安装有汇聚机房，另外一栋中安装有接入机房，请根据现场情况，完成这两个机房间的光缆布放设计（学校的主干道旁或绿化带中一般都有运营商的专用管道，可优先考虑使用这些管道。如果学校内没有专用通信管道，可结合实际情况，进行新建管道的设计，同时可考虑结合光缆直埋、架空敷设等放缆方式）。

【拓展训练】

在重庆某运营商的某期工程中，需要从峰华驾校新建机房布放一根 96 芯光缆至顺丰快递机房，如图 18-15 中五角星标注位置所示，目前已知从峰华驾校至顺丰快递两个地点间无专用通信管道，本次工程需要新增。目前初步拟订方案为从峰华驾校往正西方向放缆，经过下方较大涵洞，涵洞内地面为水泥路面，长度为 80 米。光缆穿过涵洞后，将继续往北布放至双宇二支路路旁然后再往西放置，穿过胡杨路，直至顺丰快递所在楼房。其中，沿内环快速往北放置长度约为 100 米，往西沿双宇二支路放缆长度约为 380 米，两段路段的地面均为花砖路面，仅胡杨路为水泥路面。请根据上述条件，结合线路管道设计要求，做出此段管道工程的设计方案（手孔、人孔数量及管道类型、数量自定）。

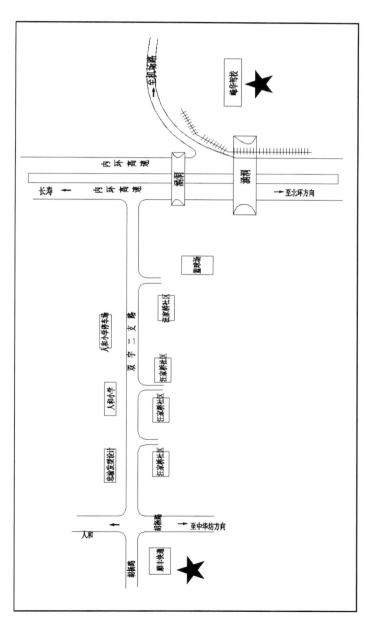

图 18-15 项目现场平面图

附录 I
AutoCAD 2014 常用绘图快捷键

为了加快用户绘图的速度，AutoCAD 2014 内置了多个操作的快捷键。AutoCAD 2014 中的主要快捷键有以下几种分类。

对象特性类：

序号	快捷键	全称	中文含义
1	pr,ch,mo,Ctrl+1	PROPERTIES	修改特性
2	ma	MATCHPROP	属性匹配
3	st	STYLE	文字样式
4	lt	LINETYPE	线形设置工具栏
5	lts	LTSCALE	视口中线形的比例因子
6	lw	LWEIGHT	线宽
7	pu	PURGE	清除垃圾
8	att	ATTDEF	属性定义
9	ate	ATTEDIT	编辑单个块的可变属性
10	bo	BOUNDARY	边界创建，包括创建闭合多段线和面域
11	op	OPTIONS	自定义 CAD 设置
12	ren	RENAME	重命名
13	r	REDRAW	刷新显示当前视口
14	re	REGEN	重生成图形并刷新显示当前视口
15	di	DIST	测量两点之间的距离和角度
16	li	LIST	显示图形数据信息
17	os,se,Shift + 鼠标右键	OSNAP	设置捕捉模式
18	aa	AREA	面积
19	adc,Ctrl+2	ADCENTER	设计中心
20	col	COLOR	设置颜色
21	un	UNITS	图形单位
22	exit	QUIT	退出
23	exp	EXPORT	输出其他格式文件
24	imp	IMPORT	输入文件
25	print,Ctrl+p	PLOT	打印
26	sn	SNAP	捕捉栅格
27	ds	DSETTINGS	设置极轴追踪
28	pre	PREVIEW	打印预览
29	to	TOOLBAR	（工具栏），自定义用户界面
30	v	VIEW	（命名视图），视图管理器

修改命令类：

序号	快捷键	全称	中文含义
1	co	COPY	复制
2	mi	MIRROR	镜像
3	ar	ARRAY	阵列
4	o	OFFSET	偏移
5	ro	ROTATE	旋转
6	m	MOVE	移动
7	e	ERASE	删除
8	x	EXPLODE	分解
9	tr	TRIM	修剪
10	ex	EXTEND	延伸
11	s	STRETCH	拉伸
12	len	LENGTHEN	直线拉长
13	sc	SCALE	比例缩放
14	br	BREAK	打断
15	cha	CHAMFER	倒角
16	f	FILLET	倒圆角
17	pe	PEDIT	多段线编辑
18	ed	DDEDIT	修改文本
19	p	PAN	平移
20	z + 空格 + 空格		实时缩放
21	z		局部放大
22	z+p		返回上一视图
23	z+e, z+a		显示全图
24	z+d		动态缩放视图

绘图命令类：

序号	快捷键	全称	中文含义
1	l	LINE	直线
2	pl	PLINE	多段线
3	spl	SPLINE	样条曲线
4	rec	RECTANGLE	矩形
5	c	CIRCLE	圆

续表

序号	快捷键	全称	中文含义
6	a	ARC	圆弧
7	el	ELLIPSE	椭圆
8	t	MTEXT	多行文本
9	mt	MTEXT	多行文本
10	dt	TEXT	输入文字时在屏幕上显示
11	b	BLOCK	块定义
12	i	INSERT	插入块
13	w	WBLOCK	定义块文件
14	div	DIVIDE	等分
15	h	BHATCH	填充
16	do	DONUT	绘制填充的圆和环
17	pol	POLYGON	正多边形
18	reg	REGION	面域
19	po	POINT	点
20	xl	XLINE	射线
21	ml	MLINE	多线

尺寸标注类：

序号	快捷键	全称	中文含义
1	dli	DIMLINEAR	直线标注
2	dal	DIMALIGNED	对齐标注
3	dra	DIMRADIUS	半径标注
4	ddi	DIMDIAMETER	直径标注
5	dan	DIMANGULAR	角度标注
6	dce	DIMCENTER	中心标注
7	dor	DIMORDINATE	点标注
8	tol	TOLERANCE	标注形位公差
9	le	QLEADER	快速引出标注
10	dba	DIMBASELINE	基线标注
11	dco	DIMCONTINUE	连续标注
12	d ,dst	DIMSTYLE	标注样式
13	ded	DIMEDIT	编辑标注
14	dov	DIMOVERRIDE	替换标注系统变量

图层控制类：

序号	快捷键	全称	中文含义
1	la	LAYER	图层属性管理器
2	laycur	Change to current layer	改变所选择图元所属层为当前层
3	layoff	Layer off	关掉选择层
4	layiso	Layer isolate	图面显示仅保留所选层（孤立层）
5	layon	Turn all layers on	打开所有层
6	laylck	Layer lock	锁定选择层
7	layulk	Layer unlock	解开选择的锁定层
9	layerp		恢复至上一个图层状态
10	xr		控制图形中的外部参照
11	g	GROUP	成组
12	dc	DCENTER	设计中心
13	ds	SETTINGS	草图设置

Ctrl 键组合：

序号	快捷键	全称	中文含义
1	Ctrl+1	PROPERTIES	修改特性
2	Ctrl+2	ADCENTER	设计中心
3	Ctrl+o	OPEN	打开文件
4	Ctrl+n	NEW	新建文件
5	Ctrl+p	PRINT	打印文件
6	Ctrl+s	SAVE	保存文件
7	Ctrl+y	REDO	重做
8	Ctrl+z	UNDO	放弃
9	Ctrl+x	CUTCLIP	剪切
10	Ctrl+c	COPYCLIP	复制
11	Ctrl+v	PASTECLIP	粘贴
12	Ctrl+b 或 F9	SNAP	栅格捕捉
13	Ctrl+f 或 F3	OSNAP	对象捕捉
14	Ctrl+g 或 F7	GRID	栅格
15	Ctrl+l 或 F8	ORTHO	正交
16	Ctrl+w 或 F11		对象追踪
17	Ctrl+u 或 F10		极轴

常用功能键：

序号	快捷键	全称	中文含义
1	F1	HELP	帮助
2	F2	本窗口	作图窗和文本窗口的转换
3	F3	OSNAP	对象捕捉
4	F4		三维对象捕捉开关
5	F5		切换等轴测平面图
6	F6		动态 UCS 开关
7	F7	GRID	栅格显示模式控制
8	F8	ORTHO	正交模式控制
9	F9	SNAP	栅格捕捉
10	F10		极轴开关
11	F11		对象追踪开关
12	F12		动态输入开关

附录 II
图纸绘制标准

为了便于工程应用，便于交流，保证生产顺利进行，国家制定了相关的图纸绘制标准。在进行信息工程项目设计时，每一张设计图纸以及图纸中的每一个数据、符号都应该符合国家的标准。这些标准对有关的文字、图形、符号、标志及代号都进行了详细的规定。在前面所有的项目中，为方便读者进行分步阅读，同时出于篇幅的限制，在每一个设计中，我们只绘制出了具体的设计方案，但在严格的工程建设中，这仅仅是完成了其中的一部分，设计的成果还应该绘制在标准的设计图纸上，才能算是一件合格的设计产品。在本附录中，我们将对设计图纸的规格进行详细的讲述。

关于工程制图的国家标准及规范很多，不同领域还有自己的制图规范。国家标准《技术制图》（GB/T 14689~14691—1993、GB/T 16675.2—1996）是一项基础技术标准，在内容上具有统一性和通用性，涵盖了机械、电气、建筑等各个行业。所有的标准和规范对图样的内容、格式和表达方法都做出了统一的规定，工程技术人员在进行设计时必须严格遵守其相关规定。

1. 图纸幅面（GB/T 14689—1993）

绘制工程图样时，应优先采用表Ⅱ-1所规定的基本幅面。图纸幅面通常分为五种，其尺寸关系如图Ⅱ-1所示。

表Ⅱ-1　图纸代号与幅面尺寸（单位：mm）

代号	B	L	a	c	e
A0	841	1189	25	10	20
A1	594	841	25	10	20
A2	420	594	25	10	20
A3	297	420	25	5	10
A4	210	297	25	5	10

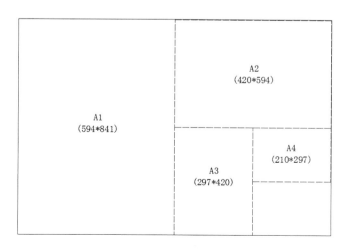

图Ⅱ-1　基本幅面尺寸

若上述幅面不满足要求，需要加长图纸时，可采用表Ⅱ-2 中所规定的幅面。

表Ⅱ-2　图纸幅面的加长尺寸（单位：mm）

代号	B	L
A3*3	420	891
A3*4	420	1189
A4*3	297	630
A4*4	297	841
A4*5	297	1051

2. 图框格式

在图纸上必须用粗实线画出图框。图框格式分为留有装订边和不留装订边两种，为方便打印出来的设计图纸装订，一般情况下均采用留有装订边的格式。在工程中，大部分的设计图纸均采用 A3 幅面，其常见模板如图Ⅱ-2 所示。

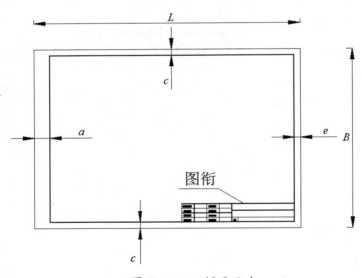

图Ⅱ-2　A3 幅面尺寸

其中，图衔部分主要讲述设计单位、项目总负责人、审核人、单项负责人、设计人、校审人等信息，以及时间、比例、单位和图号，如图Ⅱ-3 所示。

项目总负责人		审 核 人		XXX设计院	
单项负责人		单 位		XX基站机房设备布置平面图	
设 计 人		比 例			
校 审 人		日 期		图号	

图Ⅱ-3　图衔说明

3. 图纸比例

对于建筑平面图、平面布置图、管道线路图、设备加固图及零部件加工图等图纸，一般有比例要求；对于系统框图、电路组织图、方案示意图等此类图纸则无比例要求，但应按工作顺序、线路走向、信息流向排列。对平面布置图、线路图和区域规划性质的图纸，推荐的比例为 1:10、1:20、1:50、1:100、1:200、1:500、1:1000、1:2000、1:5000、1:10000、1:50000 等，各专业应按照相关规范要求选用适合的比例。

对设备加固图及零部件加工图等图纸推荐的比例为：1:2、1:4 等。对于通信线路及管道类的图纸，为了更为方便地表达周围环境情况，可采用沿线路方向按一种比例，而周围环境的横向距离采用另外一种比例或基本按示意性绘制的方法。应根据图纸表达的内容深度和选用的图幅，选择适合的比例，并在图纸上及图衔相应栏目处注明。

4. 尺寸标注

一个完整的尺寸标注应由尺寸数字、尺寸界线、尺寸线及其终端等组成。

图中的尺寸单位，除标高和管线长度以米（m）为单位外，其他尺寸均以毫米（mm）为单位，按此原则标注的尺寸可不加单位的文字符号。若采用其他单位时，应在尺寸数值后加注计量单位的文字符号，尺寸单位应在图衔相应栏目中填写。

尺寸界线用细实线绘制，由图形的轮廓线、轴线或对称中心线引出，也可利用轮廓线、轴线或对称中心线作为尺寸界线。尺寸界线一般应与尺寸线垂直。

尺寸线的终端，可以采用箭头或斜线两种形式，但同一张图中只能采用一种尺寸线终端形式，不得混用。

采用箭头形式时，两端应画出尺寸箭头，指到尺寸界线上，表示尺寸的起止。尺寸箭头宜用实心箭头，箭头的大小应按可见轮廓线选定，其大小在图中应保持一致。

采用斜线形式时，尺寸线与尺寸界线必须互相垂直。斜线用细实线，且方向及长短应保持一致。斜线方向应以尺寸线为准，逆时针方向旋转 45°，斜线长短约等于尺寸数字的高度。

图中的尺寸数字，一般应注写在尺寸线的上方或左侧，也允许注写在尺寸线的中断处，但同一张图样上注法应尽量保持一致。尺寸数字应顺着尺寸线方向书写并符合视图方向，数值的高度方向应和尺寸线垂直，并不得被任何图线通过；当无法避免时，应将图线断开，在断开处填写数字。在不致引起误解的前提下，对非水平方向的尺寸，其数字可水平地注写在尺寸线的中断处。标注角度时，其角度数字应注写成水平方向，一般应注写在尺寸线的中断处。

有关建筑类专业设计图纸上的尺寸标注，可按 GB/T 50104—2001《建筑制图标准》要求标注。

5. 图纸编号

图纸编号的编排应尽量简洁，设计阶段一般图纸编号的组成可分为四段，按以下规则处理。

工程计划号 设计阶段代号 — 专业代号 — 图纸编号

对于同计划号、同设计阶段、同专业而多册出版的图纸，为避免编号重复，可按以下规则处理。

工程计划号 设计阶段代号 (A) — 专业代号 (B) — 图纸编号

其中，工程计划号可使用上级下达、客户要求或自行编排的计划号；设计阶段代号应符合表Ⅱ-3 的规定；常用专业代号应符合表Ⅱ-4 的规定。

表Ⅱ-3　设计阶段代号

设计阶段	代号	设计阶段	代号	设计阶段	代号
可行性研究	Y	初步设计	C	技术设计	J
规划设计	G	方案设计	F	设计投标书	T
勘察报告	K	初设阶段的技术规范书	CJ	修改设计	在原代号后加 x
引进工程询价书	YX	施工图设计	S		

表Ⅱ-4　常用专业代号

名称	代号	名称	代号
长途光缆线路	CXG	数字终端	SZ
水底电缆	SL	脉码设备	MM
水底光缆	SG	光缆数字设备	GS
海底电缆	HL	用户光纤网	YGQ
海底光缆	HGL	自动控制	ZK
市话电缆线路	SXD	微波载波	WZ
市话光缆线路	SXG	数字微波	WBS
移动通信	YD	房屋结构	FJ
无线发射设备	WF	房屋给排水	FG
无线接收设备	WS	微波铁塔	WT
短波天线	TX	遥控线	YX
程控长市话合一	CCS	卫星地球站	WD
程控市话交换	CSJ	小卫星地球站	XWD
程控长话交换	CCJ	一点多址通信	DZ
数据传输通信	SC	电源	DY
传真通信	CZ	计算机软件	IU

名称	代号	名称	代号
数字数据网	SSW	同步网	TRW
电报	DB	信令网	XLW
会议电话	HD	弱电系统	RD
数字用户环路载波	SHZ	电气装置	FD
空调通风	FK	管道	GD
中继无人增音站	ZW	智能大楼	ZNL
计算机网络	TWL	配电	PD
监控	JK		

补充说明：

（1）总说明附的总图和工艺图纸一律用 YZ，总说明中引用的单项设计的图纸编号不变；土建图纸一律用 FZ。

（2）单项工程土建要求在专业代号后加 F。

（3）(A) 用于大型工程中分省、分业务区编制时的区分标识，可以是数字 1、2、3 或拼音字母的字头等。

（4）(B) 用于区分同一单项工程中不同的设计分册（如不同的站册），一般用数字（分册号）、站名拼音字头或相应汉字表示。

在上述所讲的国家通信行业制图标准对设计图纸的编号方法规定的基础上，一般每个设计单位都有自己内部的一套完整的规范，目的是为了进一步规范工程管理，配合项目管理系统实施，不断改进和完善设计图纸编号方法。以某设计院的图纸编号方法为例，通常具体规定如下。

（1）图纸编号＝专业代号（2～3 位字母）＋地区代号（2 位数字）＋单册流水号（2 位数字）＋图纸流水号（3 位数字）。例如：江苏联通南京地区传输设备安装工程初步设计中的网络现状图的编号为 GS0101-001。

（2）通用图纸编号＝专业代号（2 位字母）＋ TY ＋图纸流水号（3 位数字）。例如：江苏联通南京地区传输设备安装工程初步设计通用图纸编号为 GSTY-001。

（3）图纸流水号由单项设计负责人确定。

项目 14 至项目 18 中每个设计都应该在绘图标准模板中进行，由于篇幅所限，在前面的章节中进行了缩略。项目 14 中各个设计方案在标准模板中的设计图如图Ⅱ-4 至图Ⅱ-6 所示，其余项目的标准绘制不再重复进行讲述。

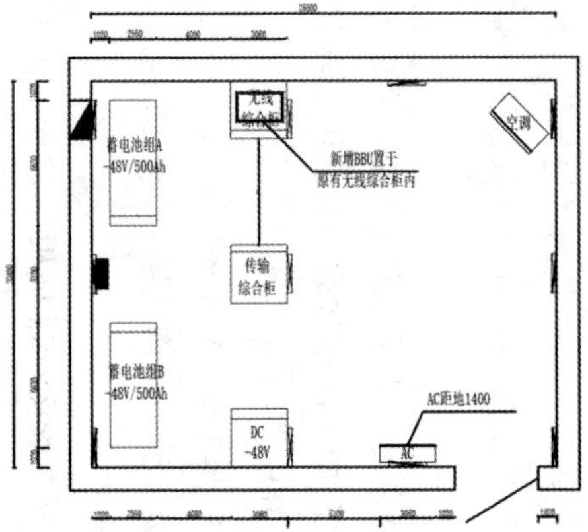

设备安装工作量表

序号	名称	单位	数量	备注
1	TD-LTE主设备	个	1	爱立信设备，载波配置为S2/2/2
2	交流配电箱（AC）	架		
3	整流器架DC	架		
4	整流模块分架	个		
5	整流模块	台		
6	蓄电池组	组		
7	空调机（3匹）	台		
8	总地线排	个		
9	外部告警箱	个		
10	避雷器	个		

注：1．图例：

原有设备　本期新增设备　预留机位

2．本基站为TD-LTE新建小三区定向基站，本期工程安装1个TD-LTE机架，采用BBU+RRU方式，本基站配置为S2/2/2；

3．本基站为TD-LTE规划内新建基站，主要为完成雷鸣山周边道路、居民楼的4G无线网络覆盖；

4．新装AC挂墙安装，底边距地1400mm；外部告警箱挂墙安装；所有设备的地线直接接入机房总地线排；

5．本期工程安装一套外部告警系统，控制设备安装在电池组旁边；温度告警探头安装于机架顶的走线架上；烟雾告警探头应安装在房顶离主设备较近处；湿度告警探头安装在门口或窗口附近；水浸告警探头安装在门口、窗口或房间的最低水平位置，探头水平面尽可能与地水平面 距离最短；门控告警装置应安装在门的内侧，注意其防水及防潮处理；灭火器等安装在机房门旁的适当位置；各器件具体由施工单位在施工过程中选择适当安装位置；

6．本机房不是专用的通信机房，分建设单位需委托有关土建部门根据设备布置图和设备安装重量表所示的设备重量核实本机房负荷，如不满足要求需采取相应的加固措施，必须在满足设备负荷要求后方可安装设备，否则告知设计院另行选址；

7．本基站坐标为：东经106.15983°，北纬 29.36587°；

8．本基站站址为：机房位于长寿县李市镇和平村一组雷鸣山顶。

设备安装重量

序号	名称	单位	重量（kg）	占地面积（mmXmm）	备注
1	TD-LTE机架	个		600×600	
2	蓄电池（500Ah/-48V）	组		1200×420	
3	DC	架		600×600	
4	AC	架		600×180	

项目总负责人		审　核　人		X X 设计院有限公司
单项负责人		单　　位	mm	长寿雷鸣山L 无线基站机房设备布置平面图
设　计　人		比　　例	1:50	
校　审　人		日　　期	2016.07	图号 2016CQGS0137-07Y-CP004-WJ-206-01

图Ⅱ-4　长寿雷鸣山L无线基站机房设备布置平面图

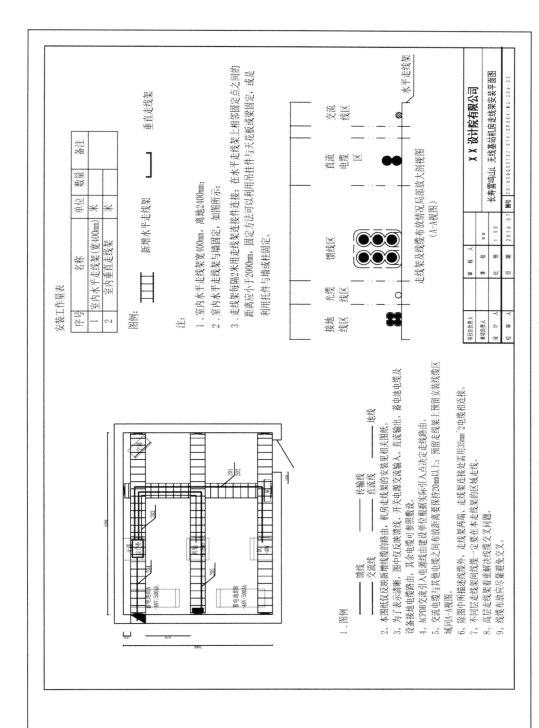

图 II-5 长寿雷鸣山 L 无线基站机房走线架安装平面图

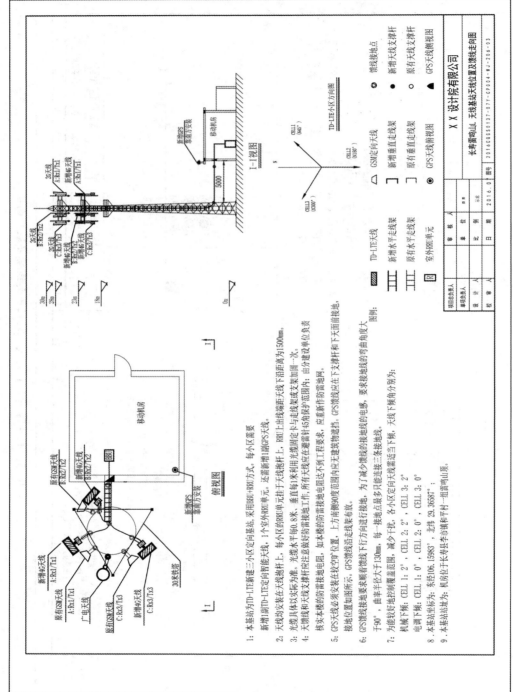

图 II -6　长寿雷鸣山 L 无线基站天线位置及馈线走向图

附录 Ⅲ
英文缩写释义

LTE	Long Term Evolution	长期演进技术
GPS	Global Positioning System	全球定位系统
GSM	Global System for Mobile Communication	全球移动通信系统
BBU	Building Base band Unit	基带处理单元
RRU	Radio Remote Unit	射频拉远单元
AMPS	Advanced Mobile Phone System	高级移动电话系统
TACS	Total Access Communications System	全接入通信系统
NMT	Nordic Mobile Telephony	北欧移动电话
NTT	Nippon Telegraph & Telephone	日本电报电话公司
FDMA	Frequency Division Multiple Access	频分多址
GPRS	General Packet Radio Service	通用分组无线服务技术
EDGE	Enhanced Data Rate for GSM Evolution	增强型数据速率 GSM 演进技术
TDMA	Time Division Multiple Access	时分多址
WCDMA	Wideband Code Division Multiple Access	宽带码分多址
TD-SCDMA	Time Division-Synchronous Code Division Multiple Access	时分同步码分多址
WiMAX	Worldwide Interoperability for Microwave Access	全球微波互联接入
CDMA	Code Division Multiple Access	码分多址
OFDM	Orthogonal Frequency Division Multiplexing	正交频分复用技术
MIMO	Multiple-Input Multiple-Output	多输入多输出系统
TDD-LTE	Time Division Duplexing- Long Term Evolution	时分双工 - 长期演进技术
FDD-LTE	Frequency Division Duplexing- Long Term Evolution	频分双工 - 长期演进技术
MME	Mobility Management Entity	移动性管理实体
SGW	Serving GateWay	服务网关
PGW	PDN GateWay PDN	网关
HSS	Home Subscriber Server	归属签约用户服务器
PCRF	Policy and Charging Rules Function	策略与计费规则功能单元
UE	User Equipment	用户设备
SGi	Short Guard Interval	无线数据块短间隔
QoS	Quality of Service	服务质量

IP	Internet Protocol	网络之间互连的协议
HLR	Home Location Register	归属位置寄存器
ENodeB	Evolved Node B	演进型基站
PAD	Portable Android Device	平板电脑
BTS	Base Transceiver Station	基站收发台
PTN	Packet Transport Network	分组传送网
ODF	Optical Distribution Frame	光纤配线架
PVC	Polyvinyl chloride	聚氯乙烯
WLAN	Wireless Local Area Networks	无线局域网
WiFi	Wireless Fidelity	无线保真
AP	Access Point	访问接入点
ISM	Information Storage & Management	信息存储
AC	Access Controller	接入控制器
BRAS	Broadband Remote Access Server	宽带远程接入服务器
PPPoE	Point to Point Protocol over Ethernet	以太网上的点对点协议
ADSL	Asymmetric Digital Subscriber Line	非对称数字用户线路
AAA	Authentication Authorization Accounting	认证授权计费
MAC	Media Access Control	媒体介入控制层
POE	Power Over Ethernet	有源以太网
GPON	Gigabit-Capable Passive Optical Network	吉比特无源光网络
OLT	Optical Line Terminal	光线路终端
ODN	Optical Distribution Network	光分配网络
ONU	Optical Network Unit	光网络单元
FTTH	Fiber To The Home	光纤入户
FTTB	Fiber to The Building	光纤到楼
FTTC	Fiber To The Curb	光纤到路边
FTTO	Fiber To The Office	光纤到办公室
UNI	User Networks interface	用户网络侧接口
SNI	Service Node Interface	业务节点接口
GFP	Generic Framing Procedure	通用成帧规程
TDM	Time Division Multiplexing	时分复用
ODF	Optical Distribution Frame	光纤配线架

VoIP	Voice over Internet Protocol	网络电话
CATV	Community Antenna Television	广电有线电视系统
ATM	Asynchronous Transfer Mode	异步传输模式
GEM	G-PON Encapsulation Mode	GPON 封装方式
APON	ATM Passive Optical Network	基于信元的传输协议
EPON	Ethernet Passive Optical Network	以太网无源光网络
MPLS	Multi-Protocol Label Switching	多协议标签交换
LED	Light Emitting Diode	发光二极管

参考文献

[1] CAD/CAM/CAE 技术联盟. AutoCAD 2014 从入门到精通 [M]. 北京:清华大学出版社, 2016.

[2] 张卫东. AutoCAD 2014 中文版从入门到精通 [M]. 北京：机械工业出版社, 2016.

[3] 胡正飞, 窦军. 工程制图与计算机辅助设计 [M]. 北京：人民邮电出版社, 2013.

[4] 及力, 孙小红. AutoCAD 2010 实用教程——电信工程制图 [M]. 北京:高等教育出版社, 2015.

[5] 杨光, 马敏, 杜庆波等. 通信工程勘察设计与概预算 [M]. 北京：人民邮电出版社, 2013.

[6] 陆健贤, 叶银法, 卢斌等. 移动通信分布系统原理与工程设计 [M]. 北京：机械工业出版社, 2008.

[7] 解相吾, 解文博. 通信工程设计制图 [M]. 北京：电子工业出版社, 2015.

[8] 于正永. 通信工程制图及实训 [M]. 大连：大连理工大学出版社, 2014.

[9] 于正永. 通信工程设计及概预算 [M]. 大连：大连理工大学出版社, 2014.

[10] 工业和信息化部通信工程定额质监中心. 通信工程建设概预算管理与实务 [M]. 北京：人民邮电出版社, 2012.

[11] 杜思深. 通信工程设计与案例 [M]. 北京：电子工业出版社, 2011.

[12] 罗建标, 陈岳武. 通信线路工程设计、施工与维护 [M]. 北京：人民邮电出版社, 2012.

[13] 陆韬. 计算机通信接入网与工程规划设计集成 [M]. 武汉：武汉大学出版社, 2013.

[14] 周俊杰. 计算机网络系统集成与工程设计案例教程 [M]. 北京：北京大学出版社, 2013.

[15] 信息产业部. 电子信息系统机房设计规范 GB 50174—2008[M]. 北京：北京邮电大学出版社, 2007.

[16] 建设部, 质监总局. 通信管道与通信工程设计规范 GB 50373—2006[M]. 北京：中国计划出版社, 2007.

[17] 信息产业部. 光纤到户（FTTH）体系结构和总体要求 YD/T 1636—2007[M]. 北京：中国计划出版社, 2007.

[18] 信息产业部. 通信线路工程设计规范 YD 5102—2010[M]. 北京:北京邮电大学出版社, 2007.

[19] 信息产业部. 环境电磁波卫生标准 GB 9175—88[M]. 北京：中国计划出版社, 2007.

[20] 国家环保局. 电磁辐射防护规定 GB 8702—88[M]. 北京：中国计划出版社, 2007.